XUEHUI
SANLING
FX2N
PLC
JISHU

JIUZHEME
RONGYI

学会三菱FX2N PLC技术

就这么容易

祖国建　肖雪耀　编著

U0229924

 化学工业出版社

·北京·

图书在版编目（CIP）数据

学会三菱 FX2N PLC 技术就这么容易 /祖国建，肖雪
耀编著．—北京：化学工业出版社，2014.1
ISBN 978-7-122-18835-9

Ⅰ.①学…　Ⅱ.①祖…②肖…　Ⅲ.①plc 技术
Ⅳ.①TM571.6

中国版本图书馆 CIP 数据核字（2013）第 256511 号

责任编辑：刘丽宏　　　　　　　　　文字编辑：云　雷
责任校对：宋　夏　　　　　　　　　装帧设计：尹琳琳

出版发行：化学工业出版社（北京市东城区青年湖南街 13 号　邮政编码 100011）
印　　装：三河市延风印装厂
787mm×1092mm　1/16　印张 19　字数 457 千字　2014 年 3 月北京第 1 版第 1 次印刷

购书咨询：010-64518888（传真：010-64519686）　　售后服务：010-64518899
网　　址：http://www.cip.com.cn
凡购买本书，如有缺损质量问题，本社销售中心负责调换。

定　　价：58.00 元

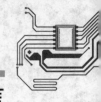

FORWORD 前言

三菱 PLC 以其高性能、低价格，在国内很多行业得到了广泛的应用。三菱小型 PLC FX1NC、FX2NC、FX3UC 三代产品中，FX2N 系列是三菱 FX 家族中最先进、最具代表性的系列。它具有结构紧凑、小巧、高速、安装方便、可扩展大量满足单个需要的特殊功能模块等特点，可为工厂自动化应用提供最大的灵活性和控制能力。为方便读者全面掌握 FX2N 系列 PLC 技术和技能，我们编写了本书。

全书在注重编写内容先进性的同时，力求让读者掌握三菱 FX2N 系列 PLC 应用中的普遍性知识，能将三菱 FX2N 系列 PLC 应用于工程开发，使读者在学习后能够收到举一反三的效果。全书详细讲述了三菱 FX2N 系列 PLC 的应用基础和典型控制系统设计，通过典型的控制环节和实用的工程实例，详细介绍控制系统控制要求分析和硬软件系统的设计。

书中内容针对性和工程性较强，可供控制工程技术人员培训和自学使用，也可作为高等院校电气工程、自动化技术、计算机、电子通信、机械设计、机电一体化等相关专业的教学用书和教学参考书。

本书在编写过程中，得到了娄底市经济开发区相关企业的大力支持，得到了许多专家的悉心指导，在此，一并表示衷心的感谢！

对本书中的不足之处，敬请读者给予批评指正，以便修订时加以完善。

编著者

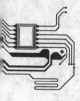

目录 CONTENTS

第 **1** 章　认识三菱 FX2N 系列 PLC

第 **2** 章　FX2N 系列产品的编程基础

第 **3** 章　PLC 控制系统设计基础

第 **4** 章　PLC 控制系统的调试与维修

第 **5** 章　FX2N 系列产品的控制模块

第 **6** 章　FX2N 系列产品的编程软件

第 **7** 章　FX2N 系列产品的典型应用实例分析

第 1 章 认识三菱 FX2N 系列 PLC

↘ 1.1 PLC 技术入门

◀◀◀ 1.1.1 PLC 的定义

可编程序逻辑控制器（Programmable Logic Controller）简称 PLC，是在继电器控制技术和计算机技术的基础上开发出来的，并逐渐发展成为以微处理器为核心，将自动化技术、计算机技术、通信技术融为一体的新型工业控制装置。它具有结构简单、可靠性高、通用性强、易于编程、使用方便等优点。

国际电工委员会（IEC）于 1987 年颁布了可编程控制器标准草案第三稿。在草案中对可编程控制器定义如下："可编程控制器是一种数字运算操作的电子系统，专为在工业环境下应用而设计。它采用可编程序的存储器，用来在其内部存储执行逻辑运算、顺序控制、定时、计数和算术运算等操作的指令，并通过数字式和模拟式的输入和输出，控制各种类型的机械或生产过程。可编程控制器及其有关外围设备，都应按易于与工业系统联成一个整体，易于扩充其功能的原则设计"。

特别说明的是：近年来，可编程控制器发展很快，几乎每年都推出不少新系列产品，其功能已超出了上述定义的范围。

◀◀◀ 1.1.2 PLC 技术的特点

PLC 保持继电-接触器控制技术和计算机控制技术的特点，以微处理器为核心，集计算机技术、自动控制技术、通信技术于一体的控制装置，PLC 具有其他控制器无法比拟的特点。

（1）可靠性高，抗干扰能力强　PLC 是专门为工业环境下应用而设计的，在硬件和软件上采用了以下抗干扰措施。

① 硬件措施

a. 屏蔽：对 PLC 的电源变压器、内部 CPU 的主要的部件采用导电、导磁良好的材料进行屏蔽，防止外界的电磁干扰。

b. 滤波：对供电电源及 I/O 线路采用多种形式的滤波，以消除、抑制高频干扰。

c. 隔离：I/O 线路采用光电隔离，有效地抑制了外部干扰源的影响。

d. 模块化结构：便于系统修复，减少停机时间。

② 软件措施

a. 采用扫描工作方式：减少了外界的干扰。

b. 设有故障检测和自诊断程序：能对系统硬件电路等故障实现检测和判断；当由干扰引起故障时，能立即将当前重要信息加以封存，禁止任何不稳定的读写操作，一旦正常后，便可恢复到故障发生前的状态，继续原来的工作。

c. 设置警戒时钟 WDT：PLC 程序循环执行时间超过 WDT 规定的时间，预示程序出错，立即进行报警。

d. 对程序进行检查和检验。

采取以上的抗干扰措施，一般 PLC 的平均无故障时间可达几十万小时以上。

(2) 编程简单，使用方便　大多数 PLC 采用梯形图的编程语言。梯形图与电气控制线路图相似，具有形象、直观、易学的特点。当生产流程需改变时，可以现场改变程序，使用方便灵活。同时，PLC 编程器的操作和使用也很简单。这也是 PLC 获得普及和推广的主要原因之一。

许多 PLC 还针对具体问题，设计了各种专用编程指令及编程方法，进一步简化编程。

(3) 控制程序可变，具有很好的柔性

(4) 功能完善

(5) 扩充方便，组合灵活

(6) 减少了控制系统设计及施工的工作量

(7) 体积小、重量轻，是"机电一体化"特有的产品

总之，PLC 技术代表了当前电气控制的世界先进水平，PLC、数控技术和工业机器人已成为机械工业自动化的三大支柱。

◀◀◀ 1.1.3　PLC 技术的分类

PLC 的分类方法很多，大多是根据外部特性来分类的。以下三种分类方法用得较为普遍。

(1) 按照点数、功能不同分类　根据输入输出点数、存储器容量和功能分为小型、中型和大型三类。

小型 PLC 又称为低档 PLC。它的输入输出点数小于 256 点，用户程序存储器容量小于 2K 字节，具有逻辑运算、定时、计数、移位等功能，可以用来进行条件控制、定时计数控制，通常用来代替继电器、接触器控制，在单机或小规模生产过程中使用。

中型 PLC 的 I/O 点数一般在 256～1024 点之间，用户存储器容量为 2K～8K 字节，兼有开关量和模拟量的控制功能。它除了具备小型 PLC 的功能外，还具有数字计算、过程参数调节［如比例、积分、微分（P、I、D）调节］、模拟定标、查表等功能，同时辅助继电器数量增多，定时计数范围扩大，适用于较为复杂的开关量控制（如大型注塑机控制）、配料及称重等小型连续生产过程控制等场合。

大型 PLC 又称为高档 PLC，I/O 点数超过 1024 点，最多可达 8192 点，进行扩展后还能增加，用户存储容量在 8K 字节以上，具有逻辑运算、数字运算、模拟调节、联网通信、监视、记录、打印、中断控制、智能控制及远程控制等功能，用于大规模过程控制（如钢铁厂、电站）、分布式控制系统和工厂自动化网络。

(2) 按照结构形状分类　根据 PLC 各组件的组合结构，可将 PLC 分为整体式和机架模块式两种。

(3) 按照使用情况分类　从应用情况又可将 PLC 分为通用型和专用型两类。通用型 PLC 可供各工业控制系统选用，通过不同的配置和应用软件的编制可满足不同的需要，是用作标准工业控制装置的 PLC，如前面所列举的各种型号。专用型 PLC 是为某类控制系统专门设计的 PLC，如数控机床专用型 PLC 就有美国 AB 公司的 8200CNC、8400CNC，德国西门子公司的专用型 PLC 等。

◄◄◄ 1.1.4 PLC技术的应用范围

随着PLC技术的日益发展，PLC应用也越来越广泛，其范围通常可分成五大类型。

（1）顺序控制 顺序控制是针对顺序控制系统，按照生产工艺预先规定的顺序，在各个输入信号的作用下，根据内部状态和时间的顺序，在生产过程中各个执行机构自动地有秩序地进行操作。如果一个控制系统可以分解成几个独立的控制动作，且这些动作必须严格按照一定的先后次序执行才能保证生产过程的正常运行，系统的这种控制称为顺序控制。

要求几台电动机的启动或停止必须按一定的先后顺序来完成的控制方式即是顺序控制。

利用PLC最基本的逻辑运算、定时、计数等功能实现逻辑控制，可以取代传统的继电器控制，用于单机控制、多机群控制、生产自动线控制等，如机床、注塑机、印刷机械、装配生产线、电镀流水线及电梯的控制等。这是PLC最基本的应用，也是PLC最广泛的应用领域。

（2）运动控制 运动控制就是对机械运动部件的位置、速度等进行实时的控制管理，使其按照预期的运动轨迹和规定的运动参数进行运动。早期的运动控制技术主要是伴随着数控技术、机器人技术和工厂自动化技术的发展而发展的。早期的运动控制器实际上是可以独立运行的专用的控制器，往往无需另外的处理器和操作系统支持，可以独立完成运动控制功能、工艺技术要求的其他功能和人机交互功能。这类控制器往往已根据应用行业的工艺要求设计了相关的功能，用户只需要按照其协议要求编写应用加工代码文件，利用RS232或者DNC方式传输到控制器，控制器即可完成相关的动作。

运动控制（MC）是自动化的一个分支，它使用通称为伺服机构的一些设备（如液压泵、线性执行机或者是电机）来控制机器的位置和/或速度。大多数PLC都有拖动步进电机或伺服电机的单轴或多轴位置控制模块。这一功能广泛用于各种机械设备，如对各种机床、装配机械、机器人等进行运动控制。

（3）过程控制 工业中的过程控制是指以温度、压力、流量、液位和成分等连续变化的量（即模拟量）作为被控变量的自动控制。PLC采用相应的A/D和D/A转换模块及各种各样的控制算法程序来处理模拟量，完成闭环控制。PID调节是一般闭环控制系统中用得较多的一种调节方法。

过程控制广泛用于锅炉、反应堆、水处理、酿酒以及闭环位置控制和速度控制等方面。

（4）数据处理 PLC具有数学运算（含矩阵运算、函数运算、逻辑运算）、数据传送、数据转换、排序、查表、位操作等功能，可以完成数据的采集、分析及处理。数据处理一般用于如造纸、冶金、食品工业中的一些大型控制系统。

数据处理是对数据的采集、存储、检索、加工、变换和传输。数据是对事实、概念或指令的一种表达形式，可由人工或自动化装置进行处理。数据的形式可以是数字、文字、图形或声音等。数据经过解释并赋予一定的意义之后，便成为信息。数据处理是系统工程和自动控制的基本环节。数据处理贯穿于社会生产和社会生活的各个领域。

数据处理离不开软件的支持，数据处理软件包括用以书写处理程序的各种程序设计语言及其编译程序、管理数据的文件系统和数据库系统以及各种数据处理方法的应用软件包。为了保证数据安全可靠，还有一整套数据安全保密的技术。

（5）通信 PLC通信含PLC间的通信、PLC与上位计算机之间的通信及PLC与其他智能设备间的通信。PLC的通信包括PLC与PLC、PLC与其他智能设备，PLC系统与通用计算机可直接或通过通信处理单元、通信转换单元相连构成网络，以实现信息的交换，并可构成"集中管理、分散控制"的多级分布式控制系统，满足工厂自动化（FA）系统发展的需要。

1.2 PLC 的硬件结构和工作原理

◀◀◀ 1.2.1 PLC 的硬件组成

可编程序控制器的组成基本同计算机一样，由电源、中央处理器（CPU）、存储器、输入/输出接口及外围设备接口等构成，图 1-1 是其硬件系统的简化框图。

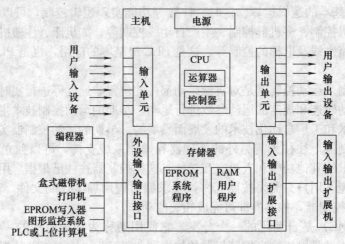

图 1-1 PLC 硬件系统的简化框图

从图中可以看出 PLC 内部主要部件如下。

(1) CPU CPU (Central Process Unit) 是整个 PLC 系统的核心，指挥 PLC 有条不紊地进行各种工作。

① CPU 类型

a. 通用微处理器（8080、8086、80286、80386 等）。

b. 单片机（8031、8096 等）。

c. 位片式微处理器（AM2900、AM2901、AM2903 等）。

小型 PLC：单 CPU 系统。

中、大型 PLC：双 CPU 系统（字处理器、位处理器）。

② CPU 的作用。CPU 是 PLC 系统的核心，其主要作用如下。

a. 接收并存储用户程序和数据。

b. 检查、校验用户程序。对正在输入的用户程序进行检查，发现语法错误立即报警，并停止输入；在程序运行过程中若发现错误，则立即报警或停止程序的执行。

c. 接收现场的状态或数据并存储。将接收到现场输入的数据保存起来，在需要该数据的时候将其调出、并送到需要该数据的地方。

d. PLC 进入运行后，执行用户程序，存储执行结果，并将执行结果输出。

当 PLC 进入运行状态，CPU 根据用户程序存放的先后顺序，逐条读取、解释和执行程序，完成用户程序中规定的各种操作，并将程序执行的结果送至输出端口，以驱动可编程控制器的外部负载。

e. 诊断电源、PLC 内部电路的工作故障。诊断电源、可编程控制器内部电路的故障，根据故障或错误的类型，通过显示器显示出相应的信息，以提示用户及时排除故障或纠正错误。

（2）系统程序存储器　它用以存放系统工作程序（监控程序）、模块化应用功能子程序、命令解释功能子程序的调用管理程序，以及对应定义（I/O、内部继电器、计时器、计数器、移位寄存器等存储系统）参数等功能。

（3）用户存储器　用以存放用户程序即存放通过编程器输入的用户程序。PLC 的用户存储器通常以字（16 位/字）为单位来表示存储容量。同时，由于前面所说的系统程序直接关系到 PLC 的性能，不能由用户直接存取。因而通常 PLC 产品资料中所指的存储器型式或存储方式及容量，是对用户程序存储器而言。

常用的用户存储方式及容量型式或存储方式有 CMOSRAM，EPROM 和 EEPROM。

特别说明一下可电擦除可编程的只读存储器（EEPROM）。它是非易失性的，但可以用编程装置对它编程，兼有 ROM 的非易失性和 RAM 的随机存取的优点，但是将信息写入它需要的时间比 RAM 长得多。EEPROM 用来存放用户程序和需要长期保存的重要数据。

（4）输入接口电路　按可接纳的外部信号电源的类型不同分为直流输入接口单元和交流输入接口单元（图 1-2）。

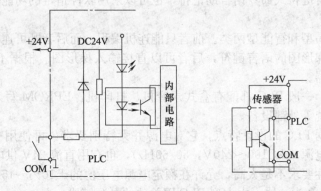

(a) 直流输入接口单元电路

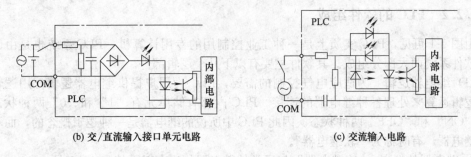

(b) 交/直流输入接口单元电路　　　　(c) 交流输入电路

图 1-2　输入接口电路的形式

（5）输出接口电路　输出接口接收主机的输出信息，并进行功率放大和隔离，经过输出接线端子向现场的输出部分输出相应的控制信号。输出接口电路一般由微电脑输出接口和隔离电路、功率放大电路组成。

① PLC 的三种输出形式：继电器输出（M）、晶体管输出（T）和晶闸管输出（S）。

a. 继电器输出（电磁隔离）：用于交流、直流负载，但接通断开的频率低。

b. 晶体管输出（光电隔离）：有较高的接通断开频率，用于直流负载。

c. 晶闸管输出（光触发型进行电气隔离）：仅适用于交流负载。

② 输出端子两种接线方式（图1-3）

a. 输出各自独立（无公共点）。

b. 每4～8个输出点构成一组，共用一个公共点。

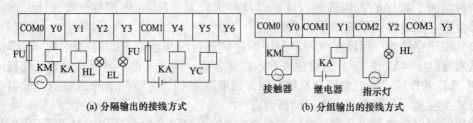

(a) 分隔输出的接线方式　　　　　(b) 分组输出的接线方式

图1-3　输出端子两种接线方式

(6) 编程器　编程器用于用户程序的编制、编辑、调试检查和监视等，还可以通过其键盘去调用和显示PLC的一些内部状态和系统参数。它通过通信端口与CPU联系，完成人机对话连接。编程器上有供编程用的各种功能键和显示灯以及编程、监控转换开关。编程器的键盘采用梯形图语言键符式命令语言助记符，也可以采用软件指定的功能键符，通过屏幕对话方式进行编程。

编程器分为简易型和智能型两类。前者只能连机编程，而后者既可连机编程又可脱机编程。同时前者输入梯形图的语言键符，后者可以直接输入梯形图。根据不同档次的PLC产品选配相应的编程器。

(7) 外部设备　一般PLC都配有盒式录音机、打印机、EPROM写入器、高分辨率屏幕彩色图形监控系统等外部设备。

(8) 电源　根据PLC的设计特点，它对电源并无特别要求，可使用一般工业电源。电源一般为单相交流电源（AC100～240V，50/60Hz），也有用直流24V供电的。

对电源的稳定性要求不是太高，允许在额定电源电压值的±10%～15%范围波动。小型PLC的电源与CPU合为一体，中大型PLC用单独的电源模块。

◄◄◄ 1.2.2　PLC的软件组成

由图1-1可见，PLC实质上是一种工业控制用的专用计算机。PLC系统也是由硬件系统和软件系统两大部分组成。其软件主要有以下几个逻辑部件。

(1) 继电器逻辑　为适应电气控制的需要，PLC为用户提供继电器逻辑，用逻辑与或非等逻辑运算来处理各种继电器的连接。PLC内部有储单元有"1"和"0"两种状态，对应于"ON"和"OFF"两种状态。因此PLC中所说的继电器是一种逻辑概念的，而不是真正的继电器，有时称为"软继电器"。

① 继电器的特点："软继电器"与通常的继电器相比有以下特点。

a. 体积小、功耗低。

b. 无触点、速度快、寿命长。

c. 有无数个触点，使用中不必考虑接点的容量。

② 继电器的分类：PLC一般为用户提供以下几种继电器（以FX2N系列PLC为例）。

a. 输入继电器（X）：把现场信号输入PLC，同时提供无限多个常开、常闭触点供用户编程使用。在程序中只有触点没有线圈，信号由外部信号驱动。

编号采用八进制，分别为X000～X007，X010～X017等。

b. 输出继电器（Y）：具备一对物理接点，可以串接在负载回路中，对应物理元件有继电器、晶闸管和晶体管。外部信号不能直接驱动，只能在程序中用指令驱动。

编号也采用八进制，分别为 Y000～Y007，Y010～Y017 等。

c. 内部继电器（M）：也称为辅助继电器或中间继电器。它与外界没有直接联系，仅作运算的中间结果使用。和输出继电器一样，只能由程序驱动。每个辅助继电器有无限多对常开、常闭触点，供编程使用。编号采用十进制。

中间继电器又分为三种：

① 通用型辅助继电器：有 M0～M499 共 500 点；

② 保持型辅助继电器：有 M500～M1023 共 524 点；

③ 特殊型辅助继电器：有 M8000～M8255 共 256 点。

（2）定时器逻辑 PLC 一般采用硬件定时中断，软件计数的方法来实现定时逻辑功能，定时器一般包括：

定时条件：控制定时器操作。

定时语句：指定所使用的定时器，给出定时设定值。

定时器的当前值：记录定时时间。

定时继电器：定时器达到设定值时为"1"（ON）状态，未开始定时或定时未达到设定值时为"0"（OFF）状态。

（3）计数器逻辑 PLC 为用户提供了若干计数器，它们是由软件来实现的，一般采用递增计数，一个计数器有以下几个内容：

计数器的复位信号 R；计数器的计数信号（CP 单位脉冲）；计数器设定值的记忆单元；计数器当前计数值单元；计数继电器。

计数器计数达到设定值时为 ON，复位或未到计数设定值时为 OFF。

PLC 除能进行位运算外，还能进行字运算。PLC 为用户提供了若干个数据寄存器，以存储有效数据。

◀◀◀ 1.2.3 PLC 的简单工作原理

PLC 采用循环扫描工作方式。

（1）原因

① PLC 在运行时需要处理许多操作；

② PLC 的 CPU 却不能同时执行多个操作，每一刻只能执行一个操作。

（2）解决方法 采用分时操作即扫描的工作方式。

由于 CPU 的运算速度很高，从宏观上而言似乎所有的操作都是及时、迅速地完成的。

（3）PLC 的扫描过程 PLC 的一个扫描过程（图 1-4）包含以下五个阶段。

① 内部处理：检查 CPU 等内部硬件是否正常，对监视定时器复位，其它内部处理。

② 通信服务：与其它智能装置（编程器、计算机）通信。如：响应编程器键入的命令，更新编程器的显示内容。

PLC 处于 STOP 状态时只执行这两个阶段。

③ 输入采样：以扫描方式按顺序采样所有输入端的状态，并存入输入映象寄存器（输入寄存器被刷新）。

图 1-4 PLC 循环扫描
过程示意图

④ 程序执行：PLC 梯形图程序扫描原则：先左后右、先上后下的步序，逐句扫描。并将结果存入相应的寄存器。

⑤ 输出刷新：输出状态寄存器（Y）中的内容转存到输出锁存器输出，驱动外部负载。

扫描周期的长短主要取决于以下几个因素：一是 CPU 执行指令的速度；二是执行每条指令占用的时间；三是程序中指令条数的多少。

1.3 FX2N 系列产品特点与性能指标

◀◀◀ 1.3.1 FX2N 系列产品简介和主机面板结构

（1）FX2N 的特点 FX 系列 PLC 拥有无以匹及的速度，高级的功能逻辑选件以及定位控制等特点。FX2N 系列有从 16 路到 256 路输入/输出的多种应用的选择。FX2N 系列是小型化、高速度、高性能和所有方面都是相当于 FX 系列中最高档次的超小型程序装置。除输入/输出 16～256 点的独立用途外，还适用于在多个基本组件间的连接、模拟控制、定位控制等特殊用途，是一套可以满足多样化广泛需要的 PLC。

在基本单元上连接扩展单元或扩展模块，可进行 16～256 点的灵活输入/输出组合。可选用 16/32/48/64/80/128 点的主机，可以采用最小 8 点的扩展模块进行扩展。可根据电源及输出形式自由选择。程序容量为内置 800 步 RAM（可输入注释）存储盒，最大可扩充至 16K 步。

丰富的软元件应用指令中有多个可使用的简单指令、高速处理指令、输入过滤常数可变、中断输入处理、直接输出等。便利指令数字开关的数据读取、16 位数据的读取、矩阵输入的读取、7 段显示器输出等。数据处理、数据检索、数据排列、三角函数运算、平方根、浮点小数运算等。特殊用途、脉冲输出（20kHz/DC5V，kHz/DC12～24V）、脉宽调制、PID 控制指令等。外部设备相互通信、串行数据传送、ASCII code 印刷、HEX ASCII 变换、校验码等。时计控制内置时钟的数据比较、加法、减法、读出、写入等。

（2）FX2N 系列产品 见表 1-1。

（3）FX2N 性能规格 见表 1-2。

（4）FX2N 扩展模块

FX2N-8EX 扩展单元 8 点继电器输入。

FX2N-8EYR 扩展单元 8 出继电器输出。

FX2N-8ER 扩展模块 4 入 4 出继电器输出。

表 1-1 FX2N 系列产品一览表

FX2N-32MR-001	基本单元	带 16 点输入/16 点继电器输出
FX2N-16MR-001	基本单元	带 8 点输入/8 点继电器输出
FX2N-80MR -D	基本单元	带 40 点输入/40 点继电器输出
FX2N-64MR -D	基本单元	带 32 点输入/32 点继电器输出
FX2N-48MR -D	基本单元	带 24 点输入/24 点继电器输出
FX2N-32MR -D	基本单元	带 16 点输入/16 点继电器输出
FX2N-128MT-001	基本单元	带 64 点输入/64 点晶体管输出
FX2N-80MT-001	基本单元	带 40 点输入/40 点晶体管输出
FX2N-64MT-001	基本单元	带 32 点输入/32 点晶体管输出
FX2N-48MT-001	基本单元	带 24 点输入/24 点晶体管输出

续表

FX2N-32MT-001	基本单元	带 16 点输入/16 点晶体管输出
FX2N-16MT-001	基本单元	带 8 点输入/8 点晶体管输出
FX2NC-96MT	基本单元	带 48 点输入/48 点晶体管输出
FX2NC-64MT	基本单元	带 32 点输入/32 点晶体管输出
FX2NC-32MT	基本单元	带 16 点输入/16 点晶体管输出
FX2NC-16MT	基本单元	带 8 点输入/8 点晶体管输出

表 1-2　FX2N 性能规格一览表

项　　目		规　　格	备　注
运转控制方式		通过储存的程序周期运转	
I/O 控制方法		批次处理方法（当执行 END 指令时）	I/O 指令可以刷新
运转处理时间		基本指令：0.8μs/指令	应用指令：1.52 至几百 μs/指令
编程语言		逻辑梯形图和指令清单	使用步进梯形图能生成 SFC 类型程序
程式容量		8000 步内置	使用附加寄存盒可扩展到 16000 步
指令数目		基本顺序指令：27 步进梯形指令：2 应用指令：256	最大可用 298 条应用指令
I/O 配置		最大硬体 I/O 配置点 256，依赖于用户的选择（最大软件可设定地址输入 256、输出 256）	
辅助继电器(M)	一般	500 点	M0～M499
	锁定	2572 点	M500～M3071
	特殊	256 点	M8000～M8255
状态继电器(S)	一般	490 点	S0～S499
	锁定	400 点	S500～S899
	初始	10 点	S0～S9
	信号报警器	100 点	S900～S999
定时器（T）	100ms	范围：0～3276.7s 200 点	T0～T199
	10ms	范围：0～327.67s 46 点	T200～T245
	1ms 保持型	范围：0～32.767s 4 点	T246～T249
	100ms	范围：0～3276.7s 6 点	T250～T255
计数器（C）	一般 16 位	范围：0～32767 数 200 点	C0～C199 类型：16 位上计数器
	锁定 16 位	100 点（子系统）	C100～C199 类型：16 位上计数器
	一般 32 位	15 点	C200～C219 类型：16 位上/下计数器
	锁定 32 位	15 点	C220～C234 类型：16 位上/下计数器
高速计数器（C）	单相	范围：−2147483648～ ＋2147483647 一般规则：选择组合计数频率 不大丁 20kHz 的计数器组合 注意所有的计数器锁定	C235～C240 6 点
	单相 c/w 起始/停止输入		C241～C245 5 点
	双相		C246～C250 5 点
	A/B 相		C251～C255 5 点

续表

项　目		规　格	备　注
数据寄存器 (D)	一般	200 点	D0～D199 类型:32 位元件的 16 位数据存储寄存器对
	锁定	7800 点	D200～D7999 类型:32 位元件的 16 位数据存储寄存器对
	文件寄存器	7000 点	D1000～D7999 通过 14 块 500 程式步的参数设置 类型:16 位数据存储寄存器
	特殊	256 点	从 D8000～D8255 类型:16 位数据存储寄存器
	变址	16 点	V0～V7 与 Z0～Z7 类型:16 位数据存储寄存器
指标 (P)	用于 CALL	128 点	P0～P127
	用于中断	6 输入点、3 定时器、 6 计数器	输入中断 I00□～I50□ (上升沿中断:1,下降沿中断:0) 定时器中断 I6□□～I8□□ (定时中断时间 10～99ms)
嵌套层次		用于 MC 和 MRC 时 8 点	N0～N7
常数	十进位 K	16 位:-32768～+32768 32 位:-2147483648～+2147483647	
	十六进位 H	16 位:0000～FFFF 32 位:00000000～FFFFFFFF	
	浮点	32 位:$\pm 1.175 \times 10^{-38}$,$\pm 3.403 \times 10^{-38}$(不能直接输入)	

FX2N-8EYT 扩展单元 8 出晶体管输出。

FX2N-48ER 扩展单元带 24 点输入/24 点继电器输出。

FX2N-48ET 扩展单元带 24 点输入/24 点晶体管输出。

FX2N-32ER 扩展单元带 16 点输入/16 点继电器输出。

FX2N-32ET 扩展单元带 16 点输入/16 点晶体管输出。

FX2N-16EX 扩展单元带 16 点输入。

FX2N-16EYR 扩展模块带 16 点继电器输出。

FX2N-16EYT 扩展模块带 16 点晶体管输出。

(5) 主机面板　见图 1-5。

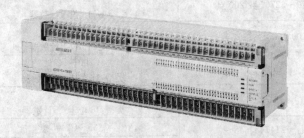

图 1-5　三菱 FX2N PLC 主机面板

① 主机面板各部分见图 1-6。

② PLC 的状态指示灯见图 1-7,功能见表 1-3。

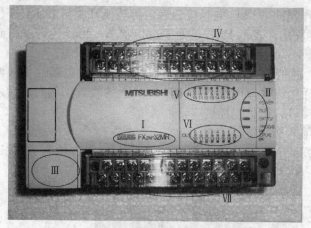

图 1-6　三菱 FX2N 系列 PLC 的面板介绍图

Ⅰ—型号；Ⅱ—状态指示灯；Ⅲ—模式转换开关与通信接口；
Ⅳ—PLC的电源端子与输入端子；Ⅴ—输入指示灯；
Ⅵ—输出指示灯；Ⅶ—输出端子

图 1-7　PLC 的状态指示灯

表 1-3　PLC 状态指示灯的功能

指　示　灯	指示灯的状态与当前运行的状态
POWER 电源指示灯（绿灯）	PLC 接通 220V 交流电源后，该灯点亮，正常时仅有该灯点亮表示 PLC 处于编辑状态
RUN 运行指示灯（绿灯）	当 PLC 处于正常运行状态时，该灯点亮
BATT. V 内部锂电池电压低指示灯（红灯）	若该指示灯点亮说明锂电池电压不足，应更换
PROG. E(CPU. E) 程序出错指示灯（红灯）	若该指示灯闪烁，说明出现以下类型的错误：①程序语法错误；②锂电池电压不足；③定时器或计数器未设置常数；④干扰信号使程序出错；⑤程序执行时间超出允许时间，此灯连续亮

③ 模式转换开关与通信接口见图 1-8。

图 1-8　模式转换开关与通信接口

　　模式转换开关用来改变 PLC 的工作模式，PLC 电源接通后，将转换开关打到 RUN 位置上，则 PLC 的运行指示灯（RUN）发光，表示 PLC 正处于运行状态；将转换开关打到 STOP 位置上，则 PLC 的运行指示灯（RUN）熄灭，表示 PLC 正处于停止状态。

　　通信接口用来连接手编器或电脑，通信线一般有手持式编程器通信线和电脑通信线两种，通信线与 PLC 连接时，务必注意通信线接口内的"针"与 PLC 上的接口正确对应后才可将通信线接口用力插入 PLC 的通信接口，避免损坏接口。

　　④ PLC 的电源端子、输入端子与输入指示灯。

　　外接电源端子：图 1-9 中方框内的端子为 PLC 的外部电源端子（L、N、地），通过这部分端子外接 PLC 的外部电源（220V AC）。

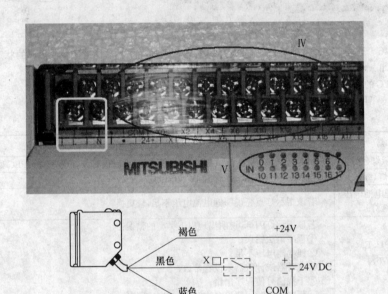

图 1-9　PLC 的电源端子、输入端子与输入指示灯

　　输入公共端子 COM：在外接传感器、按钮、行程开关等外部信号元件时需接一个公共端子。

　　+24V 电源端子：PLC 自身为外部设备提供的直流 24V 电源，多用于三端传感器。

　　X 端子：X 端子为输入（IN）继电器的接线端子，是将外部信号引入 PLC 的必经通道。

　　输入指示灯：为 PLC 的输入（IN）指示灯，PLC 有正常输入时，对应输入点的指示灯亮。

　　⑤ PLC 的输出端子与输出指示灯见图 1-10。

　　输出公共端子 COM：此端子为 PLC 输出公共端子，在 PLC 连接交流接触器线圈、电磁阀线圈、指示灯等负载时必须连接的一个端子。

　　负载使用相同电压类型和等级时：则将 COM1、COM2、COM3、COM4 用导线短接起来即可。

　　负载使用不同电压类型和等级时：Y0～Y3 共用 COM1，Y4～Y7 共用 COM2，Y10～Y13 共用 COM3，Y14～Y17 共用 COM4，Y20～Y27 共用 COM5。对于共用一个公共端子的同一组输出，必须用同一电压类型和同一电压等级，但不同的公共端子组可使用不同的电压类型和电压等级。

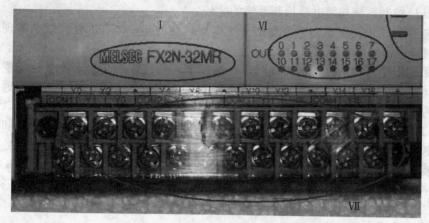

图 1-10　PLC 的输出端子与输出指示灯

Y 端子：Y 端子为 PLC 的输出（OUT）继电器的接线端子，是将 PLC 指令执行结果传递到负载侧的必经通道。

输出指示灯：当某个输出继电器被驱动后，则对应的 Y 指示灯就点亮。

◀◀◀ 1.3.2　FX2N 系列产品的性能指标

（1）输入/输出点数　输入输出点数（I/O 点数）：输入、输出接线端的个数。三菱 FX2N 系列 I/O 比为 1∶1。

（2）扫描速度

① 执行 1000 步指令所需的时间来衡量，单位为毫秒/千步。

② 执行一步指令时间计，单位为微秒/步。

（3）存储器容量　PLC 的存储容量一般指用户程序存储器的容量。用户程序存储容量是衡量可存储用户应用程序多少的指标。通常以字或 K 字为单位。16 位二进制数为一个字，每 1024 个字为 1K 字。PLC 以字为单位存储指令和数据。一般的逻辑操作指令每条占 1 个字，定时、计数、移位指令占 2 个字，数据操作指令占 2～4 个字。

三菱的 FX2N 系列 PLC 的存储容量为 8K 字（可扩至 16K 字）。

（4）FX 系列 PLC 型号

$$\underset{①}{\underbrace{FX\bigcirc\bigcirc}} - \underset{②}{\underbrace{\bigcirc\bigcirc}}\ \underset{③}{\underbrace{\square}}\ \underset{④}{\underbrace{\square}} - \underset{⑤}{\underbrace{\square}}$$

① 子系列名称：ON、OS、1N、1S 、2N、2NC 等。

② I/O 点数：合计点数（4～128 点）

③ 单元类型：M—基本单元；E—输入输出混合扩展单元及扩展模块；

　　　　　　　EX—输入专用扩展模块；EY—输出专用扩展模块。

④ 输出形式（其中输入专用无记号）：

R—继电器输出；T—晶体管输出；S—晶闸管输出

⑤ 特殊物品的区别（电源和输入、输出类型等特性）：D、A1、H、V、C、F 等

如：D——DC 电源，DC 输出

如：特殊物品无记号　—AC 电源，DC 输入，横式端子排、标准输出（继电器输出为 2A/点、晶体管输出 0.5/点、晶闸管输出 0.3A/点的标准输出）。

（5）PLC 控制系统与继电器控制系统的比较

① 从控制方法上。继电器控制系统采用机械触点的串、并联的硬接线来实现对设备的控制，同时继电器的触点数量有限。

PLC 采用程序（软）方式来实现对设备的控制，系统连线少。要改变控制逻辑只需改变程序。同时 PLC 中的各种软继电器实际上是存储器中的触发器，当软继电器通时相当于该触发器为"1"，反之为"0"，每个软继电器的触点数量无限。

② 从工作方式上。继电器控制系统为并行工作方式，即该吸合的继电器都同时吸合。

PLC 控制系统为串行工作方式，其程序按一定顺序循环执行，各软继电器处于周期性循环扫描接通状态，其动作顺序取决于程序的扫描顺序。

③ 从控制速度上。继电器控制系统依靠机械触点来实现控制，动作慢，存在抖动现象。

PLC 控制系统采用程序方式来实现控制，指令的执行时间在微秒级。

④ 从定时和计数方式上

继电器控制系统的时间继电器的延时精度易受环境温度和湿度的影响，精度不高。无计数功能。

PLC 控制系统的时钟脉冲由晶振产生，精度高，范围宽。

⑤ 从可靠性和可维护性上。继电器控制系统采用机械触点，寿命短，连线多，可靠性和可维护性差。

PLC 控制系统采用微电子技术，体积小，可靠性高，同时 PLC 还有自诊断功能，为调试和维护提供了方便。

第❷章 FX2N 系列产品的编程基础

↘ 2.1 数制

人类在实际工作生活中使用十进制，而计算机只能使用仅包含 0 和 1 两个数值（对应"断开"与"接通"两个状态）的二进制。输入计算机的十进制被转换成二进制进行计算，计算后的结果又由二进制转换成十进制，都由操作系统自动完成，并不需要人手工去做。学习计算机与 PLC 汇编语言，必须了解数制。

◀◀◀ 2.1.1 数制的概念及分类

数制也称计数制，它是用一组固定的符号和统一的规则来表示数值的方法。通常采用的数制有十进制、二进制、八进制和十六进制。

(1) 数码 数制中表示基本数值大小的不同数字符号。例如，十进制有 10 个数码：0、1、2、3、4、5、6、7、8、9。

(2) 基数 数制所使用数码的个数。例如，十进制的基数为 10；二进制的基数为 2。

(3) 位权 数制中某一位上的 1 所表示数值的大小（所处位置的价值）。例如，十进制的 123 中 1 的位权是 100，2 的位权是 10，3 的位权是 1。

(4) 十进制 人们最熟悉的进位计数制。在十进制中，数用 0、1、2、3、4、5、6、7、8、9 这十个符号来描述。计数规则是逢十进一。即 $9+1=10_{(10)}$。

任意一个十进制数都可以表示为各个数位上的数码与其对应的权的乘积之和，称为权展开式。用通式可表示为：

$$(N)_{10}=a_{n-1}\times10^{n-1}+a_{n-2}\times10^{n-2}+\cdots+a_1\times10^1+a_0\times10^0+a_{-1}\times10^{-1}+a_{-2}\times10^{-2}+\cdots a_{-m}\times10^{-m}$$

$$=\sum_{-m}^{n-1}a_i\times10^i\ .$$

式中，a_i 为 0～9 中的任一数码；10 为进制的基数；10 的 i 次幂为第 i 位的权；m、n 为正整数，n 为整数部分的位数，m 为小数部分的位数。

(5) 二进制 计算机系统采用的进位计数制。在二进制中，数用 0 和 1 两个符号来描述。计数规则是逢二进一。即 $1+1=10_{(2)}$ 用通式可表示为 $(N)2=\sum_{-m}^{n-1}b_i\times2^i$

(6) 八进制 常应用在电子计算机的计算中，以及程序设计语言提供了使用八进制符号来表示数字的能力。在八进制中，数用 0、1、2、3、4、5、6、7 这八个符号来描述。计数规则是逢八进一。即 $7+1=10_{(8)}$。

如 $(207.04)_8=2\times8^2+0\times8^1+7\times8^0+0\times8^{-1}+4\times8^{-2}=(135.0625)_{10}$

(7) 十六进制 计算机指令代码和数据的书写中常使用的数制。在十六进制中，数用 0、

1…9 和 A、B、…F) 16 个符号来描述。计数规则是逢十六进一。即 $F+1=10_{(16)}$。十六进制数中每个数位的权都是 16 的幂。例如：$(D8.A)_{16}=13\times16^1+8\times16^0+10\times16^{-1}=(216.625)_{10}$

（8）数制符号：二进制 B（binary）；八进制 O（octal）；十进制 D（decimal），可省略；十六进制 H（hexadecimal）。

◄◄◄ 2.1.2 数制之间的转化

（1）其他进制转换为十进制

方法：按权求和。即将其他进制数按权位展开，然后各项相加，就得到相应的十进制数。

【例 2-1】 $N=(10110.101) B=(?) D$

【解】 按权展开 $N=1\times2^4+0\times2^3+1\times2^2+1\times2^1+0\times2^0+1\times2^{-1}+0\times2^{-2}+1\times2^{-3}$
$$=16+4+2+0.5+0.125$$
$$=(22.625)D$$

（2）十进制转换成其他进制 分整数部分和小数部分分别转换。

① 整数部分：除基逆取余。

a. 把要转换的数除以新的进制的基数，把余数作为新进制数的最低位；

b. 把上一次得的商再除以新的进制基数，把余数作为新进制数的次低位；

c. 依法继续，直到最后的商为零，这时的余数就是新进制的最高位。

② 小数部分：乘基顺取整。

a. 把要转换数的小数部分乘以新进制的基数，把得到的整数部分作为新进制小数部分的最高位；

b. 把上一步得到的小数部分再乘以新进制的基数，把得到的整数部分作为新进制小数部分的次高位；

c. 依法继续，直到小数部分变成零为止。或者达到预定的要求也可以。

【例 2-2】 将十进制数（97.706）10 转换成二进制数。

【解】 可将（97.706）10 的整数部分和小数部分分别进行转换。

整数部分				小数部分		
2 | 97	余数			0.706	整数	高位
2 | 48	……1	低位		× 2		
2 | 24	……0			0.412	……1	
2 | 12	……0			× 2		
2 | 6	……0			0.824	……0	
2 | 3	……0			× 2		
2 | 1	……1			0.648	……1	
0	……1	高位		× 2		
				0.296	……1	
				× 2		
				0.592	……1	
				× 2		
				0.184	……1	
				× 2		
				0.368	……0	低位

将十进制小数每次除去上次所得积中之个位数连续乘以 2，直到满足误差要求（即精确到小数点后几位）进行"四舍五入"为止。故（97.706）10＝（1100001.101111）2［其误差 $\varepsilon < 2^{-7}$］。

（3）二进制与八进制/十六进制的相互转换 二进制转换为八进制/十六进制：它们之间满足 23 和 24 的关系，即把要转换的二进制从低位到高位每 3 位或 4 位一组，高位不足时在有效位前面添"0"，然后把每组二进制数转换成八进制或十六进制即可。

八进制/十六进制转换为二进制：把上面的过程逆过来即可。

【例 2-3】 N＝（C1B）H＝（?）B

【解】 （C1B）H＝1100，0001，1011＝（110000011011）B

【例 2-4】 将二进制数（10101101011.10111）2 转换为十六进制数。

【解】 （10101101011.10111）2＝（0101，0110，1011.1011，1000）2＝（56B.B1）16

◀◀◀ 2.1.3 二进制的运算

（1）加法运算

运算法则：逢二进一。

【例 2-5】 求（110101）2＋（10101）2＝?

【解】
```
      110101
  ＋    10101
  ─────────────
     1001010
```

（2）减法运算

运算法则：借一当二。

【例 2-6】 求（101011）2－（100）2＝?

【解】
```
      101011
  －      100
  ─────────────
      100111
```

（3）乘法运算

运算法则：各数相乘再作加法运算。

【例 2-7】 求（1011）2×（101）2＝?

【解】
```
        1011
  ×      101
  ─────────────
        1011
       0000
  ＋   1011
  ─────────────
      110111
```

（4）除法运算

运算法则：各数相除，再作减法运算。

【例 2-8】 求（11010）2÷（101）2＝?

【解】
```
            101
      ───────────
  101 ) 11010
        101
        ─────
         110
         101
         ─────
           1
```

故 (11010) 2÷(101) 2＝101 （商)……1（余数)。

2.2 二进制逻辑函数

◀◀◀ 2.2.1 "非"函数（反码）

(1)"非"逻辑 非逻辑关系可用图 2-1 说明。事情（灯亮）和条件（开关 S）总是呈相反状态,这种关系称非逻辑关系。

(2)非门电路 能实现"非"逻辑功能的电路称为非门。图 2-2 是一个简单的非门,它的输出信号与输入信号存在"反相"关系。即输入低电平,输出为高电平；输入高电平,输出为低电平。

(3)非逻辑函数式 $Y=\overline{A}$

(4)非门逻辑符号（图 2-3)

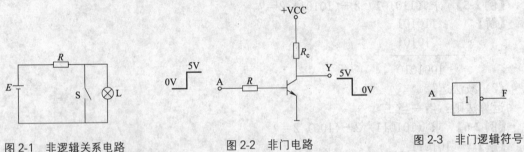

图 2-1 非逻辑关系电路   图 2-2 非门电路   图 2-3 非门逻辑符号

(5)二进制数的反码 各位数码取反,即 1 改为 0 而 0 改为 1。如 11010010B 的反码为 00101101B。

◀◀◀ 2.2.2 "与"函数（AND）

(1)与逻辑 与逻辑关系可用图 2-4 说明。当一件事情（灯亮）的几个条件（开关 A、B）全部具备之后,这件事情（灯亮）才能发生,否则不发生,这样的因果逻辑关系,称为与逻辑关系。

(2)与门电路 能实现与逻辑功能的电路称为与门电路。图 2-5 是一个由二极管构成的与门电路,A、B 为输入端,假定它们的低电平为 0V,高电平为 5V,Y 为信号输出端。

① 当 A、B 都处于低电平 0V 时,二极管 D1、D2 都导通,Y＝0V,输出低电平。

② 当 A＝0V,B＝5V 时,D1 优先导通,D2 截止,Y＝0V。

③ 当 A＝5V,B＝0V 时,D2 优先导通,D1 截止,Y＝0V。

④ 当 A、B 都处在高电平 5V 时,D1、D2 均导通,Y 端输出高电平 5V。

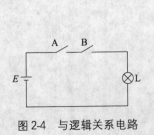

图 2-4 与逻辑关系电路

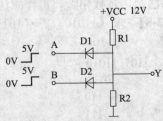

图 2-5 二极管与门电路

由此可见，输入端全为高电平时，输出也为高电平，即全"1"出"1"。输入端有一个或一个以上为低电平时，输出为低电平，即有"0"出"0"。

逻辑功能：全"1"出"1"，有"0"出"0"。

（3）与逻辑函数式 $Y = A \cdot B$

与门输入端可以不止两个，但逻辑关系是一样的。

（4）与门逻辑符号（图2-6）

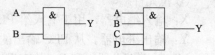

图2-6   与门逻辑符号

◀◀ 2.2.3 "或"函数（OR）

（1）或逻辑   或逻辑关系可用图 2-7 说明。在决定一件事情（灯亮）的各种条件中的（开关 A、B），至少具备一个条件（开关 A 或 B 闭合，或者开 A、B 都闭合），这件事情（灯亮）就会发生，这样的因果逻辑关系称或逻辑关系。

（2）或门电路   能实现或逻辑功能的电路称为或门电路。图 2-8 是一个由二极管构成的或门电路。

或门的逻辑功能：有"1"出"1"，全"0"出"0"。

（3）或逻辑函数式 $Y = A + B$

（4）或门逻辑符号（图2-9）

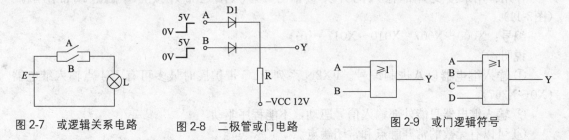

图2-7   或逻辑关系电路   图2-8   二极管或门电路   图2-9   或门逻辑符号

◀◀ 2.2.4 "异或"函数（XOR）

（1）异或逻辑电路及符号（图2-10）

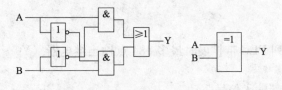

图2-10   异或逻辑电路及符号

异或逻辑功能：同出"0"，异出"1"。

（2）异或逻辑函数式

$Y = A \overline{B} + \overline{A} B$ 或 $Y = A \oplus B$

（3）异或函数 XOR：

0 XOR 0＝0   0 XOR 1＝1

1 XOR 0＝1   1 XOR 1＝0

↘ 2.3 FX2N 系列产品的编程语言

◀◀ 2.3.1 FX2N 系列 PLC 梯形图中的编程元件

FX 系列 PLC 软继电器编号由字母和数字组成，其中输入继电器和输出继电器用八进制数字编号，其它软继电器均采用十进制数字编号。

2.3.1.1 软元件（编程元件、操作数）

（1）软元件的概念   PLC 内部具有一定功能的器件（输入、输出单元、存储器的存储单元)。

(2) 分类

① 位元件

X：输入继电器，用于输入给 PLC 的物理信号；

Y：输出继电器，从 PLC 输出的物理信号；

M（辅助继电器）和 S（状态继电器）：PLC 内部的运算标志。

说明：

a. 位单元只有 ON 和 OFF 两种状态，用"0"和"1"表示。

b. 元件可通过组合使用，4 个位元件为一个单元，表示方法是由 Kn 加起始软元件号（首元）组成，n 为单元数。

例如，K4M0 表示 M15～M0 组成 4 个位元件组（K4 表示 4 个单元），它是一个 16 位数据，M0 为最低位。又如 K4Y0 表示 Y17～Y0 组成 4 个位元件组，注意 Y 为八进制。

② 字元件。数据寄存器 D：模拟量检测以及位置控制等场合存储数据和参数。字节（BYTE）、字（WORD）、双字（DOUBLE WORD）。

2.3.1.2　FX 系列 PLC 的编程元件

(1) 输入继电器（X）

作用：用来接受外部输入的开关量信号。输入端通常外接常开触点或常闭触点（图2-11）。

编号：X000～X007　X010～X017 ……

说明：

① 输入继电器以八进制编号。FX2N 系列 PLC 带扩展时最多可有 184 点输入继电器（X0～X267）。

② 输入继电器只能外部输入信号驱动，不能程序驱动。

③ 可以有无数的常开触点和常闭触点。

④ 输入信号（ON、OFF）至少要维持一个扫描周期。

(2) 输出继电器（Y）

作用：程序运行的结果，驱动执行机构控制外部负载。

编号：Y000～Y007　Y010 ～Y017……

说明：

① 输出继电器以八进制编号。FX2N 系列 PLC 带扩展时最多 184 点输出继电器（Y0～Y267）。

② 输出继电器可以程序驱动，也可以外部输入信号驱动。

③ 输出模块的硬件继电器只有一个常开触点，梯形图中输出继电器的常开触点和常闭触点可以多次使用。

(3) 辅助继电器（M）：也叫中间继电器。辅助继电器用软件实现，是一种内部的状态标志，相当于继电控制系统中的中间继电器。

说明：

① 辅助继电器以十进制编号。

② 辅助继电器只能程序驱动，不能接收外部信号，也不能驱动外部负载。

③ 可以有无数的常开触点和常闭触点。

辅助继电器又分为通用型、掉电保持型和特殊辅助继电器三种。

① 通用型辅助继电器：M0～M499，共 500 个。

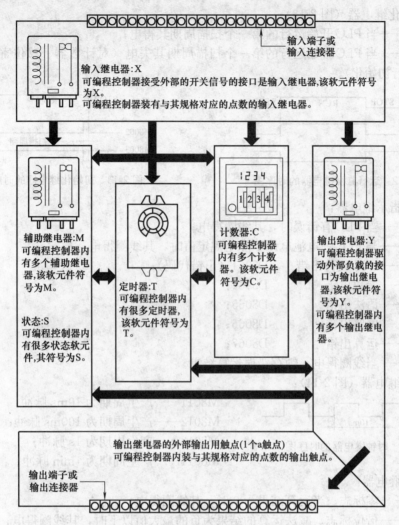

输入端子或输入连接器

输入继电器:X
可编程控制器接受外部的开关信号的接口是输入继电器,该软元件符号为X。
可编程控制器装有与其规格对应的点数的输入继电器。

辅助继电器:M
可编程控制器内有多个辅助继电器,该软元件符号为M。

定时器:T
可编程控制器内有很多定时器,该软元件符号为T。

计数器:C
可编程控制器内有多个计数器。该软元件符号为C。

输出继电器:Y
可编程控制器驱动外部负载的接口为输出继电器,该软元件符号为Y。
可编程控制器内有多个输出继电器。

状态:S
可编程控制器内有很多状态软元件,其符号为S。

输出继电器的外部输出用触点(1个a触点)
可编程控制器内装与其规格对应的点数的输出触点。

输出端子或输出连接器

图 2-11 FX2N 系列 PLC 内部软件框图

特点:通用辅助继电器和输出继电器一样,在 PLC 电源断开后,其状态将变为 OFF。当电源恢复后,除因程序使其变为 ON 外,否则它仍保持 OFF。

用途:逻辑运算的中间状态存储、信号类型的变换。

② 停电保持型辅助继电器:M500~M1023,共 524 个。

特点:在 PLC 电源断开后,保持用辅助继电器具有保持断电前瞬间状态的功能,并在恢复供电后继续断电前的状态。掉电保持是由 PLC 机内电池支持。

③ 特殊辅助继电器:M8000~M8255,共 256 个。

特点:特殊辅助继电器是具有某项特定功能的辅助继电器。

分类:触点利用型和线圈驱动型。

触点利用型特殊辅助继电器:其线圈由 PLC 自动驱动,用户只可以利用其触点。

线圈驱动型特殊辅助继电器:由用户驱动线圈,PLC 将作出特定动作。

a. 运行监视继电器(图 2-12):

M8000——当 PLC 处于 RUN 时,其线圈一直得电;

M8001——当 PLC 处于 STOP 时,其线圈一直得电。

b. 初始化继电器（图 2-13）：

M8002——当 PLC 开始运行的第一个扫描周期其得电；

M8003——当 PLC 开始运行的第一个扫描周期其失电（对计数器、移位寄存器、状态寄存器等进行初始化）。

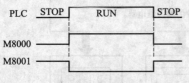

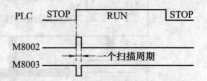

图 2-12 运行监视继电器的时序图　　　　图 2-13 初始化继电器的时序图

c. 出错指示继电器：

M8004——当 PLC 有错误时，其线圈得电；

M8005——当 PLC 锂电池电压下降至规定值时，其线圈得电。

M8061——PLC 硬件出错　　　　D8061（出错代码）；

M8064——参数出错　　　　　　D8064；

M8065——语法出错　　　　　　D8065；

M8066——电路出错　　　　　　D8066；

M8067——运算出错　　　　　　D8067；

M8068——当线圈得电，锁存错误运算结果。

d. 时钟继电器（图 2-14）：

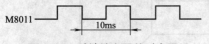

图 2-14 时钟继电器的时序图

M8011——产生周期为 10ms 脉冲；

M8012——产生周期为 100ms 脉冲；

M8013——产生周期为 1s 脉冲；

M8014——产生周期为 1min 脉冲。

e. 标志继电器：

M8020——零标志。当运算结果为 0 时，其线圈得电；

M8021——借位标志。减法运算的结果为负的最大值以下时，其线圈得电；

M8022——进位标志。加法运算或移位操作的结果发生进位时，其线圈得电。

f. 模式继电器：

M8034——禁止全部输出。当 M8034 线圈被接通时，则 PLC 的所有输出自动断开；

M8039——恒定扫描周期方式。当 M8039 线圈被接通时，则 PLC 以恒定的扫描方式运行，恒定扫描周期值由 D8039 决定；

M8031——非保持型继电器、寄存器状态清除；

M8032——保持型继电器、寄存器状态清除；

M8033——RUN→STOP 时，输出保持 RUN 前状态；

M8035——强制运行（RUN）监视；

M8036——强制运行（RUN）；

M8037——强制停止（STOP）。

（4）状态寄存器（S）

作用：用于编制顺序控制程序的状态标志。

① 初始状态　　S0～S9　　　　　　（10 点）

② 回零　　　　S10～S19　　　　　（10 点）

③ 通用　　　　S20～S499　　（480 点）
④ 锁存　　　　S500～S899　　（400 点）
⑤ 信号报警　 S900～S999　　（100 点）

注：不使用步进指令时，状态寄存器也可当做辅助继电器使用。

（5）定时器（T）

① 作用：相当于时间继电器。

② 分类

a. 普通定时器（图 2-15）。

输入断开或发生断电时，计数器和输出触点复位。

100ms 定时器：T0～T199，共 200 个，定时范围：0.1～3276.7s

10ms 定时器：T200～T245，共 46 个，定时范围：0.01～327.67s

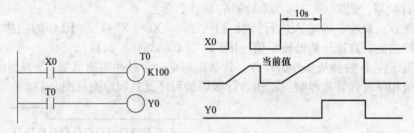

图 2-15　普通定时器的程序及其时序图

b. 积算定时器。输入断开或发生断电时，当前值保持，只有复位接通时，计数器和触点复位。

复位指令：如 [RST　T250]

1ms 积算定时器：　 T246～T249，共 4 个（中断动作），定时范围：0.001～32.767s。

100ms 积算定时器：T250～255，共 6 个，定时范围：0.1～3276.7s

图 2-16 中普通定时器的定时为 $t = 0.1 \times 100 = 10s$

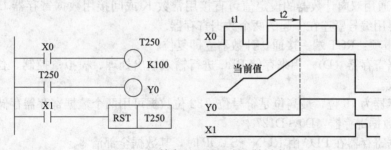

图 2-16　积算定时器的程序及其时序图

③ 工作原理：当定时器线圈得电时，定时器对相应的时钟脉冲（100ms、10ms、1ms）从 0 开始计数，当计数值等于设定值时，定时器的触点接通。

④ 组成：初值寄存器（16 位）、当前值寄存器（16 位）、输出状态的映像寄存器（1位）—元件号 T。

⑤ 定时器的设定值：可用常数 K，也可用数据寄存器 D 中的参数。K 的范围1～32767。

⑥ 注意：若定时器线圈中途断电，则定时器的计数值复位。

（6）计数器（C）

① 作用：对内部元件 X、Y、M、T、C 的信号进行记数（记数值达到设定值时计数

动作）。

② 分类

a. 普通计数器（计数范围：K1～K32767）

16 位通用加法计数器：C0～C15   16 位增计数器

16 位掉电保持计数器：C16～C31   16 位增计数器

b. 双向计数器（计数范围：－2147483648～2147483647）

32 位通用双向计数器：C200～C219，共 20 个。

32 位掉电保持计数器：C220～C234，共 15 个。

双向计数器的计数方向（增/减计数）由特殊辅助继电器 M8200～M8234 设定。当 M82xx 接通（置 1）时，对应的计数器 C2xx 为减计数；当 M82xx 断开（置 0）时为增计数。

c. 高速计数器：C235～C254 为 32 位增/减计数器

采用中断方式对特定的输入进行计数（FX2N 为 X0～X5），与 PLC 的扫描周期无关。具有掉电保持功能。高速计数器设定值范围：－2147483648～2147483647。

③ 工作原理：计数器从 0 开始计数，计数端每来一个脉冲当前值加 1，当当前值（计数值）与设定值相等时，计数器触点动作。计数器的程序及其程序图见图 2-17。

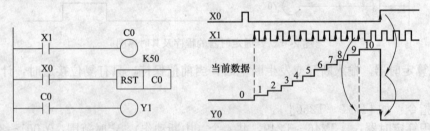

图 2-17　计数器的程序及其时序图

④ 计数器的设定值：可用常数 K，也可用数据寄存器 D 中的参数。计数值设定范围 1～32767。32 位通用双向计数器的设定值可直接用常数 K 或间接用数据寄存器 D 的内容。间接设定时，要用编号紧连在一起的两个数据寄存器。

⑤ 注意事项：RST 端一接通，计数器立即复位。

（7）数据寄存器（D）　用来存储 PLC 进行输入输出处理、模拟量控制、位置量控制时的数据和参数。

数据寄存器为 16 位，最高位是符号位。32 位数据可用两个数据寄存器存储。

① 通用数据寄存器：D0～D127

通用数据寄存器在 PLC 由 RUN→STOP 时，其数据全部清零。

如果将特殊继电器 M8033 置 1，则 PLC 由 RUN→STOP 时，数据可以保持。

② 保持数据寄存器：D128～D255

保持数据寄存器只要不被改写，原有数据就不会丢失，不论电源接通与否，PLC 运行与否，都不会改变寄存器的内容。

③ 特殊数据寄存器：D8000～D8255

④ 文件寄存器：D1000～D2499

（8）变址寄存器（V、Z）

一种特殊用途的数据寄存器，相当于微机中的变址寄存器，用于改变元件的编号（变址）。V 与 Z 都是 16bit 数据寄存器，V0～V7，Z0～Z7。V 用于 32 位的 PLC 系统。

(9) 指针(P、I)

① 跳转用指针:P0~P63　　　　　　　　共 64 点

它作为一种标号,用来指定跳转指令或子程序调用指令等分支指令的跳转目标。

② 中断用指针:I0~I8　　　　　　　　共 9 点

作为中断程序的入口地址标号。分为输入中断、定时器中断和计数器中断用三种。

输入中断:I00□至 I50□(上升沿中断:1,下降沿中断:0)6 个。

定时器中断:I6□□至 I8□□(定时中断时间 10~99ms)3 个。

计数器中断用:I010 、I020、I030、I040 、I050、I060 共 6 个。

2.3.2 FX2N 系列产品常用的编程语言

软件有系统软件和应用软件之分,PLC 的系统软件由可编程控制器生产厂家固化在 ROM 中,一般的用户只能在应用软件上进行操作,即通过编程软件来编制用户程序。

PLC 的编程语言一般有如下五种表达方式。

(1) 梯形图(LAD) 梯形图是一种以图形符号及图形符号在图中的相互关系表示控制关系的编程语言,它是从继电器控制电路图演变过来的。梯形图将继电器控制电路图进行简化,同时加进了许多功能强大、使用灵活的指令,将微机的特点结合进去,使编程更加容易,而实现的功能却大大超过传统继电器控制电路图,是目前最普通的一种 PLC 的编程语言。梯形图及其语句表见图 2-18。

梯形图及符号的画法应按一定规则。

① 梯形图中只有动合和动断两种触点。各种机型中动合触点和动断触点的图形符号基本相同,但它们的元件编号不相同,随不同机种、不同位置(输入或输出)而不同。统一标记的触点可以反复使用,次数不限,这点与继电器控制电路中同一触点只能使用一次不同。因为在可编程控制器中每一触点的状态均存入可编程控制器内部的存储单元中,可以反复读写,故可以反复使用。

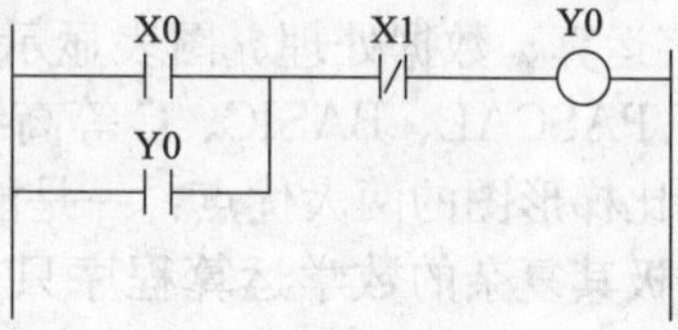

LD	X0
OR	Y0
ANI	X1
OUT	Y0

图 2-18 梯形图及其语句表

② 梯形图中输出继电器(输出变量)表示方法也不同,有圆圈、括弧表示,而且它们的编程元件编号也不同,不论哪种产品,输出继电器在程序中只能使用一次。

③ 梯形图最左边是起始母线(左母线),每一逻辑行必须从起始母线开始画。梯形图最右边还有结束母线,可以省略。

④ 梯形图必须按照从左到右、从上到下顺序书写,PLC 也是按照这个顺序执行程序。

⑤ 梯形图中触点可以任意串联或并联,而输出继电器线圈可以并联但不可以串联。

(2) 指令表(IL) 梯形图直观、简便,但要求用带 CRT 屏幕显示的图形编程器才能输入图形符号。小型 PLC 一般无法满足,而是采用经济便携的手持式编程器(指令编程器)将程序输入到可编程控制器中,这种编程方法使用指令语句(助记符语言),它类似于微机中的汇编语言。语句是指令语句表编程语言的基本单元,每个控制功能由一个或多个语句组成的程序来执行。

每条语句规定可编程控制器中 CPU 如何动作的指令,它是由操作码和操作数组成的。操作码用助记符表示要执行的功能,操作数表明操作的地址或一个预先设定的值。

(3) 顺序功能(流程)图(SFC) 顺序功能图常用来编制顺序控制类程序。它包含步、

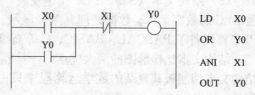

动作、转换三个要素。顺序功能编程法可将一个复杂的控制过程分解为一些小的顺序控制要求连接组合成整体的控制程序。顺序功能图法体现了一种编程思想,在程序的编制中具有很重要的意义。在介绍步进梯形指令时将详细介绍顺序功能图编程法。图 2-19 所示为顺序功能图。

(4) 功能块图(FBD) 功能图编程语言实际上是用逻辑功能符号组成的功能块来表达命令的图形语言,与数字电路中逻辑图一样,它极易表现条件与结果之间的逻辑功能。图 2-20 所示为先"或"后"与"再输出操作的功能块图。

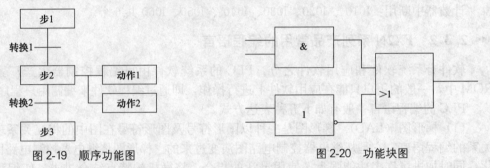

图 2-19 顺序功能图   图 2-20 功能块图

由图可见,这种编程方法是根据信息流将各种功能块加以组合,是一种逐步发展起来的新式的编程语言,正在受到各种 PLC 厂家的重视。

(5) 结构文本(ST) PLC 飞速发展,许多高级功能用梯形图来表示会很不方便。为增强 PLC 的数字运算、数据处理、图表显示、报表打印等功能,方便用户使用,许多大中型 PLC 都配备了 PASCAL、BASIC、C 等高级编程语言。这种编程方式叫做结构文本。

结构文本比梯形图的两大优点:一是能实现复杂的数学运算,二是非常简洁和紧凑。用结构文本编制极其复杂的数学运算程序只占一页纸。结构文本用来编制逻辑运算程序也很容易。

以上五种编程语言表达式是由国际电工委员会(IEC)1994 年 5 月在可编程控制器标准中推荐的。生产厂家可提供其中几种编程语言供用户选择,并非所有可编程控制器都支持全部五种编程语言。

PLC 的编程语言是 PLC 应用软件的工具,它以 PLC 输入口、输出口、机内元件之间的逻辑及数量关系表达系统的控制要求,并存储在机内存储器中,即"存储逻辑"。

◀◀◀ 2.3.3 FX2N 系列产品的基本编程指令

2.3.3.1 取/输出指令 LD、LDI、OUT
取/输出指令功能表见表 2-1。

表 2-1 取/输出指令功能表

符号	名称	功　能	操 作 元 件
LD	取	常开触点逻辑运算起始	X、Y、M、S、T、C
LDI	取反	常闭触点逻辑运算起始	X、Y、M、S、T、C
OUT	输出	线圈驱动	Y、M、S、T、C

(1) 程序举例 见图 2-21。
(2) 程序诠释 X0 接通→Y0 接通;X1 断开→Y1 接通。
(3) 指令使用说明

0	LD	X000
1	OUT	Y000
2	LDI	X001
3	OUT	Y001

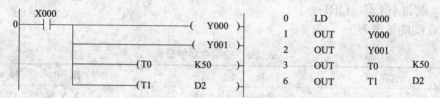

图 2-21 取指令和输出指令的应用

① LD 和 LDI 指令用于将常开和常闭触点接到左母线；

② LD 和 LDI 在电路块分支起始触点及主控指令后第一个触点也使用；

③ OUT 指令是驱动输出继电器、辅助继电器、状态继电器、定时器、计数器的线圈，不能用于驱动输入继电器，因为输入继电器的状态由输入信号决定；

④ OUT 指令可作多次并联使用；

⑤ 定时器的计时线圈与计数器的计数线圈，使用 OUT 指令后，必须设定值（常数 K 或指定数据寄存器的地址号）。如图 2-22 所示。

0	LD	X000	
1	OUT	Y000	
2	OUT	Y001	
3	OUT	T0	K50
6	OUT	T1	D2

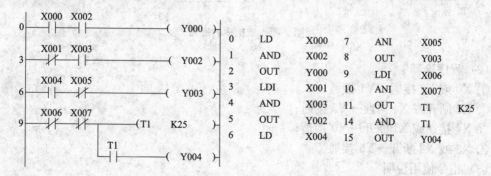

图 2-22 设定值与输出指令并联的应用

2.3.3.2 与指令 AND、ANI

与指令功能见表 2-2。

表 2-2 与指令功能表

符号	名称	功 能	操 作 元 件
AND	与	单个常开触点串联连接	X、Y、M、S、T、C
ANI	与非	单个常闭触点串联连接	X、Y、M、S、T、C

（1）程序举例 如图 2-23 所示。

0	LD	X000	7	ANI	X005	
1	AND	X002	8	OUT	Y003	
2	OUT	Y000	9	LDI	X006	
3	LDI	X001	10	ANI	X007	
4	AND	X003	11	OUT	T1	K25
5	OUT	Y002	14	AND	T1	
6	LD	X004	15	OUT	Y004	

图 2-23 与指令的应用

（2）程序诠释

① X0 接通且 X2 接通→Y0 接通；

② X1 断开且 X3 接通→Y2 接通；

③ 常开 X4 接通且 X5 断开→Y3 接通；

④ X6 断开且 X7 断开→T1 开始定时，当达到 2.5s 时间→T1 接通→Y4 接通。

（3）指令使用说明　AND、ANI 指令可进行 1 个触点的串联连接。串联触点的数量不受限制，可以连续使用。

OUT 指令之后，通过触点对其他线圈使用 OUT 指令，称之为纵接输出。这种纵接输出如果顺序不错，可多次重复使用；如果顺序颠倒，就必须要用我们后面要学到的栈指令（MPS/MRD/MPP），如图 2-24 所示。

```
0   X000 X002  T1        ( Y004 )     0  LD    X000    4  OUT  Y004
                                      1  AND   X002    5  MPP
                 (T1  K20 )           2  MPS           6  OUT  T1   K20
                                      3  AND   T1
```

图 2-24　纵接输出顺序颠倒的应用

2.3.3.3　或指令 OR、ORI

或指令功能见表 2-3。

表 2-3　或指令功能表

符号	名称	功　能	操　作　元　件
OR	或	单一常开触点并联连接	X、Y、M、S、T、C
ORI	或非	单一常闭触点并联连接	X、Y、M、S、T、C

（1）程序举例　如图 2-25 所示。

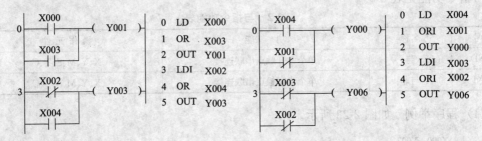

```
0   X000        ( Y001 )     0  LD   X000        0   X004        ( Y000 )     0  LD   X004
    X003                     1  OR   X003            X001                     1  ORI  X001
                             2  OUT  Y001                                     2  OUT  Y000
    X002                     3  LDI  X002            X003                     3  LDI  X003
3              ( Y003 )      4  OR   X004        3              ( Y006 )      4  ORI  X002
    X004                     5  OUT  Y003            X002                     5  OUT  Y006
```

图 2-25　或指令的应用

（2）程序诠释

① X0 或 X3 接通→Y1 接通；

② X2 断开或 X4 接通→Y3 接通；

③ X4 接通或 X1 断开→Y0 接通；

④ X3 或 X2 断开→Y6 接通。

（3）指令使用说明

① OR、ORI 指令用作 1 个触点的并联连接指令；

② OR、ORI 指令可以连续使用，并且不受使用次数的限制；

③ OR、ORI 指令是从该指令的步开始，与前面的 LD、LDI 指令步进行并联连接；

④ 当继电器的常开触点或常闭触点与其他继电器的触点组成的混联电路块并联时，也可以用这两个指令。见图 2-26。

0	LD	X000
1	AND	X002
2	OR	X003
3	OUT	Y004
4	LDI	X000
5	AND	X005
6	OR	X006
7	OUT	Y001

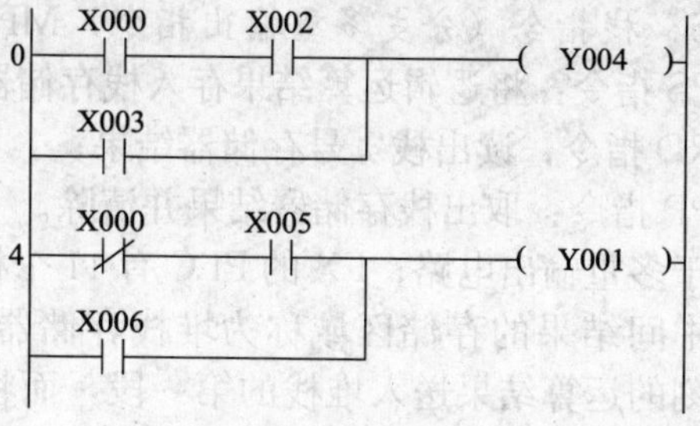

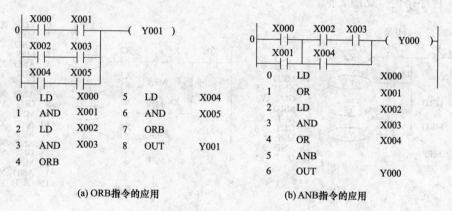

图 2-26 或指令对混联电路块并联的应用

2.3.3.4 块指令ORB（串联电路块并联指令）
ANB（并联电路块串联指令）

（1）程序举例（图 2-27）

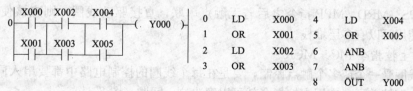

0	LD	X000	5	LD	X004
1	AND	X001	6	AND	X005
2	LD	X002	7	ORB	
3	AND	X003	8	OUT	Y001
4	ORB				

(a) ORB指令的应用

0	LD	X000
1	OR	X001
2	LD	X002
3	AND	X003
4	OR	X004
5	ANB	
6	OUT	Y000

(b) ANB指令的应用

图 2-27 块指令的应用

（2）程序诠释

① X0 与 X1 或 X2 与 X3 或 X4 与 X5 任一串联电路块接通→Y1 接通；

② X0 或 X1 接通且 X2 与 X3 接通或 X4 接通→Y0 接通。

（3）指令使用说明

① ORB、ANB 无操作软元，2 个以上的触点串联连接的电路称为串联电路块；

② 将串联电路并联连接时，分支开始用 LD、LDI 指令，分支结束用 ORB 指令；

③ ORB、ANB 指令是无操作元件的独立指令，它们只描述电路的串并联关系；

④ 有多个串联电路时，若对每个电路块使用 ORB 指令，则串联电路没有限制；

⑤ 若多个并联电路块按顺序和前面的电路串联连接时，则 ANB 指令的使用次数没有限制（图 2-28）；

⑥ 使用 ORB、ANB 指令编程时，也可以采取 ORB、ANB 指令连续使用的方法；但只能连续使用不超过 8 次，在此建议不使用此法。

0	LD	X000	4	LD	X004
1	OR	X001	5	OR	X005
2	LD	X002	6	ANB	
3	OR	X003	7	ANB	
			8	OUT	Y000

图 2-28 ANB 指令连续使用

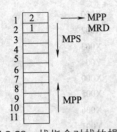

图 2-29　栈指令对栈的操作

2.3.3.5　栈指令（分支多重输出指令）MPS、MRD、MPP

MPS 指令：将逻辑运算结果存入栈存储器；

MRD 指令：读出栈 1 号存储器结果；

MPP 指令：取出栈存储器结果并清除。

用于多重输出电路；FX 的 PLC 有 11 个栈存储器，用来存放运算中间结果的存储区域称为堆栈存储器。使用一次 MPS 就将此刻的运算结果送入堆栈的第一段，而将原来的第一层存储的数据移到堆栈的下一段。栈指令对栈的操作见图 2-29。

MRD 只用来读出堆栈最上段的最新数据，此时堆栈内的数据不移动。

使用 MPP 指令，各数据向上一段移动，最上段的数据被读出，同时该数据从堆栈中清除。

（1）程序举例　见图 2-30。

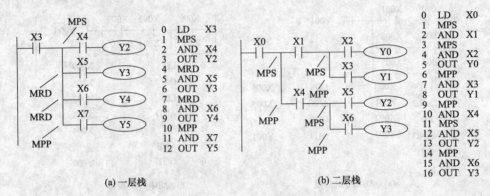

(a) 一层栈　　　　　　(b) 二层栈

图 2-30　栈指令的应用

（2）程序诠释　对于（a）图，在公共条件 X3 闭合的前提下。

① X4 闭合→Y2 接通；② X5 接通→Y3 接通；③ X6 接通→Y4 接通；④ X7 接通→Y5 接通。

（3）指令使用说明

① MPS、MRD、MPP 无操作软元件；

② MPS、MPP 指令可以重复使用，但是连续使用不能超过 11 次，且两者必须成对使用缺一不可，MRD 指令有时可以不用；

③ MRD 指令可多次使用，但在打印等方面有 24 行限制；

④ 最终输出电路以 MPP 代替 MRD 指令，读出存储并复位清零；

⑤ MPS、MRD、MPP 指令之后若有单个常开或常闭触点串联，则应该使用 AND 或 ANI 指令；

⑥ MPS、MRD、MPP 指令之后若有触点组成的电路块串联，则应该使用 ANB 指令；

⑦ MPS、MRD、MPP 指令之后若无触点串联，直接驱动线圈，则应该使用 OUT 指令；指令使用可以有多层堆栈。

2.3.3.6　主控指令 MC、MCR

多个线圈受一个或多个触点控制，要是在每个线圈的控制电路中都要串入同样的触点，将占用多个存储单元，应用主控指令就可以解决这一问题（图 2-31）。

（1）程序举例　如图 2-32 所示。

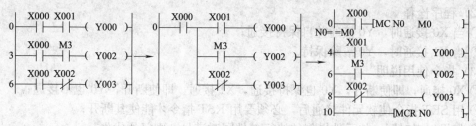

图 2-31　主控指令的等效变换示意图

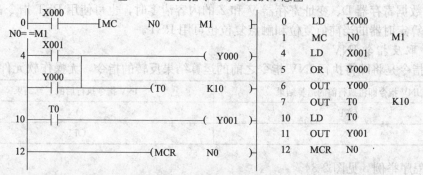

图 2-32　主控指令的应用

（2）程序诠释

① 当 X0 接通时，执行主控指令 MC 到 MCR 的程序；

② MC 至 MCR 之间的程序只有在 X0 接通后才能执行。

（3）指令使用说明

① MC 指令的操作软元件 N、M；

② X0 接通时，直接执行从 MC 到 MCR 之间的程序；X0 为断开状态，则根据不同的情况形成不同的形式：

保持当前状态：积算定时器、计数器、置位指令驱动的软元件；

断开状态：普通定时器、用 OUT 指令驱动的软元件。

③ 主控指令（MC）后，母线（LD、LDI）临时移到主控触点后，MCR 将临时母线返回原母线的位置；

④ MC 指令的操作元件可以是继电器 Y 或辅助继电器 M（特殊继电器除外）；

⑤ MC 指令后，必须用 MCR 指令使临时左母线返回原来位置。

2.3.3.7　置位指令 SET、复位指令 RST

前面我们了解到自锁可以使动作保持。置位指令也可以做到自锁控制，它是 PLC 控制系统中经常用到的一个比较方便的指令。

SET 指令称为置位指令：功能为驱动线圈输出，使动作保持，具有自锁功能。

RST 指令称为复位指令：功能为清除保持的动作，以及寄存器的清零。

（1）程序举例　见图 2-33。

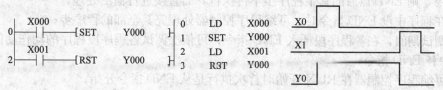

图 2-33　置位指令的应用

（2）程序诠释

① 当 X0 接通时，Y0 接通并自保持接通；

② 当 X1 接通时，Y0 清除保持。

（3）指令使用说明

① X0 接通，即使断开，Y0 也保持接通，X1 接通，即使断开，Y0 也不接通；

② 用 SET 指令使软元件接通后，必须要用 RST 指令才能使其断开；

③ 如果二者对同一软元件操作的执行条件同时满足，则复位优先；

④ 对数据寄存器 D、变址寄存器 V 和 Z 的内容清零时，也可使用 RST 指令；

⑤ 积算定时器的当前值复位和触点复位也可用 RST。

2.3.3.8 取反指令 INV

INV 指令是将即将执行 INV 指令之前的运算结果反转的指令，无操作软元件。

INV 指令即将执行前的运算结果	INV 指令执行后的运算结果
OFF	ON
ON	OFF

（1）程序举例 见图 2-34。

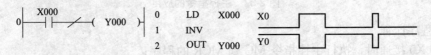

图 2-34 取反指令的应用

（2）程序诠释 X0 接通→Y0 断开；X0 断开→Y0 接通。

（3）指令说明

① INV 指令需要前面有输入量，INV 指令不能直接与母线相连接，也不能与 OR、ORI、ORP、ORF 单独并联使用；

② 可以多次使用，只是结果只有两个，要么通要么断；

③ INV 指令只对其前的逻辑关系取反。

2.3.3.9 空操作指令 NOP、结束指令 END

（1）空操作指令 NOP 无操作元件。其主要功能是在调试程序时，用其取代一些不必要的指令，即删除由这些指令构成的程序；另外在程序中使用 NOP 指令，可延长扫描周期。若在程序执行过程中加入空操作指令，则在修改或追加程序时可减少步序号的变化。

（2）结束指令 END 无操作元件。其功能是输入输出处理结束和返回到 0 步程序。

（3）指令说明

① 在将程序全部清除时，存储器内指令全部成为 NOP 指令；

② 若将已经写入的指令换成 NOP 指令，则电路会发生变化；

③ 可编程序控制器反复进行输入处理、程序执行、输出处理，若在程序的最后写入 END 指令，则 END 以后的其余程序步不再执行，而直接进行输出处理；

④ 在程序中没 END 指令时，可编程序控制器处理完其全部的程序步；

⑤ 调试期间，在各程序段插入 END 指令，可依次调试各程序段程序的动作功能，确认后再删除各 END 指令；

⑥ 可编程序控制器在 RUN 开始时首次执行是从 END 指令开始；

⑦ 执行 END 指令时，也刷新监视定时器，检测扫描周期是否过长。

2.3.3.10　脉冲输出指令PLS（上升沿微分脉冲指令）
PLF（下降沿微分脉冲指令）

脉冲微分指令主要作为信号变化的检测，即从断开到接通的上升沿和从接通到断开的下降沿信号的检测，如果条件满足，则被驱动的软元件产生一个扫描周期的脉冲信号。

上升沿微分脉冲指令 PLS：当检测到逻辑关系的结果为上升沿信号时，驱动的操作软元件产生一个脉冲宽度为一个扫描周期的脉冲信号。

下降沿微分脉冲指令 PLF：当检测到逻辑关系的结果为下降沿信号时，驱动的操作软元件产生一个脉冲宽度为一个扫描周期的脉冲信号。

（1）程序举例　见图 2-35。

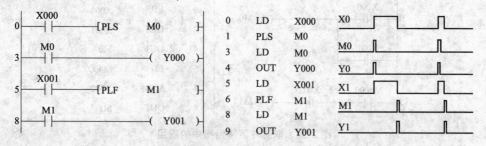

图 2-35　微分脉冲指令的应用

（2）程序诠释

① 当检测到 X0 的上升沿时，PLS 的操作软元件 M0 产生一个扫描周期的脉冲，Y0 接通一个扫描周期；

② 当检测到 X1 的下降沿时，PLF 的操作软元件 M1 产生一个扫描周期的脉冲，Y1 接通一个扫描周期。

（3）指令使用说明

① PLS 指令驱动的软元件只在逻辑输入结果由 OFF 到 ON 时动作一个扫描周期；

② PLF 指令驱动的软元件只在逻辑输入结果由 ON 到 OFF 时动作一个扫描周期；

③ 特殊辅助继电器不能作为 PLS、PLF 的操作软元件。

2.3.3.11　触点脉冲指令 LDP、LDF、ANDP、ANDF、ORP、ORF

（1）指令功能：

指令	功　　能	操作软元件
LDP	上升沿检测运算开始（信号的上升沿时闭合一个扫描周期）	X
LDF	下降沿检测运算开始（信号的下降沿时闭合一个扫描周期）	Y
ANDP	上升沿检测串联连接（位软元件上升沿信号时闭合一个扫描周期）	M
ANDF	下降沿检测串联连接（位软元件下降沿信号时闭合一个扫描周期）	S
ORP	脉冲上升沿检测并联连接（位软元件上升沿信号时闭合一个扫描周期）	T
ORF	脉冲下降沿检测并联连接（位软元件下降沿信号时闭合一个扫描周期）	C

（2）程序举例　见图 2-36、图 2-37。

程序诠释：X0 或 X1 由 OFF→ON 时，M1 仅闭合一个扫描周期；

　　　　　X2 由 OFF→ON 时，M2 仅闭合一个扫描周期。

程序诠释：X0 或 X1 由 ON→OFF 时，M0 仅闭合一个扫描周期；

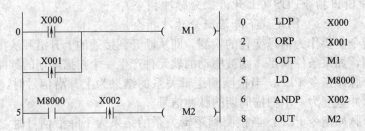

图 2-36　取脉冲上升沿指令的应用

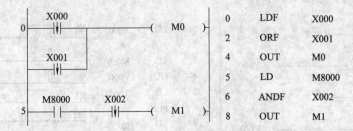

图 2-37　取脉冲下降沿指令的应用

X2 由 ON→OFF 时，M1 仅闭合一个扫描周期。

注：上述两个程序都可以使用 PLS、PLF 指令来实现。

◀◀◀ 2.3.4　FX2N 系列产品的步进指令

（1）状态继电器（状态软元件）S　状态继电器（S）是 PLC 内部"软继电器"的一种，它和输入继电器（X）和输出继电器（Y）一样，有无数对常开触点和常闭触点，若不作步进状态软元件，可作一般的辅助继电器（M）使用。

FX2N 系列内部共有状态继电器 1000 个。

S0～S9 主要应用在状态转移图（SFC）的初始状态；

S10～S19 主要应用在状态转移图（SFC）的状态回零；

S20～S499 主要应用在状态转移图（SFC）的中间状态；

S500～S899 用于停电保持；

S900～S999 用于信号报警。

（2）状态转移图的设计法　系统程序设计一般有两种思路：一是针对某一具体对象（输出）来考虑，另一种就是功能图设计法。

状态转移图（系统状态）设计法是把整个系统分成多个时间段，在每段时间里可以有一个输出，也可有多个输出，但他们各自状态不变。一旦有一个变化，系统即转入下一个状态。给每一个时间段设定一个状态器（步进接点），利用这些状态器的组合控制输出。

例如工作台自动往复控制系统，画出其状态转移图——工作台自动往复控制程序。

① 控制要求：正反转启动信号 SB1、SB2，停车信号 SB3，左右限位开关 SQ1、SQ2，左右极限保护开关 SQ3、SQ4，输出信号 Y0、Y1。具有电气互锁和机械互锁功能（图 2-38）。

② 状态转移图见图 2-39。

（3）状态转移图的画法

① 状态转移图中，用矩形框表示"步"或

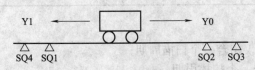

图 2-38　工作台自动往复控制示意图

"状态",方框中用状态器 S 及其编号表示。

② 与控制过程的初始情况相对应的状态称为初始状态,每个状态的转移图应有一个初始状态,初始状态用双线框来表示。

③ 与步相关的动作或命令用与步相连的梯形图符来表示。当某步激活时,相应动作或命令被执行。一个活动步可以由一个或几个动作或命令被执行。

④ 步与步(状态与状态)之间用有向线段来连接,如果进行方向是从上到下或从左到右,则线段上的箭头可以不画。

⑤ 状态转移图中,会发生步的活动状态的进展,该进展按有向线段规定的线路进行,这种进展是由转换条件的实现来完成的。

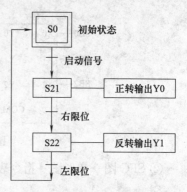

图 2-39 工作台自动往复控制状态转移图

⑥ 转换的符号是一条短划线,它与步间的有向连接线段相垂直。在短划线旁可用文字语言、布尔表达式或图形符号标注转换条件。

(4)步进指令 STL、RET STL 指令称为"步进接点"指令,其功能是将步进接点接到左母线。RET 指令称为"步进返回"指令,其功能是使临时左母线回到原来左母线的位置。步进指令功能见表 2-4。

表 2-4 步进指令功能表

助记符	名称	功能	电路表示与可用软元件	程序步
STL	步进接点	步进阶梯开始	S	1
RET	步进返回	步进阶梯结束	RET	1

使用注意事项:

① 步进接点只有常开触点,而没有常闭触点,用符号 —‖— 表示,指令用 STL 表示,连接步进触点的其它继电器触点用 LD 或 LDI 指令表示。

② 使用 STL 指令后,应用 RET 指令使 LD 点返回左母线。

③ 只有步进触点闭合时它后面的电路才能动作。如果步进触点断开则其后面的电路将全部断开。但是在 1 个扫描周期以后,不再执行指令。

④ 状态继电器的地址号不能重复使用。

(5)步进指令的功能及说明

① 主控功能。STL 指令将状态器的触点与主母线相连并提供主控功能。STL 指令后触点的右侧起点要使用 LD (LDI) 指令,步进复位指令 RET 返回主母线。

② 自动复位功能。用 STL 指令时,新的状态器被置位,前一个状态器将自动复位。OUT 指令和 SET 指令都能使转移源自动复位,另外还具有停电自保持功能。OUT 指令在状态转移图中只用于向分离的状态转移,而不是向相邻的状态转移。

③ 驱动功能。

④ 步进复位指令 RET 功能。

(6)程序举例

【例 2-9】 PLC 环系列按钮步进彩灯电路——STL 切动一体方案。

① I/O 接线图见图 2-40。

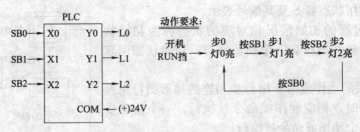

图 2-40 步进彩灯电路 I/O 接线图

② SFC 图→梯形图→指令表，程序见图 2-41。

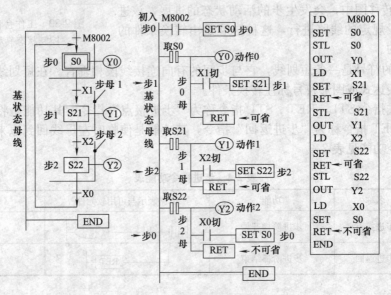

图 2-41 步进彩灯电路的程序

【例 2-10】 图 2-42 中运料小车处于原点，下限位开关 LS1 被压合，料斗门关上，原点指示灯亮。

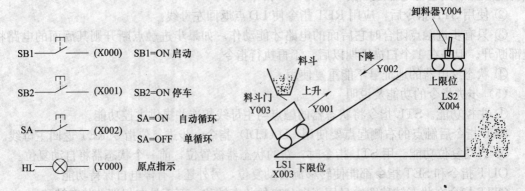

图 2-42 运料小车的控制示意图

当选择开关 SA 闭合，按下启动按钮 SB1 料斗门打开，时间为 8s，给料车装料。装料结束，料斗门关上，延时 1s 后料车上升，直至压合上限位开关 LS2 后停止，延时 1s 之后卸料 10s，料车复位并下降至原点，压合 LS1 后停止。当开关 SA 断开，料车工作一个循环后停止在原位，指示灯亮。按下停车按钮 SB2 后则立即停止运行。

运料小车控制状态转移图及梯形图如图 2-43、图 2-44 所示。

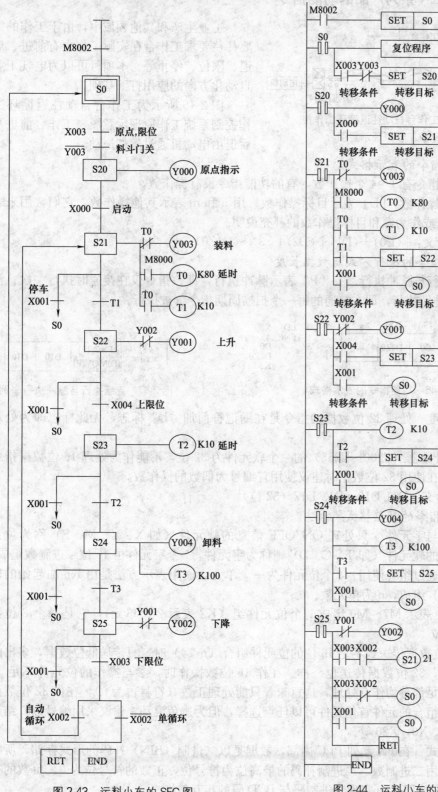

图 2-43 运料小车的 SFC 图　　图 2-44 运料小车的梯形图

◀◀◀ 2.3.5　FX2N 系列产品的功能指令

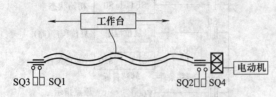

图 2-45　工作台自动往返循环工作控
制系统工作原理示意图

工业生产和其他领域中，由于工作的需要往往要求工作台在实际工作中有前进、后退、限位、停止等。本项目可以为电气工业自动化方向的应用打下基础。

图 2-45 所示为工作台自动往返循环工作控制系统工作原理示意图，工作台前进及后退由电动机通过丝杠拖动。

2.3.5.1　功能指令的表示格式

大多数功能指令有 1～4 个操作数，有的功能指令没有操作数。

[S] 表示源操作数，[D] 表示目标操作数。用 n 和 m 表示其他操作数，它们常用来表示常数 K 和 H，或作为源和目标操作数的补充说明。

图 2-46 的含义：$[(D0)+(D1)+(D2)]\div 3 \rightarrow (D4Z0)$

2.3.5.2　功能指令的执行方式与数据长度

（1）连续执行与脉冲执行　有"P"表示脉冲执行，即该指令仅在接通时执行一次；没有"P"则表示连续执行，即在接通的每一个扫描周期指令都被执行。

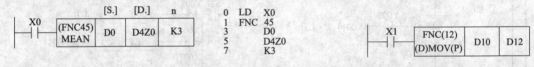

图 2-46　功能指令的表示格式　　　　　　图 2-47　连续执行与脉冲执行举例

（2）数据长度　处理 32 位数据的指令是在助记符前加"D"标志，无此标志即为处理 16 位数据的指令。

注意 32 位计数器（C200～C255）的一个软元件为 32 位，不能作为处理 16 位数据指令的操作数使用。在使用 32 位数据时建议使用首编号为偶数的操作数。

图 2-47 的含义：D11 D10→D13 D12（32 位）

2.3.5.3　功能指令的数据格式

（1）位元件与字元件　只处理 ON/OFF 信息的软元件（如 X、Y、M、S）称为位元件；可处理数值的软元件（如 T、C、D）则称为字元件，1 个字元件由 16 位二进制数组成。

位元件可以通过组合使用，4 个位元件为一个单元，通用表示方法是由 Kn 加起始的软元件（简称首元）组成，n 为单元数。

例如 K2 M0 表示 M7～M0 组成两个位元件组（K2 表示 2 个单元），它是一个 8 位数据，M0 为最低位。

如果将 16 位数据传送到不足 16 位的位元件组合（n<4）时，只传送低位数据，多出的高位数据不传送，32 位数据传送也一样。在作 16 位数操作时，参与操作的位元件不足 16 位时，高位的不足部分均作 0 处理，这意味着只能处理正数（符号位为 0），在作 32 位数处理时也一样。被组合的元件首位元件可以任意选择，但为避免混乱，建议采用编号以 0 结尾的元件，如 S10，X0，X20 等。

（2）数据格式　在 FX 系列 PLC 内部，数据是以二进制（BIN）补码的形式存储，所有的四则运算都使用二进制数。二进制补码的最高位为符号位，正数的符号位为 0，负数的符号位为 1。FX 系列 PLC 可实现二进制码与 BCD 码的相互转换。

为更精确地进行运算,可采用浮点数运算。在 FX 系列 PLC 中提供了二进制浮点运算和十进制浮点运算,设有将二进制浮点数与十进制浮点数相互转换的指令。

二进制浮点数采用编号连续的一对数据寄存器表示,例如 D11 和 D10 组成的 32 位寄存器中,D10 的 16 位加上 D11 的低 7 位共 23 位为浮点数的尾数,而 D11 中除最高位的前 8 位是阶位,最高位是尾数的符号位(0 为正,1 是负)。

十进制的浮点数也用一对数据寄存器表示,编号小数据寄存器为尾数段,编号大的为指数段,例如使用数据寄存器(D1,D0)时,表示数为 10 进制浮点数＝[尾数 D0]×10 [指数 D1],其中:D0,D1 的最高位是正负符号位。

2.3.5.4 功能指令的分类

(1) 程序流程控制类指令	(FNC00～FNC09)
(2) 传送与比较类指令	(FNC10～FNC19)
(3) 算术和逻辑运算类指令	(FNC20～FNC29)
(4) 循环与移位类指令	(FNC30～FNC39)
(5) 数据处理指令	(FNC40～FNC49)
(6) 高速处理	(FNC50～FNC59)
(7) 方便类	(FNC60～FNC69)
(8) 外部 I/O 设备	(FNC70～FNC79)
(9) 外围设置	(FNC80～FNC89)
(10) 浮点数运算	(FNC110～FNC149)
(11) 定位	(FNC150～FNC159)
(12) 时钟运算	(FNC160～FNC169)
(13) 外围设备	(FNC170～FNC179)
(14) 触点比较	(FNC224～FNC249)

详见附录 1——FX2N 系列 PLC 功能指令一览表。

2.3.5.5 程序流程控制类指令(FNC00～FN09)

(1) 条件跳转指令 CJ(P) 编号 FNC00,操作数为指针标号 P0～P127,其中 P63 为 END 不需标记,指针标号允许用变址寄存器修改。条件跳转指令的应用见图 2-48。

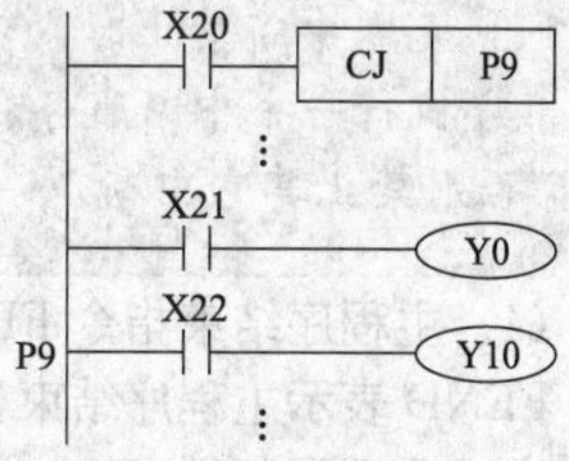

CJ 和 CJP 都占 3 个程序步,指针标号占 1 个程序步。

指令使用注意事项:

① CJP 指令表示为脉冲执行方式。

② 在一个程序中一个标号只能出现一次,否则将出错,但能多次引用。

图 2-48 条件跳转指令的应用

③ 在跳转执行期间定时器和计数器将停止工作,到跳转条件不满足后又继续工作。但对于正在工作的定时器 T192～T199 和高速计数器 C235～C255 不管有无跳转仍连续工作。

④ 若积算定时器和计数器的复位(RST)指令在跳转区外,即使它们的线圈被跳转,但对它们的复位仍然有效。

(2) 子程序调用与子程序返回指令 子程序调用指令 CALL,编号 FNC01,操作数为 P0～P127,占 3 个程序步。

子程序返回指令 SRET,编号 FNC02,无操作数,占 1 个程序步。子程序调用指令的应用见图 2-49。

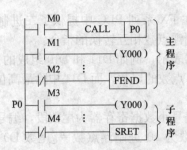 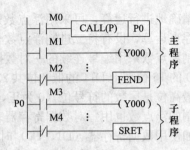

(a) 子程序调用与返回　　　　　(b) CALL 指令的脉冲执行方式

图 2-49　子程序调用指令的应用

 指令使用注意事项：

① 转移标号不能重复，也不可与跳转指令的标号重复；

② 子程序可以嵌套调用，最多可 5 级嵌套。

(3) 与中断有关的指令

中断返回指令 IRET：编号 FNC03

中断允许指令 EI：编号 FNC04

中断禁止 DI：编号 FNC05

它们均无操作数，各占 1 个程序步。中断指令的应用见图 2-50。

 指令使用注意事项：

① 如果多个中断依次发生，则以发生先后为序，如果多个中断源同时发出信号，则中断指针号越小优先级越高；

② 当 M8050～M8058 为 ON 时，禁止执行相应 I0□□～I8□□ 的中断，M8059 为 ON 时则禁止所有计数器中断；

③ 无需中断禁止时，可只用 EI 指令，不必用 DI 指令；

④ 执行一个中断服务程序时，如果在中断服务程序中有 EI 和 DI，可实现二级中断嵌套，否则禁止其它中断。

(4) 主程序结束指令 FEND　编号为 FNC06，无操作数，占用 1 个程序步。

FEND 表示主程序结束，当执行到 FEND 时，PLC 进行输入/输出处理，监视定时器刷新，完成后返回起始步。

 指令使用注意事项：

① 子程序和中断服务程序应放在 FEND 之后；

② 子程序和中断服务程序必须写在 FEND 和 END 之间，否则出错。

(5) 监视定时器指令 WDT（P）　编号为 FNC07，没有操作数，占 1 个程序步。监视定时器指令的应用见图 2-51。

WDT 指令是对 PLC 的监视定时器进行刷新，FX 系列 PLC 的监视定时器缺省值为 200ms（可用 D8000 来设定）。

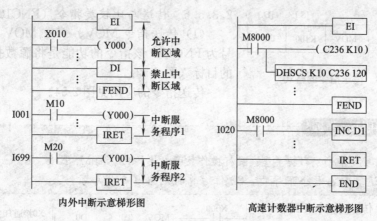

内外中断示意梯形图　　　　　高速计数器中断示意梯形图

图 2-50　中断指令的应用

指令使用注意事项：

　　① 如果在后续的 FOR-NEXT 循环中，执行时间可能超过监控定时器的定时时间，可将 WDT 插入循环程序中。

　　② 当与条件跳转指令 CJ 对应的指针标号在 CJ 指令之前时（即程序往回跳）就有可能连续反复跳步使它们之间的程序反复执行，使执行时间超过监控时间，可在 CJ 指令与对应标号之间插入 WDT 指令。

（6）循环区起点指令 FOR：编号 FNC08，占 3 个程序步，无操作数；

循环结束指令 NEXT：编号 FNC09，占 1 个程序步，无操作数。

运行时，位于 FOR～NEXT 间的程序反复执行 n 次后再继续执行后续程序。

循环的次数 n＝1～32767。如果 N＝－32767～0，则当作 n＝1 处理。循环指令嵌套的应用见图 2-52。

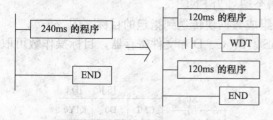

图 2-51　监视定时器指令的应用

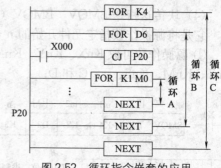

图 2-52　循环指令嵌套的应用

 指令使用注意事项：

　　① FOR 和 NEXT 必须成对使用；

　　② FX2N 系列 PLC 可循环嵌套 5 层；

　　③ 在循环中可利用 CJ 指令在循环没结束时跳出循环体；

　　④ FOR 应放在 NEXT 之前，NEXT 应在 FEND 和 END 之前，否则出错。

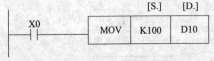

图 2-53　传送指令的格式

2.3.5.6　传送与比较类指令（FNC10～FN19）

（1）传送指令 MOV、（D）MOV（P）　指令编号为 FNC12，该指令的功能是将源数据传送到指定的目标（图 2-53）。

传送指令的应用见图 2-54。

指令使用注意事项：

① 源操作数可取所有数据类型，目标操作数可以是 KnY、KnM、KnS、T、C、D、V、Z；
② 16 位运算时占 5 个程序步，32 位运算时则占 9 个程序步。

（2）移位传送指令 SMOV、SMOV（P）　指令编号为 FNC13。

指令的功能是将源数据（二进制）自动转换成 4 位 BCD 码，再进行移位传送，传送后的目标操作数元件的 BCD 码自动转换成二进制数（图 2-55）。

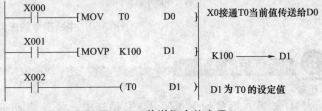

图 2-54　传送指令的应用

（3）取反传送指令 CML、（D）CML（P）　指令编号为 FNC14。

它是将源操作数元件的数据逐位取反并传送到指定目标（图 2-56）。

指令使用注意事项：

① 源操作数可取所有数据类型，目标操作数可为 KnY、KnM、KnS、T、C、D、V、Z.，若源数据为常数 K，则该数据会自动转换为二进制数；
② 16 位运算占 5 个程序步，32 位运算占 9 个程序步

（4）块传送指令 BMOV　BMOV（P）　指令编号为 FNC15。

它是将源操作数指定元件开始的 n 个数据组成数据块传送到指定的目标（图 2-57）。

① 源操作数可取 KnX、KnY、KnM、KnS、T、C、D 和文件寄存器，目标操作数可取 KnT、KnM、KnS、T、C 和 D；

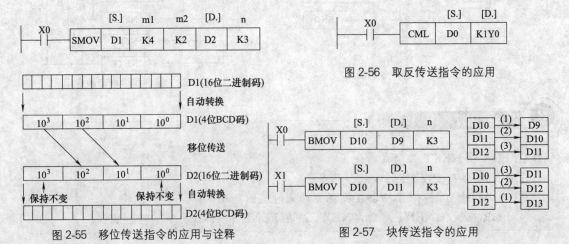

图 2-55　移位传送指令的应用与诠释

图 2-56　取反传送指令的应用

图 2-57　块传送指令的应用

② 只有 16 位操作，占 7 个程序步；

③ 如果元件号超出允许范围，数据则仅传送到允许范围的元件。

（5）多点传送指令 FMOV　（D）FMOV（P）
指令编号为 FNC16。

它是将源操作数中的数据传送到指定目标开始的 n 个
元件中，传送后 n 个元件中的数据完全相同（图 2-58）。

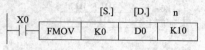

图 2-58　多点移位传送指令的应用

 指令使用注意事项：

① 源操作数可取所有的数据类型，目标操作数可取 KnX、KnM、KnS、T、C 和 D，n 小于等于 512；

② 16 位操作占 7 的程序步，32 位操作则占 13 个程序步；

③ 如果元件号超出允许范围，数据仅送到允许范围的元件中。

（6）比较指令 CMP、（D）CMP（P）　指令编号为 FNC10。

它是将源操作数 [S1.] 和 [S2.] 的数据进行比较，比较结果用目标元件 [D.] 的状态来表示（图 2-59）。

（7）区间比较指令 ZCP、（D）ZCP（P）　指令编号为 FNC11。

指令执行时源操作数 [S.] 与 [S1.] 和 [S2.] 的内容比较，结果送到目标操作数 [D.] 中（图 2-60）。

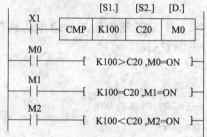

图 2-59　比较指令的应用

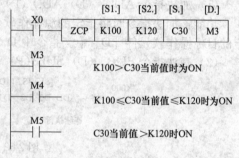

图 2-60　区间比较指令的应用

 指令使用注意事项：

① [S1.]、[S2.] 可取任意数据格式，目标操作数 [D.] 可取 Y、M 和 S；

② 使用 ZCP 时，[S2.] 的数值不能小于 [S1.]；

③ 所有的源数据都被看成二进制值处理。

（8）数据交换指令（D）XCH（P）　指令编号为 FNC17

它是将数据在指定的目标元件之间交换（图 2-61）。

 指令使用注意事项：

① 操作数的元件可取 KnY、KnM、KnS、T、C、D、V 和 Z；

② 一般采用脉冲执行方式，否则在每个扫描周期都要交换一次；

③ 16 位运算时占 5 个程序步，32 位运算时占 9 个。

（9）BCD 变换指令 BCD、(D) BCD (P)　指令编号为 FNC18。

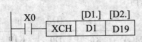

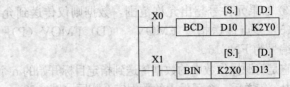

图 2-61　数据交换指令的应用　　　　　　图 2-62　BCD 和 BIN 变换指令的应用

它是将源元件中的二进制数转换成 BCD 码送到目标元件中（图 2-62）。

如果指令进行 16 位操作时，执行结果超出 0～9999 范围将会出错；当指令进行 32 位操作时，执行结果超过 0～99999999 范围也将出错。

（10）BIN 变换指令 BIN、(D) BIN (P)　指令的编号为 FNC19。

它是将源元件中的 BCD 数据转换成二进制数据送到目标元件中。见图 2-61。

 指令使用注意事项:

①　源操作数为 KnX、KnY、KnM、KnS、T、C、D、V 和 Z，目标操作数可取 KnY、KnM、KnS、T、C、D、V 和 Z；

②　16 位运算占 5 个程序步，32 位运算占 9 个程序步。

2.3.5.7　算术与逻辑运算类指令（FNC20～FN29）

（1）加法指令 ADD、(D) ADD (P)

功能：加法指令时将指定的源操作软元件 [S1]、[S2] 中二进制数相加，结果送到指定的目标操作软元件 [D] 中。指令中 D 为 32 位，P 脉冲执行（图 2-63）。

（2）减法指令 SUB、(D) SUB (P)

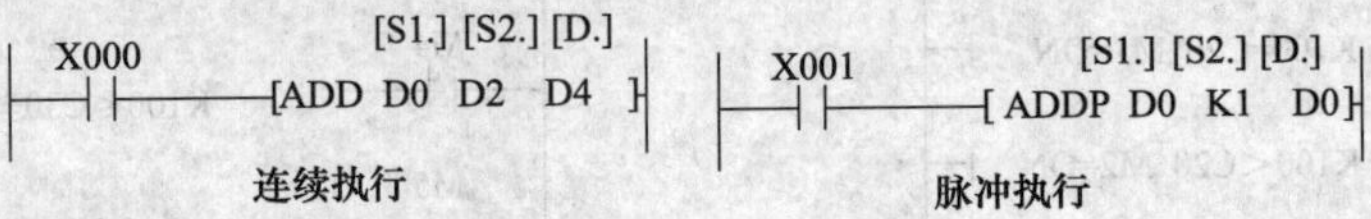

图 2-63　加法指令的应用

功能：减法指令是将指定的操作软元件 [S1]、[S2] 中的二进制数相减，结果送到指定的目标操作软元件 [D] 中（图 2-64）。

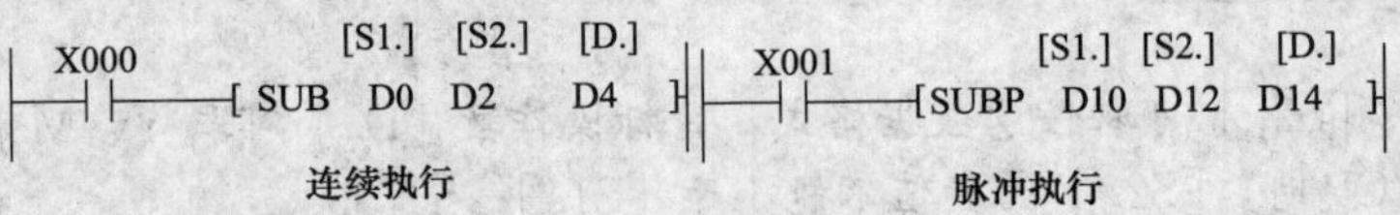

图 2-64　减法指令的应用

（3）乘法指令 MUL、(D) MUL (P)　编号为 FNC22。数据均为有符号数。

指令诠释：当 X0 为 ON 时，将二进制 16 位数 [S1.]、[S2.] 相乘，结果送 [D.] 中。D 为 32 位，即 (D0)×(D2)→(D5, D4)（16 位乘法）；当 X1 为 ON 时，(D1, D0)×(D3, D2)→(D7, D6, D5, D4)（32 位乘法）（图 2-65）。

（4）除法指令 DIV、(D) DIV (P)　编号为 FNC23。其功能是将 [S1.] 指定为被除数，[S2.] 指定为除数，将除得的结果送到 [D.] 指定的目标元件中，余数送到 [D.] 的下一个元件中（图 2-66）。

指令诠释：当 X0 为 ON 时，(D0)÷(D2)→(D4) 商，(D5) 余数（16 位除法）；当 X1

图 2-65 乘法指令的应用

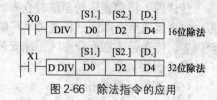

图 2-66 除法指令的应用

为 ON 时（D1，D0）÷（D3，D2）→（D5，D4）商，（D7，D6）余数（32 位除法）。

指令使用注意事项：

① 源操作数可取所有数据类型，目标操作数可取 KnY、KnM、KnS、T、C、D、V 和 Z，要注意 Z 只有 16 位乘法时能用，32 位不可用。

② 16 位运算占 7 程序步，32 位运算为 13 程序步。

③ 32 位乘法运算中，如用位元件作目标，则只能得到乘积的低 32 位，高 32 位将丢失，这种情况下应先将数据移入字元件再运算；除法运算中将位元件指定为［D.］，则无法得到余数，除数为 0 时发生运算错误。

④ 积、商和余数的最高位为符号位。

（5）加 1 指令 INC

减 1 指令 DEC

加/减 1 指令的格式及应用见图 2-67、图 2-68。

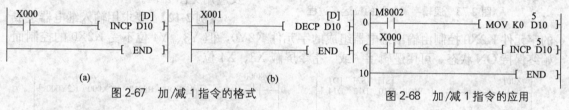

图 2-67 加/减 1 指令的格式

图 2-68 加/减 1 指令的应用

【工程实例】如图 2-69，装有两台传送带的系统，在两台传送带之间有一个仓库区。

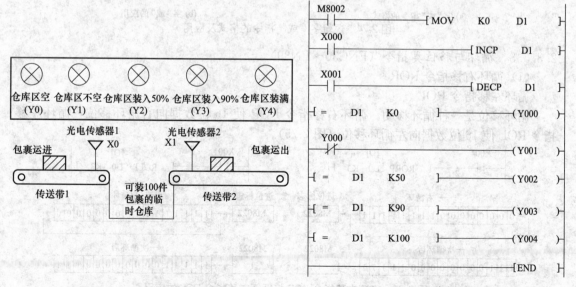

图 2-69 工程实例的控制要求

图 2-70 工程实例的梯形图

传送带 1 将包裹运送至临时仓库区。传送带 1 靠近仓库区一端安装的光电传感器确定已有多少包裹运送至仓库区。传送带 2 将临时库区中的包裹运送至装货场，在这里货物由卡车运送至顾客。传送带 2 靠近仓库区一端安装的光电传感器确定已有多少包裹从库区运送至装货场。

参考程序如图 2-70。

（6）逻辑运算类指令

① 逻辑字"与"指令 WAND，格式见图 2-71，应用见图 2-72。

【例 2-11】 要求用输入继电器 X0～X4 的位状态去控制输出继电器 Y0～Y4，可用字元件 K2X0 去控制字元件 K2Y0。对字元件多余的控制位 X5、X6 和 X7，可与 0 相"与"进行屏蔽。

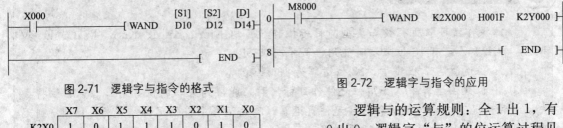

图 2-71 逻辑字与指令的格式

图 2-72 逻辑字与指令的应用

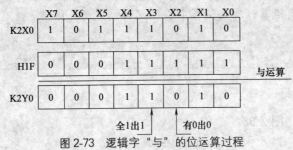

图 2-73 逻辑字"与"的位运算过程

逻辑与的运算规则：全 1 出 1，有 0 出 0。逻辑字"与"的位运算过程见图 2-73。

结论：某位状态与 1 相"与"状态保持，与 0 相"与"状态屏蔽。

② 逻辑字"或"指令 WOR，格式及应用见图 2-74。

【例 2-12】 要求用输入继电器组成的字元件 K2X0 控制由输出继电器组成的字元件 K2Y0，但 Y3、Y4 位不受 K2X0 的控制而始终保持 ON 状态。可用逻辑字"或"指令屏蔽 X3、X4 位。

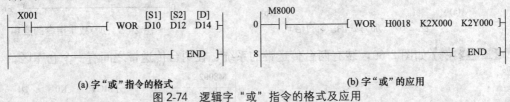

(a) 字"或"指令的格式

(b) 字"或"的应用

图 2-74 逻辑字"或"指令的格式及应用

2.3.5.8 循环与移位类指令（FNC30～FN39）

（1）循环右移指令 ROR

循环左移指令 ROL

循环移位是一种循环移动。循环右移指令 ROR 使 16 位数据向右循环移位，循环左移指令 ROL 使 16 位数据向左循环移位（图 2-75）。

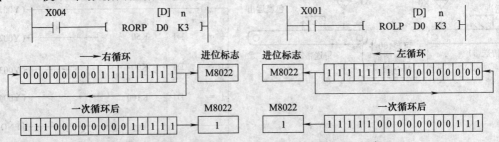

图 2-75 循环右移指令 ROR 与循环左移指令 ROL 的应用

【例2-13】　设计彩灯4个一组循环左移的程序（图2-76）。

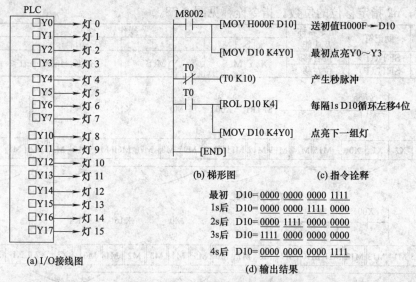

(a) I/O接线图

M8002
├┤├──[MOV H000F D10]　送初值H000F→D10
│　　　[MOV D10 K4Y0]　最初点亮Y0～Y3
T0
├┤/├──(T0 K10)　产生秒脉冲
T0
├┤├──[ROL D10 K4]　每隔1s D10循环左移4位
│　　　[MOV D10 K4Y0]　点亮下一组灯
└──[END]

(b) 梯形图　　(c) 指令诠释

最初　D10= 0000 0000 0000 1111
1s后　D10= 0000 0000 1111 0000
2s后　D10= 0000 1111 0000 0000
3s后　D10= 1111 0000 0000 0000
4s后　D10= 0000 0000 0000 1111

(d) 输出结果

图2-76　彩灯4个一组循环左移的程序

【例2-14】　设计流水灯光控制的程序。

某灯光招牌有22个灯，要求按下启动按钮X0时，灯以正、反序每0.1s间隔轮流点亮；按下停止按钮X1时，停止工作。I/O分配见表2-5。流水灯光控制的程序见图2-77。

表2-5　I/O分配表

输　入			输　出	
输入继电器	输入元件	作用	输出继电器	控制对象
X0	SB1	启动按钮	Y7～Y1	HL7～HL1
X1	SB2	停止按钮	Y17～Y10	HL15～HL8
			Y26～Y20	HL22～HL16

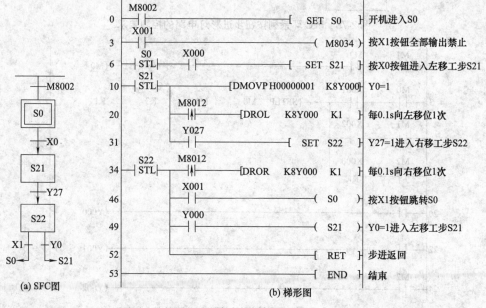

(a) SFC图

(b) 梯形图

图2-77　流水灯光控制的程序

（2）移位指令 SFTR、SFTL　指令是使位软元件中的状态向右/向左移位，n1 指定位软元件长度，n2 指定移位的位数。指令诠释见图 2-78。

功能编号	助记符	指令名称及功能	操作软元件			
			[S.]	[D.]	n1	n2
34	SFTR(P)	位右移	X、Y、M、S	Y、M、S	K、Hn2＜＝n1＜＝1024	
35	SFTL(P)	位左移				

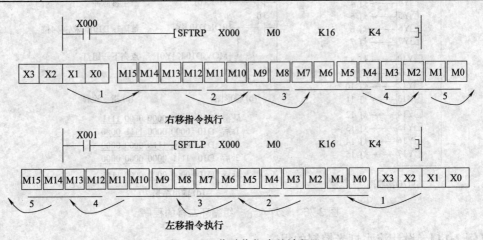

图 2-78　位移位指令的诠释

【例 2-15】　PLC 环系列按钮步进彩灯电路，见图 2-79、图 2-80。

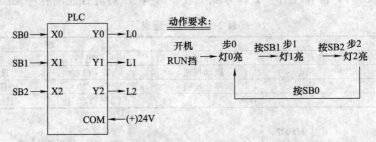

图 2-79　PLC 环系列按钮步进彩灯电路的控制要求

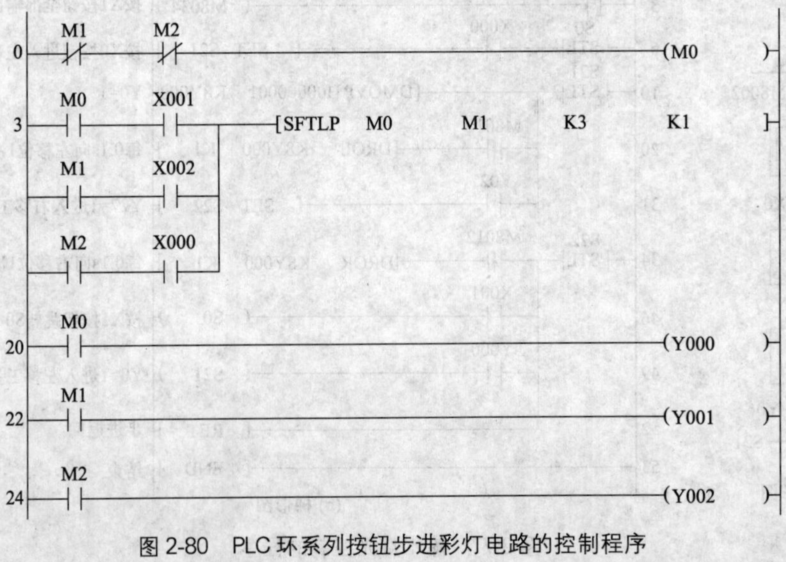

图 2-80　PLC 环系列按钮步进彩灯电路的控制程序

【例 2-16】 步进电机正向快进/慢进的编程，见图 2-81、图 2-82。

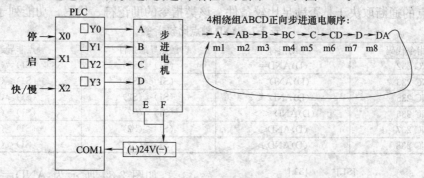

图 2-81 步进电机正向快进/慢进的控制要求

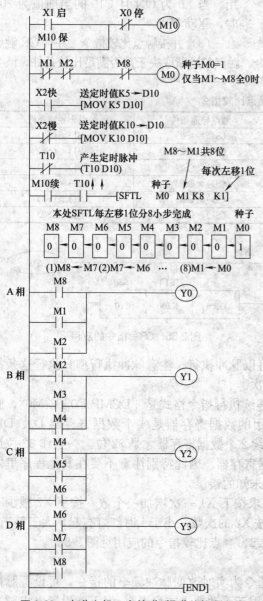

图 2-82 步进电机正向快进/慢进的控制程序

2.3.5.9 触点比较指令

触点比较指令是使用 LD、AND、OR 与比较条件（相等、大于和不大于等 6 种）组合而构成的指令。其作用就像一个触点。但它们与比较指令 CMP 不同，触点比较指令相当于触点，结果取决于比较的条件是否成立。使用时放在梯形图的横线上，因而称为在线比较指令。

触点比较指令共有 18 条，详见附录 1——FX2N 系列 PLC 功能指令一览表。

根据指令的具体位置，触点比较指令可分为下面三类。

（1）起始触点比较指令 起始 LD 触点比较指令是将比较触点连接到左母线上的触点比较指令。触点的通断取决于是否满足比较条件。该类指令的助记符、代码、功能列于表 2-6。

表 2-6 LD 触点比较指令

功能指令代码	助记符	触点导通条件	触点非导通条件
FNC 224	(D)LD＝	(S1)＝(S2)	(S1)≠(S2)
FNC 225	(D)LD＞	(S1)＞(S2)	(S1)≤(S2)
FNC 226	(D)LD＜	(S1)＜(S2)	(S1)≥(S2)
FNC 228	(D)LD＜＞	(S1)≠(S2)	(S1)＝(S2)
FNC 229	(D)LD≤	(S1)≤(S2)	(S1)＞(S2)
FNC 230	(D)LD≥	(S1)≥(S2)	(S1)＜(S2)

如图 2-83 所示为 LD＝指令的应用，当计数器 C10 的当前值为 200 时驱动 Y10。其他 LD 触点比较指令不在此一一说明了。

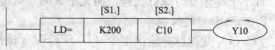

图 2-83 LD＝指令的应用

（2）串接触点比较指令　串接 AND 触点比较指令是将比较触点与其他触点串联的比较指令。触点的通断取决于是否满足比较条件。该类指令的助记符、代码、功能列于表 2-7。

表 2-7　AND 触点比较指令

功能指令代码	助记符	触点导通条件	触点非导通条件
FNC 232	(D)AND=	(S1)=(S2)	(S1)≠(S2)
FNC 233	(D)AND>	(S1)>(S2)	(S1)≤(S2)
FNC 235	(D)AND<	(S1)<(S2)	(S1)≥(S2)
FNC 236	(D)AND<>	(S1)≠(S2)	(S1)=(S2)
FNC 237	(D)AND≤	(S1)≤(S2)	(S1)>(S2)
FNC 238	(D)AND≥	(S1)≥(S2)	(S1)<(S2)

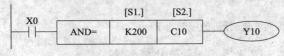

图 2-84　AND=指令的应用

如图 2-84 所示为 AND＝指令的应用，当 X0 为 ON 且 C10 的当前值为 200 时，驱动 Y10。

（3）并接触点比较指令　并接 OR 触点比较指令是将比较触点与其他触点并联的比较指令。触点的通断取决于是否满足比较条件。该类指令的助记符、代码、功能见表 2-8。

表 2-8　OR 触点比较指令

功能指令代码	助记符	触点导通条件	触点非导通条件
FNC 240	(D)OR=	(S1)=(S2)	(S1)≠(S2)
FNC 241	(D)OR>	(S1)>(S2)	(S1)≤(S2)
FNC 242	(D)OR<	(S1)<(S2)	(S1)≥(S2)
FNC 244	(D)OR<>	(S1)≠(S2)	(S1)=(S2)
FNC 245	(D)OR≤	(S1)≤(S2)	(S1)>(S2)
FNC 246	(D)OR≥	(S1)≥(S2)	(S1)<(S2)

如图 2-85 所示为 OR＝指令的应用，当 X1 为 ON 或 C10 的当前值为 200 时，驱动 Y0。

触点比较指令源操作数可取任意数据格式。16 位运算占 5 个程序步，32 位运算占 9 个程序步。但不能是脉冲执行型。注

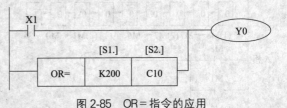

图 2-85　OR＝指令的应用

意与比较指令 CMP 的区别，比较指令 CMP 可以脉冲执行。注意脉冲执行型只执行这条指令 1 次，连续执行型则每个扫描周期都执行一次。

另外需注意 32 位的指令的一个问题：如连续执行指令格式是［DCMP D0 D2 M0］，脉冲执行指令格式是［DCMP D0 D2 M0］，占用的数据寄存器是 4 个数据寄存器 D0、D1、D2、D3，因为一个数据寄存器是 16 位需要连续 2 个数据寄存器才是 32 位。一旦作 32 位运算就会自动占用 D0、D1、D2、D3 这 4 个数据寄存器。因此特别注意不要在其他程序里向这 4 个数据寄存器里面写入数据，否则会出现未知的错误。

【例 2-17】　两按钮控制红绿黄三盏灯，要求按下 X1 一次增加一个数，按下 X2 减少一个数。当按按钮的净次数（按 X1 的次数减去按 X2 的次数）小于 1 时红灯亮起，大于等于 1 且小于等于 9 时绿灯亮起，而大于 9 时黄灯亮起。触点比较指令的应用见图 2-86。

2.3.5.10　定位指令

（1）变速脉冲输出指令（D）PLSV　该指令为实时改变脉冲频率的指令，可设置脉冲的实时频率、发出脉冲的输出点和方向点（如用于手动前进或后退）。但不能设置发出脉冲

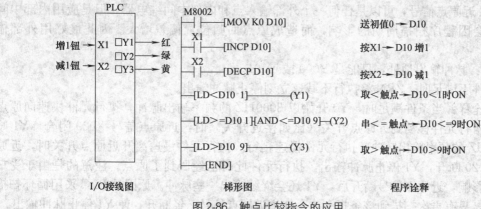

图 2-86 触点比较指令的应用

的总数，即不能通过指令定位。若需不是很精准的定位，可以在使用高速点的时候用脉冲计数器和目标值做一个比较，可是会在 PLC 的每个扫描周期比较一次，因此会超出一些脉冲。

【例 2-18】 ［PLSV D300 Y000 Y003］

D300：输出脉冲频率，可用寄存器或数值设定；

Y000：脉冲输出地址，仅能用 Y000 或是 Y001；

Y003：旋转方向信号，可使用 PLC 的任何输出点（但不能用于脉冲输出地址重复）。

当条件满足时，以 D300 指定的频率连续从 Y0 输出脉冲。若 D300 为正值 Y3 接通，如 D10 为负值 Y3 断开。可用 MOV 等指令改变 D300 的值，输出脉冲频率立刻随之改变。

当条件不满足时，立即停止脉冲输出。

缺点：PLSV 输出脉冲频率没有加速和减速过程，应用于控制步进电机或伺服电机时，需用其它指令（如 RAMP 指令）改变 D300 的值来实现频率的增减，从而控制电动机加减速。

（2）绝对定位指令（D）RVA、相对定位指令（D）RVI 输出只能应用于高速脉冲点。两条指令表现形式一致，可以设置脉冲总数、脉冲频率、脉冲的发出点和方向点。

高速脉冲点的特点就是有自己的脉冲计数寄存器，也就是不管通过上述哪个指令发出脉冲，高速点会有以一个特定的寄存器记录所发出的脉冲数，包括正向和反向脉冲，可作为运动控制中每个轴的坐标。

两条指令不同之处就是：DRVA 是绝对记录脉冲式的，它的脉冲总数实际是它要到达的目标值，也就是和各高速点的计数寄存器相匹配，如当输入脉冲目标值为 20000，而高速计数器中是 30000，这时它会反向发出 10000 个脉冲；而 DRVI 指令却不同，不管高速计数器中的脉冲坐标值，它会向正方向运行 20000 个脉冲，因而成为相对脉冲指令。

【例 2-19】 ［DRVA D1000Z6 D2000Z6 Y000 Y003］

【例 2-20】 ［DRVI K400 K400 Y000 Y003］

（3）原点复位指令（D）ZRN 应用指令编号是 156，前面加 D 表示 32 位。其功能是机器快到原点位置时触发一个接近开关，当工作台运行到近零点时，收到接近开关触发信号后减速到一个很低的速度继续向前走（避免机械冲击）。在低速状态下等待伺服驱动器内置编码器发来原点脉冲，收到脉冲后停止运行。

【例 2-21】 ［（D）ZRN K3000 K200 X020 Y000］

K3000：指令开始运行时的输出脉冲频率，可用数值或寄存器设定，只能是正数。

K200：到达近原点后的输出脉冲频率，可用寄存器间接设定，只能是正数。

X20：近原点信号，可以是任何一个外部输入点和内部中间继电器，但是应用内部中间继电器时会因程序扫描周期的影响，而造成原点回归位置偏差增大。因此最好用外部输入点。

Y000：脉冲输出地址，只能是 Y000 或 Y001。

当条件不满足时，ZRN 将执行不减速立刻停止脉冲输出。

指令诠释：当条件满足时，Y0 开始以 3000HZ 的频率输出脉冲，执行元件快速向原点移动。在执行元件移动到近原点开关（比如接近开关）时，近原点信号 X020 闭合，Y1 减速到 200HZ 的频率输出脉冲，执行元件慢速爬行。执行元件慢速离开近原点开关时，近原点信号 X020 断开，Y1 停止脉冲输出，执行元件此时已经回到了原点。注意的是由于受扫描周期的影响，近原点信号断开后，Y1 还会继续输出一些脉冲。原因是 PLC 采用循环扫描工作方式，只有再次扫描到该条指令才会知道近原点信号已经断开，使 Y1 停止脉冲输出。

慢速输出脉冲频率越低，误差就越小。

第3章　PLC 控制系统设计基础

↘ 3.1　PLC 控制系统设计原则与步骤

◀◀◀ 3.1.1　PLC 控制系统设计原则

（1）能最大限度满足被控对象的控制要求　设计前，要深入现场进行实地考察，全面详细地了解被控制对象的特点和生产工艺过程。同时要搜集各种资料，归纳出工作状态流程图，并与有关的机械设计人员和实际操作人员相互交流和探讨，明确控制任务和设计要求。要了解工艺工程和机械运动与电气执行组件之间的关系和对控制系统的控制要求，共同拟定出电气控制方案，最后归纳出电气执行组件的动作节拍表，这个也是 PLC 要正确实现的根本任务。在确定了控制对象和控制范围之后，需要制定相应的控制方案。

（2）能保证控制系统高可靠和高安全　在考虑完所有的控制细节和应用要求之后，还必须要特别注意控制系统的安全性和可靠性。大多数工业控制现场，充满了各种各样的干扰和潜在的突发状态。因此，在设计的最初阶段就要考虑到这方面的各种因素，到现场去观察和搜集数据。

（3）力求使控制系统简单、经济、实用和维修方便　在满足控制要求的前提下，力争使得设计出来的控制系统简单、可靠、经济以及使用和维修方便。控制方案的制订可以根据生产工艺和机械运动的控制要求，确定电气控制系统的工作方式，单机控制就可以满足要求，还是需要多机联网通信的方式。最后，综合考虑所有的要求，确定所要选用的 PLC 机型，以及其他的各种硬件设备。

（4）考虑生产和工艺改进所需的余量　要求在设计 PLC 控制系统的时候，应考虑到日后生产的发展和工艺的改进，故应适当留有一些余量，方便以后的升级。

◀◀◀ 3.1.2　PLC 系统设计的步骤

（1）对于复杂的控制系统，最好绘制编程流程图，相当于设计思路　编程流程图包括：
① 分析生产工艺过程；
② 根据控制要求确定所需的用户输入、输出设备，分配 I/O；
③ 选择 PLC；
④ 设计 PLC 接线图以及电气施工图；
⑤ 程序设计和控制柜接线施工。
（2）设计 SFC 图。
（3）设计梯形图。
（4）程序输入 PLC，进行模拟调试和修改，直到满足要求为止。
（5）现场施工完毕后进行联机调试，直至可靠地满足控制要求。

PLC程序现场调试指在工业现场，所有设备都安装好、所有连接线都接好后的实际调试。也是PLC程序的最后调试。

现场调试的目的是，调试通过后，可交给用户使用，或试运行。

现场调试参与的人员较多，要组织好，要有调试大纲。依大纲按部就班地一步步推进。开始调试时，设备可先不运转，甚至不要带电。可随着调试的进展逐步加电、开机、加载，直到按额定条件运转。具体过程如下。

① 要查接线、核对地址。可不带电核对，只是查线，较麻烦。也可带电查，加上信号后，看电控系统的动作情况是否符合设计的目的。要逐点进行，要确保正确无误。

② 检查模拟量输入/输出。看输入/输出模块是否正确，工作是否正常。必要时，用标准仪器检查输入/输出的精度。

③ 检查与测试指示灯。控制面板上如有指示灯，应先对指示灯的显示进行检查。一方面，查看灯坏了没有，另一方面检查逻辑关系是否正确。

指示灯是反映系统工作的一面镜子，先调好它，将对进一步调试提供方便。

④ 检查手动动作及手动控制逻辑关系。完成了以上调试，继而可进行手动动作及手动控制逻辑关系调试。要查看各个手动控制的输出点，是否有相应的输出以及与输出对应的动作，然后再看各个手动控制是否能够实现。如有问题，立即解决。

⑤ 半自动工作。如系统可自动工作，先调半自动工作能否正常实现。调试时可一步步推进，直至完成整个控制周期。哪个步骤或环节出现问题，就着手解决哪个步骤或环节的问题。

⑥ 自动工作。在完成半自动调试后，可进一步调试自动工作。要多观察几个工作循环，以确保系统能正确无误地连续工作。

⑦ 模拟量调试、参数确定。以上调试的都是逻辑控制的项目。这是系统调试首先要成功的。这些调试基本完成后，可着手调试模拟量、脉冲量控制，最主要的工作是选定好合适的控制参数。一般来说，这个过程比较长，要耐心进行，参数也要作多种选择，再从中选出最优方案。有的PLC的PID参数可通过自整定获得，但自整定过程也需要相当长的时间才能完成。

⑧ 异常条件检查。完成上述所有调试，整个调试基本也就完成了。但是要再进行一些异常条件检查。看看出现异常情况或一些难以避免的非法操作，是否会引起停机保护或报警提示。

（6）编写技术文件。

（7）交付使用。

设计步骤框图如图3-1所示。

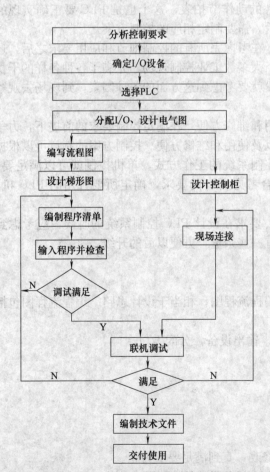

图3-1 PLC控制系统的设计步骤框图

3.2 PLC 控制系统硬件设计

3.2.1 PLC 控制系统控制要求的满足和安全设计准则

（1）深入了解和分析被控对象的工艺条件和控制要求

① 被控对象就是受控的机械、电气设备、生产线或生产过程。

② 控制要求主要指控制的基本方式、应完成的动作、自动工作循环的组成、必要的保护和联锁等。对较复杂的控制系统，还可将控制任务分成几个独立部分，这样可化繁为简，有利于编程和调试。

（2）安全设计准则 PLC 程序设计的原则是逻辑关系简单明了，易于编程输入，少占内存，减少扫描时间，这是 PLC 编程必须遵循的原则。

① 梯形图始于左母线，终于右母线（通常可以省掉不画，仅画左母线）。每行的左边是接点组合，表示驱动逻辑线圈的条件，而表示结果的逻辑线圈只能接在右边的母线上。接点不能出现在线圈右边。如图 3-2（a）应改为图 3-2（b）。

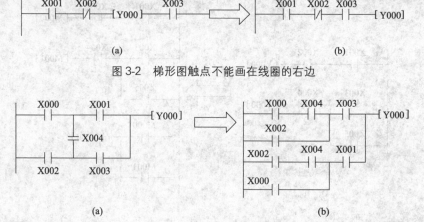

图 3-2　梯形图触点不能画在线圈的右边

图 3-3　桥式电路的等效变换

② 触点应画在水平线上，不应画在垂直线上，如图 3-3（a）中的接点 X004 与其它接点间的关系不能识别。对此类桥式电路，应按从左到右、从上到下的单向性原则，单独画出所有的支路，如图 3-3（b）所示。

③ 串联块并联时，应将触点多的并联支路放在梯形图的上方（上大下小原则）；并联块串联时，应将触点多的支路放在梯形图左方（左大右小原则）。这样可减少指令的扫描时间（图 3-4）。

④ 不宜使用双线圈输出。在同一梯形图中，若同一组件的线圈使用两次或两次以上称为双线圈输出。双线圈输出一般是梯形图初学者容易犯的错误。在双线圈输出时，只有最后一次的线圈才有效，而前面的线圈是无效的，这是由 PLC 的扫描特性所决定的。

如图 3-5 所示，设输入采样时，输入映像区中 X001＝ON，X002＝OFF，X003＝ON，则 Y003＝ON，Y004＝ON 被实际写入到输出映像区。但继续往下执行时，因 X002＝OFF，使 Y003＝OFF，这个后入的结果又被写入输出映像区，改变原 Y003 的状态。所以在输出刷新阶段，实际外部输出 Y003＝OFF，Y004＝ON。许多新手就碰到过这样的问题，为什么 X001 已经闭合了，而 Y003 没有输出呢？逻辑关系不对。其实就是因为双线圈使用造

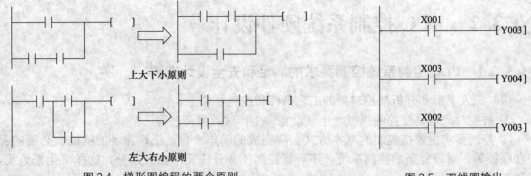

图 3-4 梯形图编程的两个原则

图 3-5 双线圈输出

成的。

梯形图编程时，要尽量避免使用双线圈，而引入辅助继电器是一个常用的方法。如图3-6所示。图3-6（b）中，X001和X002接点控制辅助继电器M000，X003～X005接点控制辅助继电器M001，再由两个继电器M000，M001接点的并联组合去控制线圈Y000。这样逻辑关系没变，却把双线圈变成单线圈。

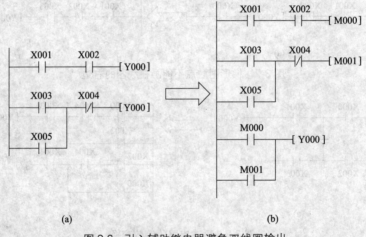

图 3-6 引入辅助继电器避免双线圈输出

◀◀◀ 3.2.2　PLC 控制系统硬件的配置

选择恰当的 PLC 产品去控制一台机器或一个过程时，不仅应考虑应用系统目前的需求，还应考虑工厂未来发展目标的需要。

3.2.2.1　PLC 机型的选择

对于工艺过程比较固定，环境条件较好（维修量较小）的场合，往往选用整体式结构的PLC机型为好。反之，应考虑选用模块单元式机型。机型选择的基本原则应该是在功能满足要求的前提下，保证可靠、维护方便以及最佳性价比。具体应考虑以下几方面要求。

（1）性能与任务相适应

① 对于开关量控制的应用系统：对控制速度要求不高（如小型泵的顺序控制，单台机械的自动控制等）时，可选用小型 PLC（如三菱公司的 FX2N 系列 PLC）就能满足要求。

② 对于以开关量控制为主，带有部分模拟量控制的应用系统：如工业生产中常遇到的温度、压力、流量、液位等连续量的控制，应选用带有 A/D 转换的输入模块和带 D/A 转换

的输出模块，配接相应的传感器、变送器（对温度控制系统可选用温度传感器直接输入的温度模块）和驱动装置，并且选择运算功能较强的小型 PLC。

③ 对于比较复杂、控制功能要求较高的应用系统：如需要 PID 调节、闭环控制、通信联网等功能时，可选用中大型 PLC。当系统的各个部分布在不同的地域时，应根据各部分的要求来选取 PLC，以组成一个分布式的控制系统。

（2）PLC 的处理速度应满足实时控制的要求　PLC 工作时，从输入信号到输出控制存在着滞后现象，即输入量的变化一般要在 $1 \sim 2$ 个扫描周期之后才能反映到输出端，这对于一般的工业控制是允许的。但有些设备的实时性要求较高，不允许有较大的滞后时间。通常 PLC 的 I/O 点数在几十到几千点范围内，用户应用程序的长短也有较大的差别，但滞后时间一般应控制在几十毫秒之内（相当于普通继电器的时间）。

改进实时速度的途径有以下几种：

① 选择 CPU 速度比较快的 PLC，使执行一条基本指令的时间不超过 $0.5\mu s$；

② 优化应用软件，缩短扫描周期；

③ 采用高速响应模块，其响应的时间不受 PLC 周期的影响，而只取决于硬件的延时。

（3）PLC 机型尽可能统一　一个大型企业，应尽量做到机型统一。因为同一机型的 PLC，其模块可互为备用，便于备品备件的采购和管理，这不仅使模块通用性好，减少备件量，而且给编程和维修带来极大的方便，也给扩展系统升级备用余地；其功能及编程方法统一，有利于技术力量的培训、技术水平的提高和功能的开发；其外部设备通用，资源可共享，配备上位计算机后，可把控制各独立系统的多台 PLC 连成一个多级分布式控制系统，相互通信，集中管理。

（4）指令系统　在选择机型时，从指令方面应注意下述内容。

① 指令系统的总语句数。它反映了整个指令所包括的全部功能。

② 指令系统种类。主要应包括逻辑指令、运算指令和控制指令。具体要求与实际要完成的控制功能有关。

③ 指令系统的表达方式。

④ 应用软件的程序结构。程序结构有模块化和子程序式的程序结构。前一种有利于应用软件编写和调试，但处理速度较慢；后一种响应速度快，但不利于编写和调试。

⑤ 软件开发手段。在考虑指令系统这一性能时，还要考虑到软件的开发手段，一般厂家对 PLC 都配有专用的编程器，提供较强的软件开发手段。有的厂家在此基础上还开发了专用软件，可利用微机（如 IBM-PC）作为软件开发手段，这样就更方便用户的需要。

（5）机型选择的其他考虑　在考虑上述性能后，还要根据工程应用实际，考虑其他一些因素。

① 性能价格比。毫无疑问，高性能的机型必然需要较高的价格。在考虑满足需要的性能后，还要根据工程的投资状况来确定选取型。

② 备品备件的统一考虑。无论什么样的设备，投入生产后都具有一定数量的备品备件，在系统硬件设计时，对于一个工厂来说，应尽量选用与原有设备统一的机型，这样就可减少备品备件的种类和资金积压。

③ 技术支持。选择机型时还要考虑有可靠的技术支持（必要的技术培训、设计指导、系统维修）。

总之在选择机型时按照 PLC 本身的性能指标对号入座，选择合适的系统。有时这种选择并不是唯一的，需要在几种方案中综合各种因素作出选择。

（6）考虑是否在线编程　PLC 的编程分为离线编程和在线编程两种。

　　小型 PLC 一般使用简易编程器，它必须插在 PLC 上才能进行编程操作，其特点是编程器与 PLC 共用一个 CPU。在编程器上有一个"运行/监控/编程（RUN/MONTOR/PROGR）"选择开关，当需要编程时，将选择开关转到"编程（PROGAM）"位置上，这时 PLC 的 CPU 不执行用户程序，只为编程器服务，这就是离线编程。当程序编好后再把选择开关转到"运行 RUN"位置，CPU 则去执行用户程序，对系统实施控制。简易编程器结构简单，体积较小，携带方便，很适合在生产现场调试，修改程序用。

　　在线编程式 PLC 的特点是主机和编程器各有一个 CPU，编程器的 CPU 可随时处理由键盘输入的各种编程指令。主机的 CPU 则完成对现场的控制，并在一个扫描周期的末尾和编程器通信，编程器把编好或改好的程序发送给主机，在下一个扫描周期主机将按照新送入的程序控制现场，这就是所谓的在线编程。此类 PLC，由于增加了硬件和软件，所以价格贵，但应用领域较宽。大型 PLC 多采用在线编程。图形编程器或者是个人计算机与编程软件包配合可实现在线编程。图形编程器价格较贵，但它功能强，适应范围广，不仅可以用指令语句编程，还可以直接用梯形图编程，并可存入磁盘或打印机打印出梯形图和程序。一般大中型 PLC 多采用图形编程器。使用个人计算机进行在线编程可省去图形编程器，但需要编程软件包的支持，其功能类似于图形编程器。

3.2.2.2　内存容量估算

　　(1) 内存利用率　内存的利用率是指一个程序段中的接点数与存放该程序段所代表的机器码所需内存字数的比值。对于同一个程序而言，高利用率可以降低内存的使用量，还可以缩短扫描时间，提高系统的响应速度。

　　(2) 开关量输入和输出 (I/O) 点数　PLC 输入和输出的总点数对所需内存容量的大小影响较大。一般系统中，开关量输入和输出的比为 1 : 1，根据经验公式，可以算出所需内存的字数：

　　　　所需内存字数 ＝开关量（输入＋输出）总点数×10

　　(3) 模拟量输入和输出的点数　模拟量的处理要用到数字传送和运算的功能指令，内存利用率较低，要更多的内存。模拟量输入，一般要经过读入、数字滤波、传送和比较等，模拟量输出，可能还要比较复杂的运算和闭环控制，将上述步骤编制成子程序进行调用，可大大减少所需内存的容量。针对 10 点左右的模拟量的经验公式：

　　　　只有模拟量输入时：内存字数 ＝模拟量点数×100

　　　　模拟量输入/输出共存时：内存字数 ＝模拟量点数×200

　　　　当点数小于 10 时，要适当加大内存，反之可适当减小。

3.2.2.3　I/O 点数估算

　　常见典型传送设备及电气组件所需 I/O 点数详见表 3-1。

表 3-1　常见典型传送设备及电气组件所需 I/O 点数一览表

序号	电气设备和组件	输入点数	输出点数	I/O 总点数
1	Y-△启动的笼型电动机	4	3	7
2	单向运行的笼型电动机	4	1	5
3	可逆运行的笼型电动机	5	2	7
4	单向变极电动机	5	3	8
5	可逆变极电动机	6	4	10
6	单向运行的直流电机	9	16	15
7	可逆运行的直流电机	12	8	20
8	单线圈电磁阀	2	1	3
9	双线圈电磁阀	3	2	5
10	比例阀	3	5	8
11	光电管开关	2	—	2

续表

序号	电气设备和组件	输入点数	输出点数	I/O总点数
12	按钮开关	1	—	1
13	拨码开关	4	—	4
14	三挡波段开关	3	—	3
15	行程开关	1	—	1
16	接近开关	1	—	1
17	位置开关	2	—	2
18	信号灯	—	1	1
19	风机	—	1	1
20	抱闸	—	1	1

（1）控制电磁阀所需的 I/O 点数　PLC 控制一个单线圈电磁阀需要 2 个输入和 1 个输出；控制一个双线圈电磁阀需要 3 个输入和 2 个输出；控制一个比例式电磁阀需要 3 个输入和 5 个输出。另外，控制一个开关需 1 个输入，一个信号灯需 1 个输出，而波段开关有几个波段就需要几个输入。一般情况下，各种位置开关都需要 2 个输入。

（2）控制交流电动机所需的 I/O 点数　PLC 控制交流电动机时，是以主令信号和反馈信号作为 PLC 的输入信号。例如，用 PLC 控制一台可逆运行的笼型电动机，需要 5 个输入点和 2 个输出点。控制一台 Y-△启动的交流电动机，需要 4 个输入点和 3 个输出点。

（3）控制直流电动机所需的 I/O 点数　直流调速的主要形式是晶闸管直流电动机调速系统，主要采用晶闸管整流装置对直流电机供电。一般来说，用 PLC 控制一个可逆直流传动系统大约需要 12 个输入点和 8 个输出点。一个不可逆的直流传动系统需要 9 个输入点和 6 个输出点。

估算出被控对象的 I/O 点数后，应留有 20%～30% 的 I/O 备用量，就可选择相应的 PLC。对于单机自动化或机电一体化的产品，可以选用小型 PLC；对于控制系统规模较大，输入输出点数又多的，可选用大、中型 PLC。

◄◄◄ 3.2.3　开关量 I/O 连接设计

PLC 常见的输入设备有按钮、行程开关、接近开关、转换开关、拨码器、各种传感器等，输出设备有继电器、接触器、电磁阀等。正确连接输入电路和输出电路是保证 PLC 安全可靠工作的前提。

（1）PLC 输入/输出电路形式　输入电路见图 3-7。输出电路见图 3-8～图 3-10。

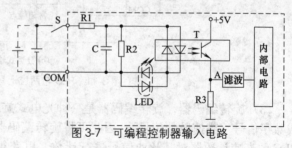

图 3-7　可编程控制器输入电路

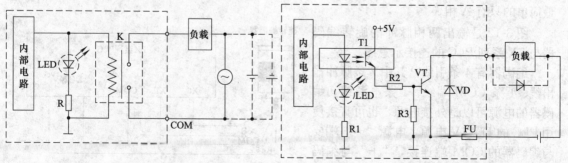

图 3-8　小型继电器输出形式电路

图 3-9　大型继电器输出形式电路

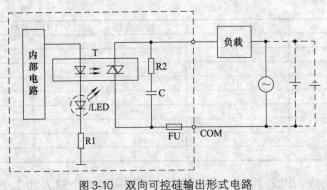

图 3-10 双向可控硅输出形式电路

(2) PLC 与主令电器类设备的连接 如图 3-11 (a) 所示是与按钮、行程开关、转换开关等主令电器类输入设备的接线示意图。图中的 PLC 为直流汇点式输入，即所有输入点共用一个公共端 COM，同时 COM 端内带有 DC24V 电源。若采用分组式输入，可参照图 3-11 (b) 进行分组连接。

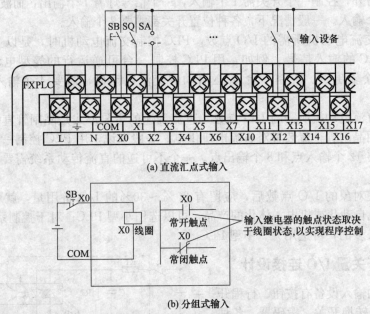

(a) 直流汇点式输入

(b) 分组式输入

图 3-11　PLC 与两位七段 LED 的连接

(3) 旋转编码器　旋转编码器是一种光电式旋转测量装置，它将被测的角位移直接转换成数字信号（高速脉冲信号）。因此可将旋转编码器的输出脉冲信号直接输入给 PLC，利用 PLC 的高速计数器对其脉冲信号进行计数，以获得测量结果。不同型号的旋转编码器，其输出脉冲的相数也不同，有的旋转编码器输出 A、B、Z 三相脉冲，有的只有 A、B 相两相，最简单的只有 A 相。

图 3-12 是输出两相脉冲的旋转编码器与 FX 系列 PLC 的连接示意图。

编码器有 4 条引线，其中 2 条脉冲输出线、1 条 COM 端线、1 条电源线。编码器的电源可以是外接电源，也可直接使用 PLC 的 DC24V 电源。电源"－"端要与编码器的 COM 端连接，"＋"与编码器的电源端连接。编码器的 COM 端与

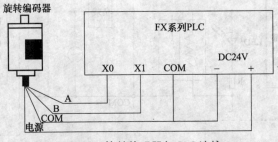

图 3-12　旋转编码器与 PLC 连接

PLC输入COM端连接，A、B两相脉冲输出线直接与PLC的输入端连接，连接时要注意PLC输入的响应时间。有的旋转编码器还有一条屏蔽线，使用时要将屏蔽线接地。

(4) 传感器 传感器的种类很多，其输出方式也各不相同。当采用接近开关、光电开关等两线式传感器时，由于传感器的漏电流较大，可能出现错误的输入信号而导致PLC的误动作，此时可在PLC输入端并联旁路电阻R，如图3-13所示。当漏电流不足1mA时可以不考虑其影响。

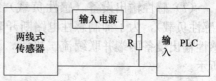

图3-13 PLC与两线式传感器的连接

旁路电阻的计算公式如下：

$$R < \frac{R_C \times U_{OFF}}{I \times R_C - U_{OFF}} (\text{k}\Omega)$$

式中，I 为传感器的漏电流，mA；U_{OFF} 为PLC输入电压低电平的上限值，V；R_C 为PLC的输入阻抗，kΩ，其值随输入点不同有差异。

(5) 多位拨码开关 若PLC控制系统中的某些数据需经常修改，可使用多位拨码开关与PLC连接，在PLC外部进行数据设定。如图3-14所示为一位拨码开关的示意图，一位拨码开关能输入一位十进制数0～9，或一位十六进制数0～F。

如图3-15所示4位拨码开关组装在一起，把各位拨码开关的COM端连在一起，接在PLC输入侧的COM端子上。每位拨码开关的4条数据线按一定顺序接在PLC的4个输入点上。由图可见，使用拨码开关要占用许多PLC输入点，不是十分必要的场合，不要采用这种方法。

图3-14 一位拨码开关的示意图　　　　图3-15 四位拨码开关与PLC的连接

(6) PLC与输出设备的连接 不同组（不同公共端）的输出点对应输出设备（负载）的电压类型、等级可以不同，但同组（相同公共端）的输出点，其电压类型和等级应该相同。要根据输出设备电压的类型和等级来决定是否分组连接。如图3-16所示以FX2N为例说明PLC与输出设备的连接方法。

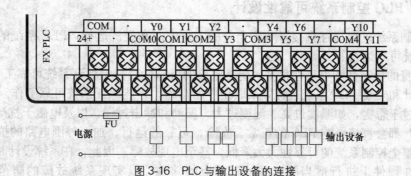

图3-16 PLC与输出设备的连接

　　图中接法是输出设备具有相同电源的情况,所以各组的公共端连在一起,否则要分组连接。图中只画出 Y0~Y7 输出点与输出设备的连接,其他输出点的连接方法相似。

　　(7) 感性输出设备(感性负载)的连接　PLC 的输出端常常连接的是感性输出设备(感性负载),为了抑制感性电路断开时产生的电压损坏 PLC 内部输出元件,因此应在直流感性输出设备两端并联续流二极管,而在交流感性负载两端并联阻容吸收电路。如图 3-17所示。

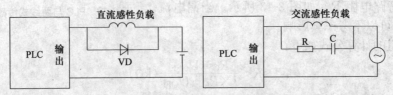

图 3-17　PLC 与感性输出设备的连接

　　图中续流二极管可选用额定电流为 1A、额定电压大于电源电压的 3 倍;电阻值可取 50~120Ω,电容值可取 0.1~0.47μF,电容的额定电压应大于电源的峰值电压。接线时要注意续流二极管的极性。

　　(8) PLC 与七段 LED 显示器的连接　PLC 可直接用开关量输出与七段 LED 显示器进行连接,但当 PLC 控制的是多位 LED 七段显示器,则所需的输出点很多。

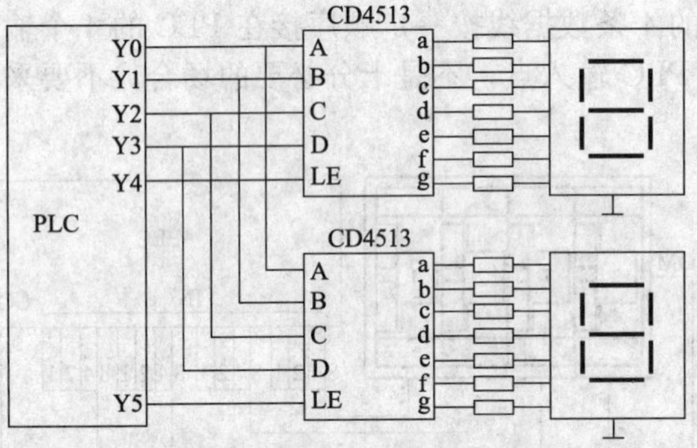

　　图 3-18 电路中,采用具有锁存、译码、驱动功能的芯片 CD4513 驱动共阴极 LED 七段显示器,两只 CD4513 的数据输入端 A~D 共用 PLC 的 4 个输出端,其中 A 为最低位,D 为最高位。LE 是锁存使能输入端,在 LE 信号的上升沿将数据输入端输入的 BCD 数锁存在芯片内的寄存器中,并将该数译码后显示出来。如果输入的不是十进制数,显示器熄灭。LE 为高电

图 3-18　PLC 与两位七段 LED 显示器的连接

平时,显示的数不受数据输入信号的影响。显然,N 个显示器占用的输出点数为 $P=4+N$。

　　若 PLC 使用继电器输出模块,应在与 CD4513 相连的 PLC 各输出端接一个下拉电阻,以避免在输出继电器的触点断开时 CD4513 的输入端悬空。PLC 输出继电器的状态变化时,其触点可能抖动,因此应先送数据输出信号,待该信号稳定后,再用 LE 信号的上升沿将数据锁存进 CD4513。

◀◀◀ 3.2.4　PLC 控制系统可靠性设计

　　PLC 控制系统的可靠性直接影响到企业的安全生产和经济运行,PLC 系统的抗干扰能力是整个系统可靠运行的关键。

　　PLC 本身的稳定性和可靠性很高,但是整机的可靠性高只是保证系统可靠工作的前提,还必须在设计和安装 PLC 系统过程中采取相应的措施,才能保证系统可靠工作。如果 PLC 的工作环境过于恶劣,如温度过高、湿度过大、振动和冲击过强,以及电磁干扰严重或安装使用不当等,都会直接影响 PLC 的正常、安全、可靠的运行。加上外围电路的抗干扰措施不力,而使整个控制系统的可靠性大大降低,甚至出现故障。因此,在系统设计时应予以充分的考虑,在硬件上进行适当配置并辅以相应的软件,以实现系统故障的防范。要提高

PLC控制系统的可靠性，一是在硬件上采取措施，二是在软件上设计相应的保护程序。

3.2.4.1 干扰源

PLC系统的干扰源根据其来源分为内部干扰源和外部干扰源。

(1) 内部干扰源主要包括：

① 由于元器件布局不合理造成内部信号相互串扰；

② 线路中存在的电容性元件引起的寄生振荡；

③ 数字地、模拟地和系统地处理不当。

(2) 外部干扰源包括：

① 供电电源电压波动和高次谐波的干扰；

② 开关通断形成的高、低频干扰；

③ 动力强电信号在系统中产生感应电势引起的干扰；

④ 其他设备通过电容耦合串入控制系统而引起的干扰等。

⑤ 按钮、继电器等工作时触点间产生的电弧，雷击和静电产生的火花放电，接触器线圈、断电器线圈、电磁铁线圈等感应负载断开时产生的浪涌电压，外界的高频加热器、高频淬火设备、杂乱的无线电波信号、电源电压的波动等。

3.2.4.2 干扰的形式

(1) 共模干扰 电源线、输入/输出信号线与接地线之间所产生的电位差会对PLC内部回路与各线路的外部信号之间的寄生电容进行放电，引起PLC内部回路电压剧烈波动，这种干扰称为共模干扰。各导线上感应电弧、高电位的感应电压、电波和静电等均为共模干扰源。寄生电容的容量越小，PLC内部回路电压波动也越小。有时称为纵模干扰、不对称干扰或接地干扰。

(2) 常模干扰 连接在线路上的感性负载或感性电器设备产生的反电势称之为常模干扰，它主要存在于电源线和输入、输出线上，也叫线间干扰、差模干扰、横模干扰或对称干扰。

3.2.4.3 硬件抗干扰措施

(1) 电源干扰的抑制 PLC系统电源必须要与整个供电系统的动力电源分开，一般在进入PLC系统之间加屏蔽隔离变压器。屏蔽隔离变压器的次级侧至PLC系统间必须采用不小于2mm²的双绞线。屏蔽体一般位于一、二次侧两线圈之间并与大地连接，这样就可消除线圈间的直接耦合。另外，电源谐波比较严重时，可在隔离稳压器前面加滤波器来消除电源的大部分谐波。必要时可在供电的电源线路上接入低通滤波器，以便滤去高频干扰信号。滤波器应放在隔离变压器之前，即先滤波后隔离。分离供电系统，将控制器、I/O通道和其他设备的供电采用各自的隔离变压器分离开来，也有助于抗电网干扰。

(2) 线间干扰的抑制 PLC控制系统线路中有电源线、输入/输出线、动力线和接地线，布线不恰当则会造成电磁感应和静电感应等干扰，因此必须按照特定要求布线，如尽可能的等间距，以及避免线路绕圈等。

① 接地线。为了安全和抑制干扰，系统一般要正确接地。系统接地方式一般有浮地方式、直接接地方式和电容接地三种方式。对PLC控制系统而言，它属高速低电平控制装置，应采用直接接地方式。PLC控制系统接地线最好采用单独接地方式，集中布置的PLC系统适于并联一点接地方式。

接地线采用截面大于20mm²的铜导线，总母线使用截面大于60mm²的铜排。接地极的接地电阻小于2Ω，接地极最好埋在距建筑物10～15m远处，而且PLC系统接地点必须与强电设备接地点相距10m以上。信号源接地时，屏蔽层应在信号侧接地；不接地时，应在

PLC 侧接地；信号线中间有接头时，屏蔽层应牢固连接并进行绝缘处理，一定要避免多点接地。

PLC 电源线、I/O 电源线、输入、输出信号线，交流线、直流线都应尽量分开布线。开关量信号线与模拟量信号线也应分开布线，而且后者应采用屏蔽线，并且将屏蔽层接地。数字传输线也要采用屏蔽线，并且要将屏蔽层接地。PLC 系统单独接地，也可以与其他设备公共接地，但严禁与其他设备串联接地。

连接接地线时，应注意以下几点。

a. PLC 控制系统单独接地。

b. PLC 系统接地端子是抗干扰的中性端子，应与接地端子连接，其正确接地可以有效消除电源系统的共模干扰。

c. PLC 系统的接地电阻应小于 100Ω，接地线至少用 22mm² 的专用接地线，以防止感应电的产生。

d. 输入输出信号电缆的屏蔽线应与接地端子端连接，且接地良好。

② 电源线、I/O 线与动力线。动力电缆为高压大电流线路，PLC 系统的配线靠近时会产生干扰，因此布线时要将 PLC 的输入输出线与其他控制线分开，不要共用一条电缆。外部布线时应将控制电缆、动力电缆、输入输出线分开且单独布线，它们之间应保持 30cm 以上的间距。当实际情况只能允许在同一线槽布线时，应用金属板把控制电缆、动力电缆、输入输出线间隔开来并屏蔽，金属板还必须接地。隔离变压器二次侧的电源线要采用 2mm² 以上的铜芯聚氯乙烯绝缘双绞软线。

(3) 外围设备干扰的抑制

① PLC 输入与输出端子的保护。当输入信号源为感性元件，输出驱动的负载也为感性元件时，对于直流电路应在它们两端并联续流二极管，对于交流电路应在它们两端并联阻容吸收电路。采取以上措施是为了防止在电感性输入或输出电路断开时产生很高的感应电动势或浪涌电流对 PLC 输入/输出端点及内部电源的冲击。若 PLC 的驱动元件主要是电磁阀和交流接触器线圈，应在 PLC 输出端与驱动元件之间增加光电隔离的过零型固态继电器 AC-SSR。

② 输入与输出信号的防错。当输入信号源为晶体管或光电开关输出，以及当输出元件为双向晶闸管或晶体管输出时，而外部负载又很小时，会因为这类输出元件在关断时有较大的漏电流，使输入电路和外部负载电路不能关断，导致输入与输出信号的错误。此时应在这类输入/输出端并联旁路电阻，以减小 PLC 输入电流和外部负载上的电流。

③ 漏电流。当采用接近开关、光电开关等 DC 两线式传感器输入信号时，若漏电流较大时，应考虑由此而产生的误动作，使 PLC 输入信号不能关断。一般在 PLC 输入端子上接一旁路电阻以减少输入阻抗。同样用双向可控硅为输出时，为避免漏电流等原因引起输出的元件关断不了，也可以在输出端并联一旁路电阻。

④ 浪涌电压。在控制器触点（开关量）输出的场合，不管控制器本身有无抗干扰措施，都应采用 RC 吸收（交流负载）或并接续流二极管（直流负载），以吸收感性负载产生的浪涌电压。

⑤ 冲击电流。用晶体管或双向可控硅输出模块驱动白炽灯之类的有较大电源负载时，为保护输出模块，应在 PLC 输出端并接旁路电阻或与负载串联限流电阻。

(4) 电磁干扰的抑制　根据干扰模式的不同，PLC 控制系统的电磁干扰分为共模干扰和差模干扰。

共模干扰是信号对地的电位差，主要由电网串入、地电位差及空间电磁辐射在信号线上感应的共态（同方向）电压叠加形成。共模电压有时较大，特别是采用隔离性能差的配电器供电时，变送器输出信号的共模电压普遍较高，有的可高达130V以上。共模电压通过不对称电路可转换成差模电压，直接影响测控信号，造成元器件损坏（这就是PLC系统I/O模件损坏率较高的主要原因）。共模干扰可为直流，也可为交流。

差模干扰是指作用于信号两极间的干扰电压，主要由空间电磁场在信号间耦合感应及由不平衡电路转换成共模干扰所形成的电压，这种电压叠加在信号上，影响测量与控制精度。

为了保证PLC控制系统在工业环境中免受或减少内外电磁干扰，必须采取三个抑制措施：抑制干扰源，切断或衰减电磁干扰的传播途径，提高装置和系统的抗干扰能力。通常一般采用隔离和屏蔽的方法来实现。

（5）安装中的抗干扰措施 PLC控制系统所处的环境对其自身抗干扰也有一定关系，安装时应注意以下几个方面。

① 滤波器、隔离稳压器应设在PLC柜电源进线口处，不让干扰进入柜内，或尽量缩短进线距离。

② PLC控制柜应尽可能远离高压柜、大动力设备、高频设备。

③ PLC控制柜要远离继电器之类的电磁线圈和容易产生电弧的触点。

④ 整台PLC机要远离发热的电气设备或其他热源，并置放在通风良好的位置上。

⑤ PLC程控器的外部要有可靠的防水系统以防止雨水进入，造成机器损坏。

3.2.4.4 软件抗干扰措施

控制器的外部开关量和模拟量输入信号，由于噪声、干扰、开关的误动作、模拟信号误差等因素的影响，不可避免会形成输入信号的错误，引起程序判断失误，造成事故。

当按钮、开关作为输入信号时，则不可避免产生抖动；输入信号是继电器触点，有时会产生瞬间跳动，将会引起系统误动作。在这种情况下，可采用定时器延时来去掉抖动，定时时间根据触点抖动情况和系统要求的响应速度而定，这样可保证触点确实稳定闭合（或断开后）才执行。

对于模拟信号可采用多种软件滤波方法来提高数据的可靠性。连续采样多次，采样间隔根据A/D（模拟/数字）转换时间和该信号的变化频率而定。采样数据先后存放在不同的数据寄存器中，经比较后取中间值或平均值作为当前输入值。常用的滤波方法有程序判断滤波、中值滤波、滑动平均值滤波、防脉冲干扰平均值滤波、算术平均值滤波、去极值平均滤波等。

① 程序判断滤波：适用于对采样信号因受到随机干扰或传感器不稳定而引起的失真进行滤波。设计时根据经验确定两次采样允许的最大偏差，若先后两次采样的信号差值大于偏差，表明输入是干扰信号，应去掉，用上次采样值作为本次采样值。若差值不大于偏差，则本次采样值有效。

② 中值滤波：连续输入3个采样信号，从中选择一个中间值作为有效采样信号。

③ 滑动平均值滤波：将数据存储器的一个区域（20个单元左右）作为循环队列，每次数据采集时先去掉队首的一个数据，再把新数据放入队尾，然后求平均值。

④ 去极值平均滤波：连续采样n次，求数据的累加和，同时找出其中的最大值和最小值，从累加和中减去最大值和最小值，再求$(n-2)$个数据的平均值作为有效的采样值。

⑤ 算术平均值滤波：求连续输入的n个采样数据的算术平均值作为有效的信号。它不能消除明显的脉冲干扰，只是削弱其影响。要提高效果可采用去极值平均滤波。

⑥ 防脉冲干扰平均值滤波：连续进行4次采样，去掉其中的最大值和最小值，再求剩下的两个数据的平均值。它实际上是去极值平均滤波的特例。

在设计中还可以用线性插值法、二次抛物线插值法或分段曲线拟合等方法对数据进行非线性补偿，提高数据的线性度。也可采用零位补偿或自动零跟踪补偿等方法来处理零漂，修正误差，提高采样数据的精度。

另外还可进行信号相容性检查。包括开关信号之间的状态是否矛盾，模拟信号值的变化范围是否正常，开关量信号与模拟量信号之间是否一致，以及各信号的时序关系是否正确。

3.2.4.5　外部安全保护环节

（1）短路保护　当 PLC 输出设备短路时，为了避免 PLC 内部输出元件损坏，应该在 PLC 外部输出回路中装上熔断器，进行短路保护。最好在每个负载的回路中都装上熔断器。

（2）互锁与联锁措施　除程序中保证电路的互锁关系，PLC 外部接线中还应该采取硬件的互锁措施，以确保系统安全可靠地运行。如电动机正反转控制，要利用接触器 KM1、KM2 常闭触点在 PLC 外部进行互锁。在不同电机或电器之间有联锁要求时，最好也在 PLC 外部进行硬件联锁。

采用 PLC 外部的硬件进行互锁与联锁，这是 PLC 控制系统中常用的保护措施。

（3）失压保护与紧急停车措施　PLC 外部负载的供电线路应具有失压保护措施，当临时停电再恢复供电时，不按下"启动"按钮时 PLC 的外部负载就不能自行启动。这种接线方法的另一个作用是当特殊情况下需要紧急停机时，按下"停止"按钮就可以切断负载电源，而与 PLC 内部毫无关系。

3.2.4.6　采用冗余系统或热备用系统

某些控制系统（如化工、造纸、冶金、核电站等）要求有极高的可靠性，如果控制系统出现故障，由此引起停产或设备损坏将造成极大的经济损失。因此，仅仅通过提高 PLC 控制系统自身可靠性满足不了要求，对于这种要求极高可靠性的大型系统中，常采用冗余系统或热备用系统来有效地解决问题。

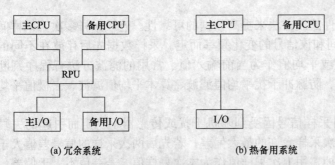

（a）冗余系统　　　　（b）热备用系统

图 3-19　冗余系统或热备用系统

（1）冗余系统　冗余系统是指系统中的多余部分在系统出现故障时能立即替代故障部分使系统继续正常运行的系统。在冗余系统中，整个 PLC 控制系统中最重要的部分（如 CPU）是由两套完全相同的系统组成的，当某一套出现故障后立即由另一套接替控制，如图 3-19（a）所示。两块 CPU 模块使用相同的用户程序工作，其中一块是主 CPU，另一块是备用 CPU。当主 CPU 工作时，备用 CPU 的输出是被禁止的；当主 CPU 发生故障时，备用 CPU 自动投入工作。这一切换过程是由冗余处理单元 RPU（Redundant Processing Unit）控制的，切换时间为 1～3 个扫描周期。能否使用两套相同的 I/O 由系统的可靠性要求决定，I/O 系统的切换也是由它来完成的。

（2）热备用系统　热备用系统采用的结构较冗余系统简单，没有冗余处理单元 RPU，CPU 的切换是通过主 CPU 与备用 CPU 之间的通信来完成。热备用系统中两台 CPU 用通信接口连接在一起，均处于通电状态，如图 3-19（b）所示。若系统出现故障，主 CPU 通知备用 CPU，使备用 CPU 投入运行。该切换过程相对比较慢。

3.3 常用电机典型控制环节

3.3.1 电动机的连续运转控制

(1) 分析工艺过程 传统的继电器-接触器控制的电动机的启动、自保持及停止电路，按下启动按钮 SB1，接触器 KM 线圈得电并自锁，电动机启动运行，按下停止按钮 SB2，接触器 KM 线圈失电，电动机停止运行。

(2) I/O 分配 与继电器控制系统类似，PLC 也是由输入部分、逻辑部分和输出部分组成。其相对应的元件安排如表 3-2 所示。

表 3-2 电动机连续运转控制系统 I/O 分配表

输入元件	输出元件
X000：启动按钮 SB1	Y001
X001：停止按钮 SB2	

(3) I/O 接线 电动机启动、自保持及停止控制的 PLC 硬件接线如图 3-20 所示。

(4) 程序设计 按下启动按钮 SB1，X000 接收外部信号置"1"，Y001 置"1"并自锁。

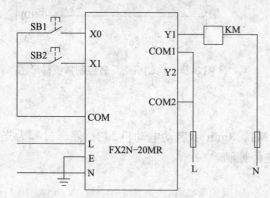

图 3-20 电动机连续运转控制系统 I/O 接线图

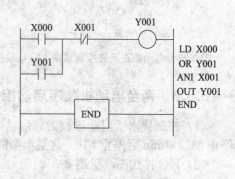

图 3-21 电动机的连续运转 PLC 控制梯形图

自锁的目的是当启动按钮 SB1 松开而 X000 置"0"时，Y001 仍然能保持置"1"状态，使电动机连续运行。

需要停车时，按下停止按钮 SB2 而 X001 常闭触电置"0"，断开 Y001，使 Y001 置"0"，使电动机停止运行。梯形图见图 3-21。

(5) 调试。

3.3.2 电动机正反转控制

(1) 控制要求 图 3-22 为三相异步电动机正反转控制的继电器电路图，试将该继电器电路图转换为功能相同的 PLC 的外部接线图和梯形图。

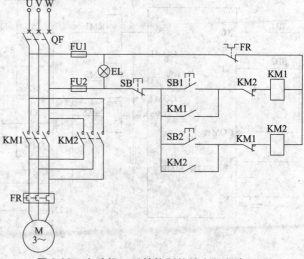

图 3-22 电动机正反转控制的继电器电路图

（2）I/O 分配　见表 3-3。

表 3-3　电动机正反转 PLC 控制系统 I/O 分配表

输　入　元　件		输　出　元　件	
停止按钮 SB0	X0	正转控制接触器 KM1	Y1
正转启动按钮 SB1	X1	反转控制接触器 KM2	Y2
反转启动按钮 SB2	X2		
热继电器常开触点 FR	X3		

（3）I/O 接线　见图 3-23。

（4）程序　见图 3-24。

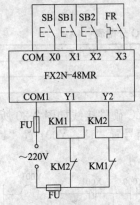

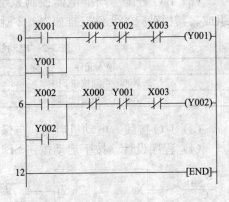

图 3-23　电动机正反转控制系统 I/O 接线图　　　图 3-24　电动机正反转控制系统梯形图

◄◄◄ 3.3.3　两台电动机顺序启动控制

（1）控制要求　启动过程为先启动电动机 M1，3min 后启动电动机 M2；停车过程为先停止 M2，3min 后停止 M1。这是典型的顺启逆停控制。

（2）I/O 接线图　见图 3-25。

（3）梯形图　举例见图 3-26。

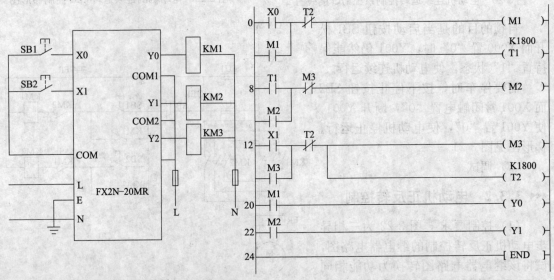

图 3-25　两台电动机顺序控制系统 I/O 接线图　　　图 3-26　两台电动机顺序控制系统梯形图

◄◄◄ 3.3.4 电动机 Y-△减压启动控制

（1）控制要求 三相异步电动机的 Y-△减压启动继电器控制电路如图 3-27。

启动时，按下启动按钮 SB2，KM1、KM3 同时接通，M 接成 Y 接启动，同时 KT 线圈通电并开始延时（10s），延时时间到，KM3 断电，后 KM2 通电，M 接成△正常运行。

（2）I/O 分配 见表 3-4。

表 3-4 三相异步电动机 Y-△减压启动控制系统 I/O 分配表

类别	低压电器	PLC 元件	作　用
输入	FR	X000	热继电器的动断触点
	SB1	X001	停止按钮
	SB2	X002	启动按钮
输出	KM1	Y000	定子绕组主接触器
	KM2	Y001	△连接接触器
	KM3	Y002	Y 连接接触器

（3）I/O 接线图 见图 3-28。

（4）梯形图 见图 3-29。

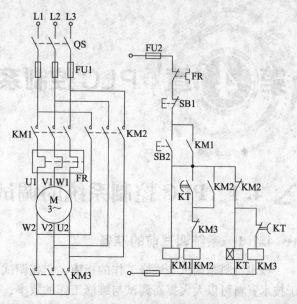

图 3-27 三相异步电动机 Y-△减压启动继电-接触器控制电路

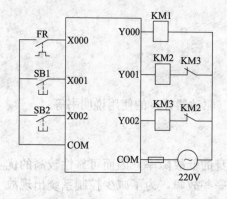

图 3-28 电动机 Y-△减压启动控制系统 I/O 接线图

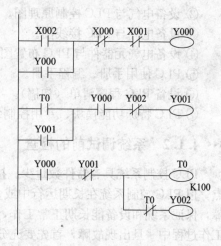

图 3-29 电动机 Y-△减压启动控制系统梯形图

第 4 章 PLC 控制系统的调试与维修

↘ 4.1 PLC 控制系统的调试

◄◄◄ 4.1.1 系统调试前的准备

技术资料是调试与维修工作的指南，它在调试与维修工作中起着至关重要的作用，借助于技术资料可以大大提高调试与维修工作的效率。

PLC 变频控制柜的调试工作，一般来说都是由系统硬件、软件设计者本人承担，调试者应对设备、生产现场的控制要求非常了解，对自己设计的 PLC 程序了如指掌，因此，调试所需要的基本技术资料准备一般比较充分与具体。

通常情况下，调试人员应具备以下资料，以便开展与完成调试工作。

① 设备的控制要求汇总表。

② 设备电气与 PLC 控制原理图。

③ 设备电气与 PLC 接线图。

④ 设备电气元器件与 PLC 布置图。

⑤ PLC 使用手册、编程手册。

⑥ 设备 PLC 程序清单（初稿）。

⑦ PLC 特殊功能模块、专用控制装置（如变频器、驱动器等）的使用说明书等。

◄◄◄ 4.1.2 系统调试前的检查

PLC 控制系统具有器件数量少、接线少及 PLC 本身的低故障率，因而可靠性较高的优点。但 PLC 控制系统在长期运行中或多或少地会出现一些故障，为了减少控制系统出现故障，保证系统和设备能长期正常工作，对 PLC 控制系统的故障检查和处理非常关键。系统工作过程中一旦出现故障，首先要充分了解故障，判断故障发生的具体位置，分析故障现象是否具有再生性，以及是否与其他设备相关等；然后再探究故障产生的原因，并设法排除故障。

（1）总体检查　总体检查用于判断故障的大致范围，然后逐步细化，以找出具体的故障，对 PLC 控制系统的检查是按照电源、系统报警、I/O、工作环境的顺序逐一搜索故障区域。

（2）电源的故障分析和处理　PLC 中的电源是故障率较高的部件。如果在总体检查中发现电源指示灯不亮，则需进行电源检查。PLC 控制系统中的电源包括主机电源、扩展单元电源和自带电源等。进行电源检查应从外部电源开始，依次是主机电源、扩展单元电源、传感器电源和执行器电源。

需要注意的是：对电源系统故障进行检查时，需要事先熟悉有关的供电标准等。

(3) 致命异常故障检查　当 PLC 发生致命错误时，PLC 将停止运行，所有输出都将断开。对于电源中断错误，CPU 面板上的全部指示灯都暗。对于其他的致命错误，CPU 面板上的 POWER 指示灯和 ERR/ALM（错误报警）指示灯亮，RUN 指示灯暗。

(4) 非致命异常故障检查　当 PLC 发生非致命错误时，CPU 模块面板上的电源指示灯和运行指示灯仍保持亮，而 ERR/ALM 指示灯闪烁。虽然此时的 PLC 会继续运行，但仍需要继续纠正错误，可在必要时停止 PLC 操作，以排除某些非致命错误。

(5) I/O 检查　PLC 控制系统的 I/O 是 CPU 与外部控制对象沟通信息的通道，能否正常工作，除了和输入/输出单元有关外，还与连接配线、接线端子、熔断器之类元件的状态有关，这是 PLC 控制系统中最多见的故障。

(6) 工作环境检查　影响 PLC 工作的环境因素主要有温度、湿度和噪声等，各种因素对 PLC 的影响是独立的。

这里需要指出的是：在更换 PLC 控制系统中的有关部件，如供电电源的熔断器、锂电池等时，必须停止对 PLC 的供电，对允许带电更换的部件，例如输入输出插卡，也要安全操作。在更换传感器或执行机构后，应对相应的部件进行检查和调整，使更换后的部件符合操作和控制的要求。

◄◄◄ 4.1.3　系统的硬件调试

4.1.3.1　PLC 系统调试的程序

(1) 电源电缆检查

① 检查 PLC 程控系统的所有供电电源接线的正确性。包括电源取出位置应正确，电源接入位置正确，电缆两端有明显的标志和名称。

② 检查 PLC 程控系统所有供电电缆回路的绝缘电阻。

(2) 机柜送电

① 首先将所有电源开关（包括机柜交流电源开关和机柜直流电源开关）置于"断开"位置，关断所有进入机柜的电源。

② 检查电源进线接线端子上是否有误接线或者误操作引起的外界馈送电源电压。确认所有程控柜未通电。

③ 在控制模件柜内，按厂家要求分别拔出控制主机模块、以太网络接口模块和 I/O 模块，以确保机柜通电时不会发生烧毁模块的事故。

④ 在供电电源处，由专业人员投入总电源开关。在控制机柜处，用万用表测试电源进线端子处的电压值，其电压值不应超过额定电压的 ±10%。若误差较大，则应通知相关送电人员停电进行检查，合格后再送电。

(3) PLC 各模块送电　依次插入 PLC 各个模块，观察其状态指示是否正确，或用工作站对控制主机模块的基本功能或性能进行测试。

(4) PLC 程控系统 I/O 通道完好性检查　在断开外部信号电缆的前提下，用高精度信号发生器及高精度万用表对系统的输入和输出通道进行完好性检查。

① 电压电流型模拟量输入通道检查。用模拟量信号发生器发出所需模拟量信号（如 4～20mA，1～5V），在工作站或其它编程器上检查显示值（一般为工程单位值），记录每个通道的输入信号值和输出显示值。每个通道应检查 3 个工作点（0%、50%、100%）。

② 开关量输入通道检查。用短接线短接开关量输入信号，在工作站或其它编程器上检

查显示状态。

③ 开关量输出通道检查

a. 对于有源开关量输出：在工作站上或其它编程器上发出不同的指令信号，在输出通道的接线端子上，用电压表测试其输出状态的变化（有电压/无电压）。

b. 对于无源开关量输出：在工作站上或其他编程器上发出不同的指令信号，在输出通道的接线端子上，用万用表或通灯测试其状态的变化。对于干接点输出用通灯即可，对于固态继电器输出则用万用表的欧姆挡（置于 10M 挡以上较明显）进行测试。

（5）电缆接线检查　用万用表等工具对接入 PLC 控制系统的所有电缆接线进行正确性检查。对于具有中间端子接线盒的热工测量信号电缆，应该分段检查。对于与电动机和电动门有关的电缆接线应与公司共同协商检查方式。必须按照设计要求检查所有电缆接线。

（6）一次测量元件检查　检查与 PLC 程控系统有关的一次测量元件的一次校验记录。

（7）一次执行元件的检查　一次执行元件包括电磁阀、电动阀门、气动阀门和电动机等。

① 电磁阀的检查

a. 用直流电桥测试电磁阀的直流电阻值，其阻值应符合制造厂的要求。

b. 用兆欧表测试电磁阀线圈的对地绝缘电阻值（应不小于 $1M\Omega$）。对于直流 220V 线圈需用 1000V 兆欧表测试；其它电压线圈用 500V 兆欧表测试。

c. 给电磁阀送电，通过听、触、摸等方法检查电磁阀的动作情况，阀芯应动作灵活可靠，介质通道畅通。

② 电动阀门的检查

a. 用万用表测试电机线圈的直流电阻。对于三角形接法的三相电机，应检查其各相间阻值应一致；对于星型接法的三相电机，不但要保证各相间阻值一致，同时要保证各相对地间阻值也应一致。

b. 测试电机线圈的绝缘电阻。用 500V 兆欧表进行测试，绝缘电阻应不小于 $0.5M\Omega$。

c. 配电装置检查。主要检查各接触器安装牢固、接点动作可靠，热继电器整定值正确（电机额定工作电流的 1.1 倍），配电装置内部接线正确。

d. 检查电动阀门开关方向。解除自保持回路和远方控制回路，将电动门在就地手动摇到 50％位置左右，按下开门和关门方向按钮，电动门应按照预想的方向动作。对于具有中停功能的电动门，还应该分别在开门和关门两个方向上试验中停按钮的功能。

e. 力矩开关的微调。生产厂家在设备出厂前对力矩开关定值已整定完毕，现场无需再调，尤其是进口电动阀门，能不动就不动。倘若不能保证阀门的严密性，则应对力矩开关按厂家说明书进行微调。

f. 行程开关的调整。先解除行程开关保护，使阀门全开/关且力矩开关已动作，然后调整行程开关，使其略提前于力矩开关动作。

g. 恢复远方控制回路及自保持回路，在控制台进行远方操作试验，阀门应动作正确，阀门开关门时间符合要求。

③ 检查气动阀门。方法与电动阀门的检查相似。

④ 一次执行设备远方操作试验。在所有一次执行设备单体调试全部完成后，应在上位机上进行远方操作试验，以保证 PLC 程控系统对一次执行设备的基本控制功能。

a. 程控系统内解除一次执行设备的闭锁和联锁条件。这是首要且必需的，否则当设备送电和送气时，程控系统的联锁逻辑有可能使执行设备动作。

b. 气动阀门送气，电动阀门送电，电动机送电。坚持"谁调试谁负责"的原则，禁止在上位机上进行任何操作。并要求所有参加试验的人员坚守岗位，直至远方操作试验完成，以防止出现意外事故。

c. 在上位机上对一次执行设备进行阀门开/关和电动机启动/停止操作，就地人员监视并报告就地设备的动作情况。根据就地反馈的信号来判断远方操作应有效、操作方向应正确、反馈信号应一致。

4.1.3.2 静态试验

静态试验包括以下三个内容。

① 联锁试验。手动启动一次设备或系统，使备用一次设备或系统处于备用状态或联锁状态。就地用信号发生器模拟某一联锁条件，使上述设备或系统自动启动。要求对所有联锁条件都进行静态检查，应符合系统的要求和预想的结果。

② 保护试验。手动启动一次设备或系统，就地用信号发生器模拟某一保护条件（或称跳闸条件），使上述设备或系统迅速停止或切除。要求对所有保护条件都进行检查。

③ 程控组试验。先操作试验子程控组，待所有子程控组操作试验完毕后，操作试验总程控组。按下某一个程控组的启动/停止按钮，则辅机系统内的所有一次设备将按照控制程序步序动作。

4.1.3.3 动态试验

PLC程控系统动态试验的目的是进一步对控制系统进行调整，使之控制逻辑完全达到系统投入的要求。为此，我们必须进行如下的工作。其一，参与重要辅机的启动过程，对启动过程中出现的问题进行技术分析，合理地修改控制逻辑、延迟时间和动态参数。其二，对已经决定的增加和修改项目进行具体实施。

◂◂◂ 4.1.4 系统的软件调试

将设计好的程序写入PLC后，首先逐条仔细检查，并改正写入时出现的错误。用户程序一般先在实验室模拟调试，实际的输入信号可以用钮子开关和按钮来模拟，各输出量的通/断状态用PLC上有关的发光二极管来显示，一般不接PLC实际的负载（如接触器、电磁阀等）。可以根据功能表图，在适当的时候用开关或按钮来模拟实际的反馈信号，如限位开关触点的接通和断开。

对于顺序控制程序，调试程序的主要任务是检查程序的运行是否符合功能表图的规定，即在某一转换条件实现时，是否发生步的活动状态的正确变化，即该转换所有的前级步是否变为不活动步，所有的后续步是否变为活动步，以及各步被驱动的负载是否发生相应的变化。

在调试时应充分考虑各种可能的情况，对系统各种不同的工作方式、有选择序列的功能表图中的每一条支路、各种可能的进展路线，都应逐一检查，不能遗漏。发现问题后应及时修改梯形图和PLC中的程序，直到在各种可能的情况下输入量与输出量之间的关系完全符合要求。

如果程序中某些定时器或计数器的设定值过大，为了缩短调试时间，可以在调试时将它们减小，模拟调试结束后再写入它们的实际设定值。

↘ 4.2 PLC控制系统的维护与故障诊断

◂◂◂ 4.2.1 PLC控制系统的日常维护

PLC的日常维护和保养比较简单，主要是更换保险丝和锂电池，基本没有其它易损元器件。存放用户程序的随机存储器（RAM）、计数器和具有保持功能的辅助继电器等均用锂电池保护，而其寿命约为 5 年。当锂电池的电压逐渐降低致使 PLC 基本单元上电池电压跌落指示灯亮时，提示用户注意由锂电池所支持的程序还可保留一周左右，必须更换电池。这是日常维护的主要内容。

（1）更换锂电池的步骤

① 在拆装前，应先让 PLC 通电 15s 以上。这样可使存储器备用电源中的电容器充电，当断开后，该电容可对 PLC 做短暂供电，以保护 RAM 中的信息不丢失；

② 断开 PLC 的交流电源；

③ 打开基本单元的电池盖板；

④ 取下旧电池，装上新电池；

⑤ 盖上电池盖板。

注意：更换电池时间要尽量短，一般不允许超过 3min。否则，RAM 中的程序将消失。

（2）更换保险丝　更换保险丝应注意要采用指定型号的产品。

（3）更换 I/O 模块　当需要替换某个模块时，用户应确认要安装的模块是否同类型。有些 I/O 系统允许带电更换模块，而有些则需切断电源更换。若更换完，在相对较短时间后又发生故障，那么应检查产生电压的感性负载。若更换后，保险丝易被烧断，则有可能是模块的输出电流超限，或输出设备被短路。

PLC 的故障诊断十分重要，实际工作过程中应充分考虑对 PLC 的各种不利因素。对 PLC 进行定期检查和日常维护，是保证 PLC 控制系统正常、安全、可靠运行的关键。

◀◀◀ 4.2.2　PLC 控制系统故障分析的基本方法

当 PLC 控制系统出现故障时，首先应进行故障分析，通过故障分析，一方面可以迅速查明故障原因，排除故障；另一方面也可以起到预防故障的发生与扩大的作用。

PLC 控制系统的故障分析的基本方法一般有以下三种。

（1）测量检查法　测量检查法通过对故障设备的机、电、液等部分进行测量检查，以此来判断故障发生原因的一种方法，测量检查法通常包括以下内容：

① 检查电源的规格（包括电压、频率、相序、容量等）是否符合要求；

② 检查 PLC 控制系统中的各控制装置与控制部件是否安装牢固，接插部位是否有松动；

③ 检查系统中的各控制装置与控制部件的设定端、电位器的设定，调整是否正确；

④ 检查液压、气动、润滑部件的油压、气压等是否符合要求；

⑤ 检查电器元件、机械部件是否有明显的损坏等。

（2）动作分析法　动作分析法通过观察、监视实际动作，判断动作不良部位，来追溯故障根源的一种方法。

一般来说，设备中采用液压、气动控制的部位，可以根据设计时的动作要求，通过每一步动作的动作条件与动作过程进行诊断来判定故障原因。当故障在某一动作发生时，首先可以检查输入信号的条件是否已经满足，然后检查 PLC 输出是否已经接通、执行元件是否动作，在此基础上，判断出故障存在的部位。

当 PLC 输入条件未具备时，应首先检查输入信号，找到相应的传感器、开关、检查其发信情况，确定是传感器、开关原因还是连接原因。

当 PLC 输入条件已经具备，但 PLC 无输出信号时，可以确定故障与 PLC 程序有关，应检查 PLC 程序。

当 PLC 输出已经接通，但执行元件没有动作时，故障与 PLC 输出连接、执行元件的连接、执行元件的强电控制线路的"互锁"等有关。

当执行元件已经动作，但实际动作不正确或无动作时，故障与设备的机械、液压、气动等方面的因素有关。

（3）动态检测法　动态检测法是通过动态检测 PLC 程序梯形图判定故障原因的一种方法，此法在系统维修过程中使用最广。在绝大部分 PLC 控制系统中，借助于 PLC 的图形编辑器或者安装有 PLC 开发软件的计算机，可以对执行中的 PLC 程序进行动态监控，通过观察确定程序中哪些条件输入信号或者内部继电器的条件没有具备，以及造成条件不具备的原因。动态检测法在 PLC 系统调试与维修过程中使用最广。

◀◀◀ 4.2.3　PLC 控制系统常见故障的诊断

PLC 控制系统的故障分布情况大致是：CPU 单元故障占 5%，I/O 单元故障占 15%，系统布线故障占 5%，输出设备故障占 30%，输入设备故障占 45%。可见，PLC 本身 20% 的故障大多是由恶劣环境造成的，而 80% 的故障是用户使用不当造成的。故障检查见图 4-1、图 4-2，故障分类及原因见表 4-1。

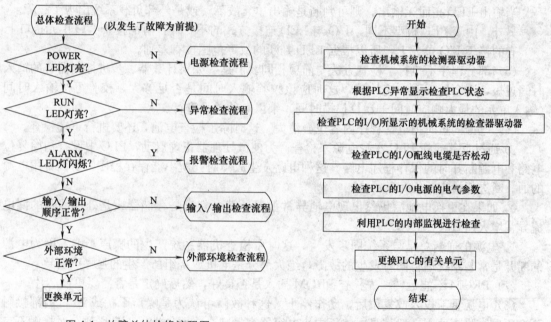

图 4-1　故障总体检修流程图　　　　图 4-2　故障检查步骤框图

表 4-1　PLC 故障现象的分类及故障原因

故障现象	故障分类及原因
停机	CPU 异常报警而停机，存储器异常报警而停机，输入输出异常报警而停机，扩展单元异常报警而停机
程序不执行	全部程序不执行，部分程序不执行，计数器等误动作
程序内容变化	长时间停电引起变化，电源 ON/OFF 操作引起变化，运行中发生变化
输入/输出不动作	输入信号没有读入 CPU，CPU 没有发出输出信号
写入器不能操作	没有按下特定键或操作不当，完全不动作
扩展单元不动作	只有特定的输入/输出不动作，全部不动作
PROM 不能运转	没有接通 PROM，出现错误

（1）CPU 异常　CPU 异常报警时，应检查 CPU 单元连接于内部总线上的所有器件。具体方法是依次更换可能产生故障的单元，找出故障单元，并作相应处理。

（2）存储器异常　存储器异常报警时，如果是程序存储器的问题，通过重新编程后还会再出现故障。这种情况可能是噪声的干扰引起程序的变化，否则应更换存储器。

（3）输入/输出（I/O）单元异常、扩展单元异常　发生这类报警时，应首先检查输入/输出单元和扩展单元连接器的插入状态、电缆连接状态。确定故障发生的某单元之后，再更换单元。

（4）不执行程序　一般情况下可依照输入—程序执行—输出的步骤进行检查。

① 输入检查是利用输入 LED 指示灯识别，或者用写入器构成的输入监视器检查。

当输入 LED 不亮时，可初步确定是外部输入系统故障，再配合万用表检查。如果输出电压不正常，就可确定是输入单元故障。当 LED 亮而内部监视器无显示时，则可认为是输入单元、CPU 单元或扩展单元的故障。

② 程序执行检查是通过写入器上的监视器检查。当梯形图的接点状态与结果不一致时，则是程序错误（例如内部继电器双重使用等），或是运算部分出现故障。

③ 输出检查可用输出 LED 指示灯识别。

当运算结果正确而输出 LED 指示错误时，则是 CPU 单元、I/O 接口单元的故障。

当输出 LED 亮而无输出，则可判断是输出单元故障，或是外部负载系统出现了故障。

另外，由于 PLC 机型不同，I/O 与 LED 连接方式的不一样，有的接于 I/O 单元接口上有的接于 I/O 单元上，所以根据 LED 判断的故障范围也有差别。

（5）部分程序不执行　检查方法与前项相同。但是，如果计数器、步进控制器等的输入时间过短，则会出现无响应故障，这时应该校验输入时间是否足够大，校验可按输入时间（输入单元的最大响应时间＋运算扫描时间）乘以 2 的关系进行。

（6）电源的短时掉电，程序内容也会消失　这时除了检查电池，还要进行下述检查。

① 通过反复通断 PLC 本身电源来检查。为使微处理器正确启动，PLC 中设有初始复位电路和电源断开时的保存程序电路。这种电路发生故障时，就不能保存程序。所以可用电源的通、断进行检查。

② 如果在更换电池后仍然出现电池异常报警，就可判定是存储器或是外部回路的漏电流异常增大所致。

③ 电源的通断总是与系统同步发生，这时可检查机器系统产生的噪声影响。因为电源的断开是常与系统运行同时发生的故障，绝大部分是电机或绕组所产生的强噪声所致。

（7）PROM 不能运转　先检查 PROM 插入是否良好，然后确定是否需要更换芯片。

（8）电源重新投入或复位后，动作停止　这种故障可认为是噪声干扰或 PLC 内部接触不良所致。噪声原因一般都是电路板中小电容器容量减小或元件性能不良所致。对接触不良原因可通过轻轻敲 PLC 机体进行检查。还要检查电缆和连接器的插入状态。

（9）现场控制设备的故障　在整个过程控制系统中最容易发生故障地点在现场。

① 第一类故障点：这是故障最多的地点，多发生在继电器、接触器。如生产线 PLC 控制系统的日常维护中，电气备件消耗量最大的为各类继电器或空气开关。主要原因除产品本身外，就是现场环境比较恶劣，接触器触点易打火或氧化，然后发热变形甚至不能使用。所以减少此类故障应尽量选用高性能继电器，改善元器件使用环境，减少更换的频率，以减少其对系统运行的影响。

② 第二类故障点：多发生在阀门或闸板这一类的设备上，因为这类设备的关键执行部位，相对的位移一般较大，或者要经过电气转换等几个步骤才能完成阀门或闸板的位置转换，或者利用电动执行机构推拉阀门或闸板的位置转换，机械、电气、液压等各环节稍有不到位就会产生误差或故障。长期使用缺乏维护，机械、电气失灵是故障产生的主要原因，因

此在系统运行时要加强对此类设备的巡检，发现问题及时处理。

③ 第三类故障点：可能发生在开关、极限位置、安全保护和现场操作上的一些元件或设备上，其原因可能是因为长期磨损，也可能是长期不用而锈蚀老化。对于这类设备故障的处理主要体现在定期维护，使设备时刻处于完好状态。对于限位开关尤其是重型设备上的限位开关除了定期检修外，还要在设计的过程中加入多重的保护措施。

④ 第四类故障点：可能发生在 PLC 系统中的子设备，如接线盒、线端子、螺栓螺母等处。这类故障产生的原因除了设备本身的制作工艺原因外还和安装工艺有关，如有人认为电线和螺钉连接是压的越紧越好，但在二次维修时很容易导致拆卸困难，大力拆卸时容易造成连接件及其附近部件的损害。长期的打火、锈蚀等也是造成故障的原因。根据工程经验，这类故障一般是很难发现和维修的。所以在设备的安装和维修中一定要按照安装要求的安装工艺进行，不留设备隐患。

⑤ 第五类故障点：可能发生在传感器和仪表，这类故障在控制系统中一般反映在信号的不正常。这类设备安装时信号线的屏蔽层应单端可靠接地，并尽量与动力电缆分开敷设，特别是高干扰的变频器输出电缆。这类故障的发现及处理也和日常点巡检有关，发现问题应及时处理。

⑥ 第六类故障点：主要是电源、地线和信号线的噪声（干扰），解决或改善主要在于工程设计时的经验和日常维护中的观察分析。

故障处理具体见表 4-2～表 4-4。

表 4-2 CPU、I/O 扩展装置故障处理

序号	异常现象	可能原因	处理
1	POWER LED 灯不亮	1. 电压切换端子设定不良	正确设定切换装置
		2. 保险熔断	更换保险管
2	保险管多次熔断	1. 电压切断端子设定不良	正确设定
		2. 线路短路或烧坏	更换电源单元
3	RUN LED 灯不亮	1. 程序错误	修改程序
		2. 电源线路不良	更换 CPU 单元
		3. I/O 单元号重复	修改 I/O 单元号
		4. 远程 I/O 电源关,无终端	接通电源
4	运转中输出端未通(POWER 灯亮)	电源回路不良	更换 CPU 单元
5	某以编号以后的继电器不动作	I/O 总线不良	更换基板单元
6	特定继电器编号的输出/入接通	I/O 总线不良	更换基板单元
7	特定单元的所有继电器不接通	I/O 总线不良	更换基板单元

表 4-3 输入单元故障处理

序号	异常现象	可能原因	处理
1	输入全部不接通(动作指示灯也灭)	1. 未加外部输入电源	供电
		2. 外部输入电压低	加额定电源电压
		3. 端子螺钉松动	拧紧
		4. 端子板连接器接触不良	把端子板补充插入、锁紧。更换端子板连接器

续表

序号	异常现象	可能原因	处　理
2	输入全部断开(动作指示灯也灭)	输入回路不良	更换单元
3	输入全部不关断	输入回路不良	更换单元
4	特定继电器编号的输入不接通	1. 输入器件不良	更换输入器件
		2. 输入配线断线	检查输入配线
		3. 端子螺钉松弛	拧紧
		4. 端子板连接器接触不良	把端子板充分插入、锁紧。更换端子板连接器
		5. 外部输入接触时间短	调整输入器件
		6. 输入回路不良	更换单元
		7. 程序的 OUT 指令中用了输入继电器编号	修改程序
5	特定继电器编号的输入不关断	1. 输入回路不良	更换单元
		2. 程序的 OUT 指令中用了输入继电器编号	修改程序
6	输入不规则的 ON/OFF 动作	1. 外部输入电压低	使外部输入电压在额定范围
		2. 噪声引起的误动作	抗噪声措施：安装绝缘变压器 安装尖峰抑制器 用屏蔽线配线等
		3. 端子螺钉松动	拧紧
		4. 端子板连接器接触不良	把端子板充分插入、锁紧。更换端子板连接器
7	异常动作的继电器编号为8点单位	1. COM端螺钉松动	拧紧
		2. 端子板连接器接触不良	端子板充分插入、锁紧。更换端子板连接器
		3. CPU 不良	更换 CPU 单元
8	输入动作指示灯亮(动作正常)	LED 坏	更换单元

表4-4　输出单元故障处理

序号	异常现象	可能原因	处理
1	输出全部不接通	1. 未加负载电源	加电源
		2. 负载电源电压低	使电源电压为额定值
		3. 端子螺钉松动	拧紧
		4. 端子板连接器接触不良	端子板补充插入、锁紧。更换端子板连接器
		5. 保险管熔断	更换保险管
		6. I/O 总线接触不良	更换单元
		7. 输出回路不良	更换单元

序号	异常现象	可能原因	处理
2	输出全部不关断	输出回路不良	更换单元
3	特定继电器编号的输出不接通(动作指示灯灭)	1. 输出接通时间短	更换单元
		2. 程序中继电器编号重复	修改程序
		3. 输出回路不良	更换单元
4	特定继电器编号的输出不接通(动作指示灯亮)	1. 输出器件不良	更换输出器件
		2. 输出配线断线	检查输出线
		3. 端子螺钉松动	拧紧
		4. 端子连接接触不良	端子充分插入、拧紧
		5. 继电器输出不良	更换继电器
		6. 输出回路不良	更换单元
5	特定继电器编号的输出不关断(动作指示灯灭)	1. 输出继电器不良	更换继电器
		2. 因漏电流或残余电压而不能关断	更换负载或加负载电阻
6	特定继电器编号的输出不关断(动作指示灯亮)	1. 程序 OUT 指令的继电器编号重复	修改程序
		2. 输出回路不良	更换单元
7	输出出现不规则的 ON/OFF 现象	1. 电源电压低	调整电压
		2. 程序中 OUT 指令的继电器编号重复	修改程序
		3. 噪声引起误动作	抗噪声措施:装抑制器 装绝缘变压器 用屏蔽线配线
		4. 端子螺钉松动	拧紧
		5. 端子连接接触不良	端子充分插入、拧紧
8	异常动作的继电器编号为 8 点单位	1. COM 端子螺钉松动	拧紧
		2. 端子连接接触不良	端子充分插入、拧紧
		3. 保险管熔断	更换保险管
		4. CPU 不良	更换 CPU 单元
9	输出正常指示灯不良	LED 坏	更换单元

第 **5** 章　FX2N 系列产品的控制模块

5.1　温度测量特殊功能模块

◀◀◀ 5.1.1　FX2N-4AD-PT

先认识一下 FX2N-4AD-PT 温度测量特殊功能模块，见图 5-1。

图 5-1　FX2N-4AD-PT 温度测量模块与 PLC 连接及其外形图

① FX2N-4AD-PT 模拟特殊功能模块将来自四个箔温度传感器（PT100，3 线，100Ω）的输入信号放大，并将数据转换成 12 位的可读数据，储存在 FX2N 主处理单元中。

摄氏度（℃）和华氏度（℉）数据都可以读。读分辨率为 0.2~0.3℃/0.36~0.54℉。

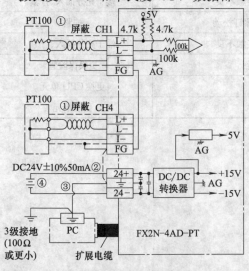

图 5-2　FX2N-4AD-PT 温度测量模块的布线图

② 所有的数据传输和参数设置都可通过 FX2N-4AD-PT 的软件控制来调整，由 FX2N PLC 的 FROM/TO 功能指令来完成。

③ FX2N-4AD-PT 占用 FX2N 扩展总线 8 个点的 I/O，这 8 点可分配为输入或输出。FX2N-4AD-PT 消耗 FX2N 主单元或有源扩展单元 5V 电源、30mA 的电流。

5.1.1.1　布线

FX2N-4AD-PT 温度测量模块的布线见图 5-2。

说明：

① 应使用 PT100 传感器的电缆或双绞屏蔽电缆作为模拟输入电缆，并且和电源线或其他可能产生电磁干扰的电线隔开。三种配线方法以压降补偿的方式来提高传感器的精度。

② 若存在电磁干扰，将外壳地线端子（FG）连接 FX2N-4AD-PT 的接地端与主单元的接地端。尽量在主单元使用 3 级接地。

③ PLC 的外部或内部的 24V 电源都可使用。

5.1.1.2 安装和使用

（1）环境特性（表 5-1）

表 5-1　FX2N-4AD-PT 温度测量模块的环境特性表

项　目	特　性
环境特性(排除下项)	与 FX2N 主单元的相同
绝缘承受电压	500V AC,1min(在所有端子和地之间)

（2）电源特性（表 5-2）

表 5-2　FX2N-4AD-PT 温度测量模块的电源特性表

项　目	特　性
模拟电路	24V DC±10％,50mA
数字电路	5V DC,30mA(由主单元的内部电源提供)

（3）性能指标

① 模拟输入见表 5-3。

表 5-3　FX2N-4AD-PT 温度测量模块的模拟输入性能表

项　目	摄氏(℃)	华氏(℉)
	通过读取适当的缓冲存储器,可以得到℃和℉两种数据	
模拟输入信号	箔温度 PT100 传感器(100Ω),3 线,4 通道(CH1、CH2、CH3、CH4),3850PPM/℃(DIN43760,JISC1604-1989)	
传感器电流	1mA 传感器(100Ω,PT100)	
温度补偿范围	−100〜+600℃	−148〜+1112℉
数字输出	12 位转换:11 二进制数据位＋1 符号位	
	−1000〜6000	−1480〜+11120
分辨率	0.2〜0.3℃	0.54〜0.72℉
总精度	全范围的±1%	
转换速度	4 通道 15ms	
转换特性		

② 杂项见表 5-4。

表 5-4　FX2N-4AD-PT 温度测量模块的其它性能表

项　目	特　性
隔　离	模拟和数字电路之间用光电偶合器隔离,DC/DC 转换器用来隔离 FX2N 主单元 MPU,模拟通道之间没有隔离
占用 I/O 点数	占用 FX2N 扩展总线 8 点 I/O(输入输出皆可)

（4）缓冲存储器的分配　FX2N-4AD-TC 与可编程控制器之间通过缓冲存储器进行通信（表 5-5）。

表 5-5　FX2N-4AD-TC 温度测量模块缓冲存储器的分配

BFM	内　容
＊＃1～＃4	通道 CH1～CH4 的平均温度可读数值(1～4096)　缺省值为 8
＊＃5～＃8	通道 CH1～CH4 在 0.1℃单位下的平均温度
＊＃9～＃12	通道 CH1～CH4 在 0.1℃单位下的当前温度
＊＃13～＃16	通道 CH1～CH4 在 0.1℉单位下的平均温度
＊＃17～＃20	通道 CH1～CH4 在 0.1℉单位下的当前温度
＊＃21～＃27	保留
＊＃28	数字范围错误锁存
＃29	错误状态
＃30	标识码 K2040
＃31	保留

说明：

① BFM 通道＃21 到＃27 和＃31 保留。

② 被平均的采样值被分配给 BFM＃1～＃4。只有 1～4096 的范围是有效的，溢出的值将被忽略。使用缺省值 8。

③ 最近转换的一些可读值被平均后，给出一个平滑后的可读值。平均数据保存在 BFM 的＃5～＃8 和＃13～＃16 中。

④ BFM＃9～＃12 和＃17～＃20 保存输入数据的当前值。这个数值以 0.1℃或 0.1℉为单位。可用的分辨率只有 0.2～0.3℃或 0.36～0.54℉。

（5）状态信息

① 缓冲存储器 BFM ＃28：数字范围错误锁存。

BFM＃29 的 b10（数字范围错误）用以判断测量温度是否在单元范围内。

BFM ＃28 锁存每个通道的错误状态，并且可用以检查热电偶是否断开。

b15～b8	b7	b6	b5	b4	b3	b2	b1	b0
未用	高	低	高	低	高	低	高	低
	CH4		CH3		CH2		CH1	

低：当温度测量值下降，并低于最低可测量温度限制时，锁定 ON。

高：当测量温度升高，并高于最高温度限制，或热电偶断开时，打开 ON。

若出现错误，则错误出现之前的温度数据被锁定。当测量值返回到有效范围内，则温度数据回到正常运行（注：错误仍然被锁定在 BFM ＃28 中）。

用 TO 指令向 BFM ＃28 写入 K0 或者关闭电源，可将错误清除。

② 缓冲存储器 BFM＃29：错误状态。

③ 识别码缓冲存储器 BFM ＃30。可使用 FROM 指令从 BFM ＃30 中读出特殊功能模块的识别号或 ID 号。

FX2N-4AD-TC 单元的识别号是 K2030。

BFM #29 的位设备	ON(开)	OFF(关)
b0:错误	如果 b1~b3 任何一个为 ON,出错 通道的 A/D 转换停止	无错误
b1:保留	—	—
b2:电源故障	24V DC 电源故障	电源正常
b3:硬件错误	A/D 转换器或其他硬件故障	硬件正常
b4~b9:保留		
b10:数字范围错误	数字输出/模拟输入值超出指定范围	数字输出值正常
b11:平均数错误	所选平均结果的数值超出可用 范围(参考 BFM#1~#4)	平均正常(1~4096)
b12~b15:保留	—	—

在 PLC 用户程序可使用这个号码,以便在传输/接收数据之前确认此特殊功能模块。

5.1.1.3 系统框图

见图 5-3。

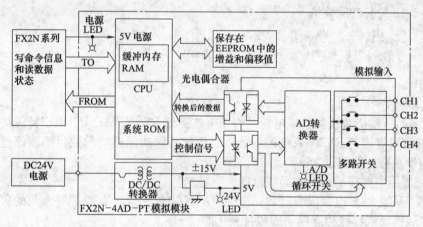

图 5-3 FX2N-4AD-PT 温度测量特殊模块的系统框图

[编程实例 5-1]

下列程序中,FX2N-4AD-PT 温度测量特殊模块占用特殊模块编号 2 的位置(也就是第三个紧靠可编程控制器的单元)。平均数为 4。输入通道 CH1~CH4 以℃表示的平均值分别保存在数据寄存器 D0~D3 中。

M8002 FNC78 FROM K2 K30 D10 K1 — 模块No.2的BFM#30→(D10)
初始脉冲标识码 FNC10 CMP K2040 D10 M0 — 当(K2040)=(D10),M1=ON,即当标识码为K2040,则M1=ON。

初始化步骤检查在位置 2 的特殊功能模块是否为 FX2N-4AD-PT,即它的单元标识码是否是 K2040(BFM #30)。这一步是可选的,不过它提供了以软件检查确定系统是否正确配置的方式。

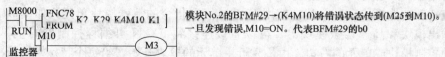
模块No.2的BFM#29→(K4M10)将错误状态传到(M25到M10)。
一旦发现错误,M10=ON。代表BFM#29的b0

这一步提供了对 FX2N-4AD-PT 的错误缓冲存储器（BFM♯29）的可选监控。若 FX2N-4AD-PT 中存在错误，BFM♯29 的 b0 位将设为 ON。它可以被此程序步读出，并且作为一个 FX2N 可编程控制器中的位设备输出（此例 M3）。额外的错误设备可以采用同样的方式输出，比如 BFM♯29 数字范围错误的 b10。

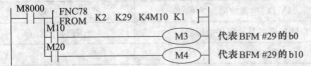

程序解释：将错误（BFM♯29 错误 b0～b15）保存在 PLC 的 M25 至 M10 中。

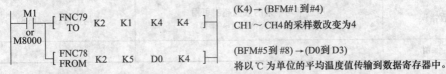

该步是对 FX2N-4AD-PT 输入通道实际读数。此乃程序中仅有的必需步骤。例中的 TO 指令设置输入通道 CH1～CH4，并对四个采样值读数取平均值。FROM 指令读取 FX2N-4AD-PT 输入通道 CH1 与 CH2 的平均温度（BFM♯5～♯8）。若需读取直接温度，则以 BFM♯9～♯12 代替读取数值。

```
┤├  FNC78      K2        K9           D0       K4
    FROM      特殊模    FX2N-4AD-    结果     读取字
              块No2     PT 的 BFM    目的地   的编号
                        数目
```

5.1.1.4 诊断

（1）初步检查

① 检查输入/输出布线和扩展电缆是否正确连接到 FX2N-4AD-PT 模拟特殊功能模块。

② 检查有没有违背 FX2N 系统配置规则，例如特殊功能模块的数目不能超过 8 个，且总的系统 I/O 点数不能超过 256 点。

③ 保证应用中选择了正确的操作范围。

④ 检查 5V 或 24V 电源没有过载，记住 FX2N 主单元或者有源扩展单元的负载是根据所连接的扩展模块或特殊功能模块的数目变化的。

⑤ 设置 FX2N 主单元为 RUN 状态。

（2）错误检查

若特殊功能模块 FX2N-4AD-PT 不能正常运行，请检查以下项目。

① 检查电源 LED 指示灯的状态。灯亮说明扩展电缆正确连接，否则检查扩展电缆的连接情况。

② 检查外部布线。

③ 检查"+24V"LED 指示灯的状态（FX2N-4AD-PT 的右上角）。

灯亮说明 FX2N-4AD-PT 正常，24V DC 电源打开。否则，可能是 24V DC 电源故障，若电源正常则是 FX2N-4AD-PT 故障。

④ 检查"A/D"LED 指示灯的状态（FX2N-4AD-PT 的右上角），灯亮说明 A/D（模拟/数字）转换正常运行。否则检查缓冲区♯29（错误状态）。若任何一个位（b2 或 b3）为 ON 状态，这就是 A/D 指示灯熄灭的原因。

（3）检查特殊功能模块数目 其它使用 FROM/TO 指令的特殊模块单元，如模拟输入模块、模拟输出模块和高速计数模块等，可以直接连接到 FX2N 可编程控制器的主单元，或连接到其他控制模块或单元的右边。由最靠近主单元的模块开始，给每个特殊模块依次编号 0～7。最多可连接 8 个特殊模块（图 5-4）。

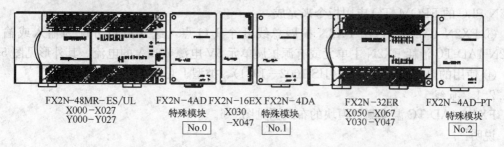

图 5-4　FX2N 特殊模块单元与 FX2N 主单元的连接图

5.1.1.5　EMC 措施

使用 FX2N-4AD-PT 之前必须考虑 EMC（电磁兼容性）。

三菱公司建议所用的 PT100 传感器必须有合适的屏蔽或者加防磁屏，以避免 EMC 噪声。

若采用电缆保护措施，则"屏蔽"端子必须连接 FG 端子到接地端子。

对于非常弱的模拟信号，若未采用好的 EMC 预防措施，将导致产生 EMC 噪声错误，错误值可达实际值的 ±10%。只有采取良好的预防措施，才能在正常允许内进行期望的操作。

选择高质量的电缆也是 EMC 措施之一，对电缆很好地布线，以避免潜在的噪声源。

此外，信号平均可以减弱随机噪声的"穿刺"效应。

◀◀◀ 5.1.2　FX2N-4AD-TC

FX2N-4AD-TC 是 FX2N 型 PLC 的温度测量模拟特殊功能模块。先认识一下 FX2N-4AD-TC 温度测量特殊功能模块，见图 5-5。

① FX2N-4AD-TC 模拟特殊功能模块将来自四个热电偶传感器（类型为 K 或 J）的输入信号放大，并将数据转换成 12 位的可读数据储存于 FX2N 主单元中。摄氏（℃）和华氏度（℉）数据都可以读。读分辨率为：类型为 K 时，0.2℃ /0.72℉；类型为 J 时，0.3℃/0.54℉。

图 5-5　FX2N-4AD-TC 温度
测量模块的外形结构图

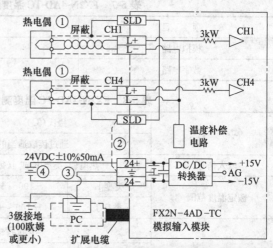

图 5-6　FX2N-4AD-TC 温度
测量模块的布线图

② 所有的数据传输和参数设置都可以通过 FX2N-4AD-TC 的软件控制来调整。由 FX2N PLC 的 FROM/TO 应用指令来完成。

③ FX2N-4AD-TC 占用 FX2N 扩展总线 8 个 I/O 点，这 8 点可分配为输入或输出。FX2N-4AD-TC 消耗 FX2N 主单元或有源扩展单元 5V 电源 30mA 的电流。其外形见图 5-5。

④ 使用的热电偶：类型 K（JIS 1602—1981）、类型 J（JIS 1602—1981）。

5.1.2.1　布线

FX2N-4AD-TC 温度测量模块的布线图见图 5-6。

说明：

① 与热电偶连接的温度补偿电缆有关事项：

类型 K：DX-G、KX-GS、KX-H、KX-HS、WX-G、WX-H、VX-G；

类型 J：JX-G、JX-H。

每 10Ω 的补偿电缆比实际温度高出 0.12℃，使用前应检查线电阻。因过长的补偿电缆容易受噪声的干扰，故建议补偿电缆小于 100m。

② 若存在过大的噪声，将 SLD（屏蔽）端子必须接于地端子上。

③ 连接 FX2N-4AD-TC 和主单元的地端子使用 3 级接地。

④ 可编程控制器的 24V 内置电源可作为本单元的电源供应。

5.1.2.2　安装和使用

（1）环境特性（表 5-6）

表 5-6　FX2N-4AD-TC 温度测量模块的环境特性表

项　　目	特　　性	项　　目	特　　性
环境特性（除下项）	与 FX2N 主单元的相同	绝缘承受电压	500V AC，1min（在所有端子和地之间）

（2）电源特性（表 5-7）

（3）性能指标

① 模拟输入见表 5-8。

表 5-7　FX2N-4AD-TC 温度测量模块的电源特性表

项　　目	特　　性
模拟电路	24V DC±10%，50mA
数字电路	5V DC，30mA（由主单元的内部电源提供）

表 5-8　FX2N-4AD-TC 温度测量模块的模拟输入性能表

项　　目		摄氏（℃）		华氏（℉）
		通过读取适当的缓冲存储器，可以得到℃和℉两种数据。		
输入信号		热电偶：类型 K 或 J（每个通道两种都可使用），4 通道，JIS 1602—1981		
额定温度范围	类型 K	−100～+1200℃	类型 K	−148～+2192℉
	类型 J	−100～+600℃	类型 J	−148～+1112℉
数字输出		12 位转换，以 16 位 2 进制的补码形式存储		
	类型 K	−1000～12000	类型 K	−1480～+21920
	类型 J	−1000～6000	类型 J	−1480～+11120

续表

项　目	摄氏(℃)		华氏(℉)	
	通过读取适当的缓冲存储器,可以得到℃和℉两种数据。			
分辨率	类型 K	0.4℃	类型 K	0.72℉
	类型 J	0.3℃	类型 J	0.54℉
总精度校正点	±(0.5％全范围+1℃)　纯水冷凝点:0℃/32℉			
转换速度	(240ms±2％)×4 通道(不使用的通道不进行转换)			
转换特性 对应在校正参考点 0℃ /32℉ (0/320)所给的读数。 (受限于总体精度)	(类型K) +12,000 (类型J) +6,000 −100℃ −1,000 +600℃(类型J)　+1.200℃(类型K)		(类型K) +21,920 (类型J) +11,120 −148℉ −1,480 +1.112℉(类型J)　+2.192℉(类型K)	

注意:接地热电偶不适于与本单元一起使用。

② 杂项见表5-9。

表 5-9　FX2N-4AD-TC 温度测量模块的其它性能表

项　目	特　性
隔　离	模拟和数字电路之间用光电偶合器隔离,DC/DC 转换器用来隔离 FX2N 主单元电源,模拟通道之间没有隔离
占用 I/O 点数	占用 FX2N 扩展总线 8 点 I/O(输入输出皆可)

(4) 缓冲存储器的分配　FX2N-4AD-TC 与可编程控制器之间通过缓冲存储器进行通信(表 5-10)。

表 5-10　FX2N-4AD-TC 温度测量模块缓冲存储器的分配表

BFM	内　容
＊#0	热电偶类型 K 或 J 选择模式。　　　　　　装运时:H0000
＊#1～#4	通道 CH1～CH4 为平均的温度点数(1～256)　缺省值=8
＊#5～#8	通道 CH1～CH4 在 0.1℃单位下的平均温度
＊#9～#12	通道 CH1～CH4 在 0.1℃单位下的当前温度
＊#13～#16	通道 CH1～CH4 在 0.1℉单位下的平均温度
＊#17～#20	通道 CH1～CH4 在 0.1℉单位下的当前温度
＊#21～#27	保留
＊#28	数字范围错误锁存
#29	错误状态
#30	标识码 K2040
#31	保留

说明:

① BFM通道#21 到#27 和#31 保留。

② 所有非保留的 BFM 缓冲区可以使用可编程控制器的 FROM 指令进行读取。

③ 带＊号的 BFM 缓冲区可以使用可编程控制器的 TO 指令写入。

④ 缓冲存储器 BFM♯O：热电偶类型 K 或 J 选择模式。它用于为每个通道选择 K 或 J 类型的热电偶，4 个十六进制数的每一位对应一个通道。

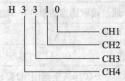

0——K 类型，1——J 类型，3——不使用。

每个通道的 A/D 转换时间为 240ms。当有通道设置为"3"（不使用）时，对应的通道不执行 A/D 转换，因此总的转换时间减少。上例中转换时间为：

240ms（每个通道的转换时间）×2 通道（使用的通道号）＝480ms（总的转换时间）

⑤ 缓冲存储器 BFM♯1 到 ♯4：被平均的温度读数数量。

当被平均的温度读数指定到 BFM♯1 到 ♯4 时，平均数据存储到 BFM♯5 到 ♯8（℃）或♯13 到 ♯16（℉）。被平均的温度读数的有效范围为 1～256。若输入数超出此范围，将使用缺省值 8。

⑥ BFM♯9 到 ♯12 和 ♯17 到 ♯20：当前温度。它用于保存输入数据的当前值，单位为 0.1℃或 0.1℉。K 型热电偶的分辨率为 0.4℃或 0.72℉，J 型热电偶的分辨率为 0.3℃或 0.54℉。

（5）状态信息

① 缓冲存储器 BFM ♯28：数字范围错误锁存。

BFM♯29 的 b10（数字范围错误）用以判断测量温度是否在单元范围内。

BFM ♯28 锁存每个通道的错误状态，并且可用以检查热电偶是否断开。

b15 到 b8	b7	b6	b5	b4	b3	b2	b1	b0
未用	高	低	高	低	高	低	高	低
	CH4		CH3		CH2		CH1	

低：当温度测量值下降，并低于最低可测量温度限制时，锁定 ON。

高：当测量温度升高，并高于最高温度限制，或者热电偶断开时，打开 ON。

如果出现错误，则错误出现之前的温度数据被锁定。如果测量值返回到有效范围内，则温度数据回到正常运行（注：错误仍然被锁定在 BFM ♯28 中）。

用 TO 指令向 BFM ♯28 写入 K0 或者关闭电源，可将错误清除。

② 缓冲存储器 BFM♯29：错误状态

BFM ♯29 的位设备	ON(开)	OFF(关)
b0:错误	如果 b2～b3 任何一个为 ON，出错通道的 A/D 转换停止	无错误
b1:保留	—	—
b2:电源故障	24V DC 电源故障	电源正常
b3:硬件错误	A/D 转换器或其他硬件故障	硬件正常
b4～b9:保留	—	—
b10:数字范围错误	数字输出/模拟输入值超出范围	数字输出值正常
b11:平均数错误	所选平均结果的数值超出可用范围（参考 BFM♯1～♯4）	平均为正常（在 1～256 之间）
b12～b15:保留	—	—

③ 识别码缓冲存储器 BFM ♯30 可使用 FROM 指令从 BFM ♯30 中读出特殊功能模块的识别号或 ID 号。

FX2N-4AD-TC 单元的识别号是 K2030。

PLC 用户程序可以使用这个号码,以便在传输/接收数据之前确认此特殊功能模块。

(6) 安装定位 本单元根据温度测量部分(热电偶)和终端模块之间的温度差值进行温度测量。若安装于终端模块温度快速变化之处,可能发生测量错误,故本单元应安装在无过高温度变化之处。

5.1.2.3 系统框图

FX2N-4AD-TC 温度测量特殊功能模块的系统框图见图 5-7。

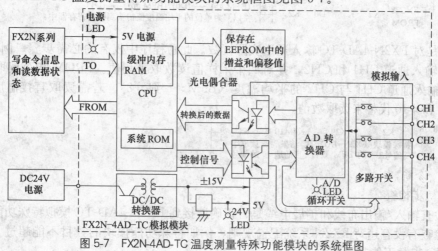

图 5-7 FX2N-4AD-TC 温度测量特殊功能模块的系统框图

[编程实例 5-2]

下列程序中,FX2N-4AD-TC 温度测量模块占用特殊模块编号 2 的位置(即第三个紧靠可编程控制器的单元)。类型 K、J 的热电偶分别用于 CH1、CH2、CH3 和 CH4 不使用。平均数为 4。输入通道 CHI 和 CH2 以℃表示的平均值分别存于数据寄存器 D0 和 D1 中。

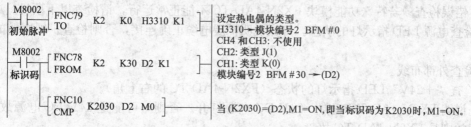

此初始化步骤检查在位置 2 的特殊功能模块的确是 FX2N-4AD-TC,即它的单元标识码是否是 K2030(BFM ♯30)。本步可选,不过它提供了确定系统是否正确配置的软件检查。

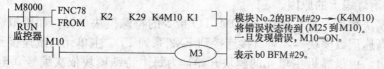

该步提供了对 FX2N-4AD-TC 的错误缓冲存储器(♯29)的可选监控。若 FX2N-4AD-TC 中存在错误,BFM ♯29 的 b0 位将设为 ON。它可以被此程序步读出,并且作为一个 FX2N PLC 中的位设备输出(此例为 M3)。其余的错误设备可采用同样的方式输出,比如

BFM ♯29 数字范围错误的 b10。见下面举例。

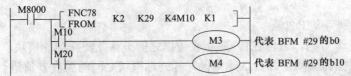

程序解释：将错误（BFM ♯29 错误 b0～b15）保存在 PLC 的 M25 至 M10 中。

```
 M1    ┌FNC79   K2   K1   K4   K2 ┐    (K4) → (BFM #1), (K4) → (BFM #2)
─┤ ├───┤                         ├    CH1和CH4的采样数改变为4
       └TO                       ┘
       ┌FNC78   K2   K5   D0   K2 ┐    (BFM #5) → (D0), (BFM #6) → (D1)
       ┤                         ├    将以℃为单位的平均温度值传输到数据寄存器中。
       └FROM                     ┘
```

该步是对 FX2N-4AD-TC 输入通道实际读数。此乃程序中仅有的必需步骤。例中的 TO 指令设置输入通道 CH1 和 CH2，并对四个采样值读数取平均值。FROM 指令读取 FX2N-4AD-TC 输入通道 CH1 与 CH2 的平均温度（BFM♯5 到♯8）。若需读取直接温度，则以 BFM ♯9 和♯10 代替来读取数值。

```
┌FNC78   K2      K29       K4M10     K1 ┐
┤FROM  特殊模块 FX2N-4AD-TC  结果     读取字 ├
       编号2   的 BFM 数目   目的地    的编号 ┘
```

5.1.2.4　诊断

（1）初步检查

① 检查输入/输出布线和扩展电缆是否正确连接到 FX2N-4AD-TC 模拟特殊功能模块。

② 检查有没有违背 FX2N 系统配置规则，例如特殊功能模块的数目不能超过 8 个，且系统总 I/O 点数不能超过 256 点。

③ 保证应用中选择了正确的操作范围。

④ 检查在 5V 或 24V 电源时没有过载，记住 FX2N 主单元或者有源扩展单元的负载是根据所连接的扩展模块或特殊功能模块的数目变化的。

⑤ 设置 FX2N 主单元为 RUN 状态。

（2）错误检查　若特殊功能模块 FX2N-4AD-TC 不能正常运行，请检查以下项目。

① 检查电源 LED 指示灯的状态。灯亮说明扩展电缆正确连接，否则检查扩展电缆的连接情况。

② 检查外部布线。

③ 检查"+24V" LED 指示灯的状态（FX2N-4AD-TC 的右上角）。

灯亮说明 FX2N-4AD-TC 正常，24V DC 电源打开。否则，可能是 24V DC 电源故障，若电源正常则是 FX2N-4AD-TC 故障。

④ 检查"A/D" LED 指示灯的状态（FX2N-4AD-TC 的右上角），灯亮说明 A/D 转换正常运行。否则检查缓冲区♯29（错误状态）。若任何一位（b0、b2 或 b3）为 ON 状态，说明这就是导致 A/D 指示灯熄灭的原因。

（3）检查特殊功能模块数目　其它使用 FROM/TO 指令的特殊模块单元，如模拟输入模块、模拟输出模块和高速记数模块等，可直接连接到 FX2 系列 PLC 主单元，或连接到其它控制模块或单元的右边。由最靠近主单元的模块开始，为每个特殊模块依次编号 0 至 7。最多可连接 8 个特殊模块（图 5-8）。

5.1.2.5　EMC 措施

① 使用 FX2N-4AD-TC 之前必须考虑 EMC（电磁兼容性）。

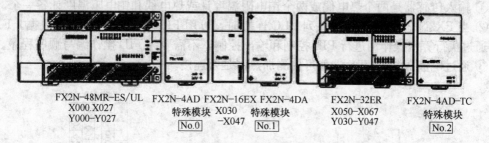

图 5-8 FX2N 特殊模块单元与 FX2N 主单元的连接图

② 热电偶传感器必须有合适的屏蔽或加防磁屏，以避免 EMC 噪声。

若采用了电缆保护措施，则"屏蔽"端子必须连接到接地端子。

对于非常弱的模拟信号，若未采用好的 EMC 措施，将产生 EMC 噪声错误，错误值可达实际值的±10%。用户只有采取良好的预防措施，才能在正常允许内进行期望的操作。

EMC 措施应包含选择高质量的电缆、对这些电缆很好地布线，以避免潜在的噪声源。

此外，信号平均可以减弱随机噪声的"穿刺"效应。接线见图 5-9。

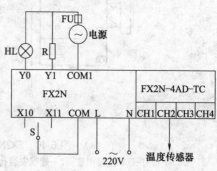

图 5-9 FX2N-4AD-TC 的 I/O 接线图

5.1.2.6 FX2N-4AD-TC 实现温度 PID 闭环控制的实例

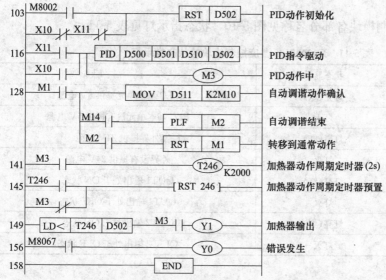

行号	程序	说明
103	M8002 — [RST D502]	PID动作初始化
116	X10⊣⊢X11⊣⊢ / X11⊣⊢ / X10⊣⊢ — [PID D500 D501 D510 D502]	PID指令驱动
	— (M3)	PID动作中
128	M1 — [MOV D511 K2M10]	自动调谐动作确认
	M14 — [PLF M2]	自动调谐结束
	M2 — [RST M1]	转移到通常动作
141	M3 — (T246) K2000	加热器动作周期定时器 (2s)
145	T246 / M3 — [RST 246]	加热器动作周期定时器预置
149	[LD< T246 D502] M3 — (Y1)	加热器输出
156	M8067 — (Y0)	错误发生
158	[END]	

T246 是加热器动作周期，而 D502 是 PID 输出加热时间值。

◀◀◀ 5.1.3 FX2N-2LC 温度测量与控制模块

温度控制模块 FX2N-2LC 配有两个温度输入端口和两个晶体管输出端口（集电极开路型），它从热电偶和铂电阻温度计中读取温度信号并进行 PID 输出控制。

① 输入传感器是两个热电偶或两个铂电阻温度计或热电偶和铂电阻温度计各一个。

② 当 FX2N-2LC 与 FX2N 系列 PLC 连接时，可用 FROM/TO 指令读写数据。FX2N-2LC 通过执行算术操作而进行 PID 控制和输出控制，不需要为 PID 操作编写顺序程序。

③ 通过电流探测（CT）功能可检测加热器是否连接。

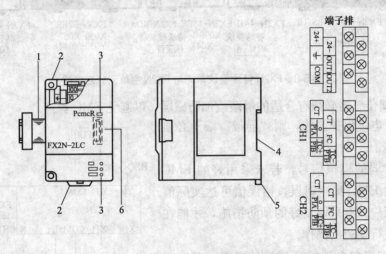

图 5-10　FX2N-2LC 温度控制模块各部分名称

1—PC 连接电缆；2—螺丝安装孔；3—状态显示器 LED；4—DIN 导轨（35mm 宽）；
5—DIN 导轨安装扣；6—下一步扩展电缆使用的连接器

④ 通过自动调谐功能可方便地设置比例系数、积分时间和微分时间。

⑤ 各通道间互相隔离。

5.1.3.1　配置

FX2N-2LC 温度控制模块各部分名称见图 5-10，状态指示灯见表 5-11。

表 5-11　FX2N-2LC 温度控制模块的状态指示灯

LED 名称	状态显示	说　明
POWER	灯亮（绿）	PLC 基本单元提供 5V 电源
	灯灭	PLC 基本单元没有提供 5V 电源
24V	灯亮（红）	外界提供 24V 电源
	灯灭	外界没有提供 24V 电源
OUT1	灯亮（红）	OUT1 输出处于 ON 状态
	灯灭	OUT1 输出处于 OFF 状态
OUT2	灯亮（红）	OUT2 输出处于 ON 状态
	灯灭	OUT 2 输出处于 OFF 状态

5.1.3.2　安装

（1）安装注意事项

① 应在规定的环境条件下使用。不要在有尘埃、粉尘、导电尘埃、腐蚀性气体或可燃性气体的地方使用，也不要在高温、有凝结露水、雨水、大风或有振动和冲击的环境中使用。

若在这些地方使用，可能引起电击事故、火花、误动作和损坏，或导致性能劣化。

② 在钻孔和连接电缆时，应防止切屑或电线碎屑落入 FX2N-2LC 的通风口中。因为这些碎屑可能导致火花、故障或误动作。

③ 安装完毕后，应将粘贴在 PLC 和 FX2N-2LC 通风口上的防尘纸取下。若将它留在通风口上，可能引发火花、故障或误动作。

④ 安全连接电缆（如扩展电缆）与存储器至指定的接口。不好的连接可能导致误动作。

（2）与 PLC 基本单元连接　FX2N-2LC 可通过扩展电缆与可编程控制器（PLC）基本单元连接（图 5-11）。

FX2N-2LC 作为 PLC 的一个特殊模块，由距 PLC 基本单元最近的单元开始自动分配特殊模块编号 0～7（这些单元编号将在 FROM/TO 指令中使用。）一个 FXN-2LC 模块占有可编程控制器基本单元的 8 个 I/O 点。有关可编程控制器 I/O 地址分配的详细内容，请参见

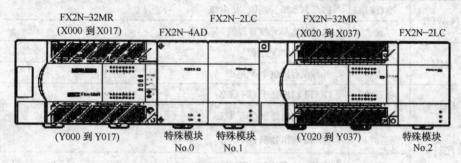

FX2N-32MR　　　　　　FX2N-2LC　　　　FX2N-32MR　　　　　　FX2N-2LC
（X000 到 X017）　FX2N-4AD　　　　　（X020 到 X037）　　　　　

（Y000 到 Y017）　特殊模块　特殊模块　（Y020 到 Y037）　　　特殊模块
　　　　　　　　　　No.0　　No.1　　　　　　　　　　　No.2

图 5-11　FX2N-2LC 温度控制模块与 FX2N 主单元的连接图

FX2N（C）系列 PLC 手册。

① FX2N 系列 PLC 可连接最多 8 个 FX2N-2LC 模块单元。

② 当 FX2N-2LC 模块与 FX2NC 系列 PLC 连接时，需要使用 FX2NC-CNV-IF 接口（当 FX2N-2LC 模块与 FX2N 系列 PC 连接时，不需要使用 FX2NC-CNV-IF 接口）。

③ 扩展时需要使用单独销售的 FX0N-65EC（650mm）和 FX2NC-CNV-BC 扩展电缆。每个系统中只能使用一根 FX0N-65EC 电缆。

5.1.3.3　规格

（1）环境规格

项　目	特　性
环境特性（除下项）	与 FX2N 主单元的相同
绝缘承受电压	500V AC，1min（在所有端子和地之间）

（2）电源规格

项　目	规　格
驱动电源	24V DC（−15%～＋10%）从驱动电源端输入
通信电源	5V DC（由 PLC 基本单元内部提供）
电流消耗	24V DC/55mA 和 5VDV/70mA
绝缘方法	模拟输入区和可编程控制器用光耦隔离。电源和模拟输入区之间由 DC/DC 转换器进行隔离（通道之间互相不隔离。）
占有的 I/O 点数	共 8 点（包括输入点和输出点）

（3）性能规格

项　目			描　述
控制方法			两位置控制,PID控制(有自动调谐功能),PI控制
控制运行周期			500ms
设置温度范围			和输入范围相同
加热器断线检测			根据缓冲存储器设置进行报警检测(变化从0.0到100.0A)
操作方法			0:测量值监控　　　1:测量值监控+温度报警 2:测量值监控+温度报警+控制(由缓冲存储器选择)
自诊断功能			调整值和输入值由监视定时器进行检查。当检测到异常时,晶体管输出断开
存储器			内置EEPRCM(可重写次数:100000次)
状态显示	POWER	亮(绿)	PLC基本单元提供5V电源
		灭	PLC基本单元没有提供5V电源
	24V	亮(红)	外界提供24V电源
		灭	外界没有提供24V电源
	OUT1	亮(红)	OUT1输出处于ON状态
		灭	OUT1输出处于OFF状态
	OUT2	亮(红)	OUT2输出处于ON状态
		灭	OUT2输出处于OFF状态

(4) 输入规格

项　目			说　明
温度输入	输入点数		2点
	输入类型	热电偶	K,J,R,S,E,T,B,N,PLII,WRe5-26,U,L
		铂电阻温度计	Pt100,JPt100
	测量精度		±0.7%输入范围±1位(当周围温度为23℃±5℃时,±0.3%输入范围±1位) 但B型输入在0~399℃(0~799℉),及PLII和WRe5-26型输入在0~32℉测量时,将超出精密保证范围
	冷接点补偿温度误差		±1℃内 当输入值为−100~−150℃时,误差为±2℃ 当输入值为−150~−200℃时,误差为±3℃
	分辨率		0.1℃(0.1℉)或1℃(1℉) (取决于使用的传感器的输入范围而变化。)
	采样周期		500ms
	外部电阻效应		约0.35μV/Ω
	输入阻抗		1MΩ或更大
	传感器电流		大约0.3mA
	允许的输入线电阻		或更低
	输入断线后的操作		高刻度
	输入短路后的操作		低刻度

续表

项　目		说　明
CT 输入	输入点数	2 点
	电流检测计	CTL-12-S36-8 或 CTL-6-P-H(由 U.R.D公司生产)
	加热器电流测量值 使用 CTL-12 时	0.0～100.0A
	加热器电流测量值 使用 CTL-6 时	0.0～30.0A
	测量精度	输入值的±5％与 2A 之间的大值(不包括电流检测计精度)
	采样周期	1s

（5）输入范围

传感器类型	K	J	R	S
输入范围	−200.0～200.0 ℃ −100.0～400.0℃ −100～1300℃ −100～800℉ −100.0～2400℉	−200.0～200.0℃ −100.0～400.0℃ −100.0～800.0℃ −100～1200℃ −100～1600℉ −100～2100℉	0～1700℃ 0～3200℉	0～1700℃ 0～3200℉

传感器类型	E	T	B	N
输入范围	−200.0～200.0 ℃ −100～1000℃ −100～1800℉	−200.0～200.0℃ −200.0～400.0℃ 0～400.0℃ −300～400.0℃ −300～700.0℉ 0.0～700.0℉	0～1800℃ 0～3000℉	0～1300℃ 0～2300℉

传感器类型	PLⅡ	WRe5-26	U	L
输入范围	−200.0～200.0 ℃ −100.0～400.0℃ −100～1300℃ −100～800℉ −100.0～2400℉	−200.0～200.0℃ −100.0～400.0℃ −100.0～800.0℃ −100～1200℉ −100～1600℉ −100～2100℉	0～1700℃ 0～3200℉	0～1700℃ 0～3200℉

注：
1. 使用 B 时，0～399℃（0～799℉）不包含在精度补偿的范围之内。
2. 使用 PLⅡ 时，0～32℉不包含在精度补偿的范围之内。
3. 使用 WRe5～WRe26 时，0～32℉不包含在精度补偿的范围之内。

（6）输出规格

项　目	说　明
输出点数	2 点
输出方式	NPN 集电极开路型晶体管输出
额定负载电压	5～24VDC
最大负载电压	30VDC 或更小
最大负载电流	100mA
OFF 状态时的漏电流	0.1mA 或更少
ON 状态时的最大电压降	当电流为 100mA 时,2.5V(最大)或(1.0V 标准)
控制输出周期	30s(可在 1～100s 范围内变化)

5.1.3.4　接线

（1）接线图　如图 5-12 所示。

特别注意：应将 FX2N -2LC 的接地端与 PLC 的接地端进行第 3 类接地。

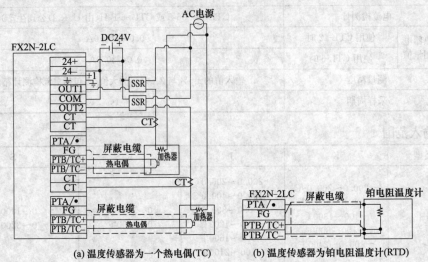

(a) 温度传感器为一个热电偶(TC)　　　(b) 温度传感器为铂电阻温度计(RTD)

图 5-12　FX2N-2LC 温度控制模块外部接线图

（2）接线注意事项

① 安装和接线前，应确保外部每相电源均切断。否则可能导致电击或设备损坏。

② 外部负载若同时接通可能存在危险，因此要确保在 PLC 和 FX2N-2LC 的外部对它们进行互锁，还应通过 PLC 程序对它们进行互锁。

③ 应按照要求正确连接 FX2N-2LC 和 PLC 的电源线。若将交流电连接到 DC I/O 端或 DC 电源端，可能烧毁 PLC。

④ 不要将外部接线连接到 FX2N-2LC 和 PLC 上不使用的端子 ┌─•─┐ 上，这可能损坏设备。

⑤ 应用 2mm² 或更粗的电线，按第 3 类接地的方法，将它与 FX2N-2LC 和 PLC 中的接地端子相连。切勿在强电系统中采用普通的接地方法。

⑥ 使用热电偶时，需采用特殊的补偿导线。

⑦ 使用电阻型温度计时，需采用三相式接线，应使用阻值小且三相间阻值相同的电阻。

5.1.3.5　功能

关于 FX2N -2LC 每项功能的设定，请参看后面缓冲存储器（BFM）的说明。

（1）PID 控制

① 二阶简易 PID 控制。PID 控制在自动控制技术中是一种可获得稳定控制效果的控制方法，它是通过设置比例系数、积分时间和微分时间来完成。

在 PID 控制中，若设置各 PID 常数使设置响应变好，却对干扰的响应变差。反之，若设置各 PID 常数使干扰响应变好，但设置响应就变差。

FX2N-2LC 可完成二阶简易的 PID 控制，对干扰具有良好响应，而且设置响应的形式可选择为快、中、慢。设置 PID 常数和设置响应是通过缓冲存储器来完成。

② 防过调功能。在 PID 控制中，当偏差长时间持续时，PID 算术运算的结果会超出运算值的有效范围（0～100％）。这时，即使偏差变小，由于积分运算的原因，仍会需要一段

时间使输出值回到有效范围内。所以实际校正操作将被延迟，从而发生过调/欠调情况。

　　为了防止过调的发生，FX2N-2LC配备了一种RFB（恢复反馈）限制功能。RFB限制功能把超出部分的数值反馈给积分值，使得当PID算术运算结果超出限定值输出限制的上/下限时，算数运算结果被保持在限定范围内，从而PID算术运算结果总是在有效范围内。所以，当偏差变小时，校正操作可以被立即执行。

　　(2) 两位置控制　当比例系数（P）的值设定为"0.0"时，FX2N-2LC将执行两位置控制（图5-13）。

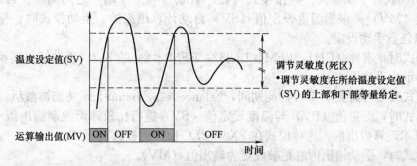

图5-13　FX2N-2LC温度控制模块两位置控制调节图

　　在两位置控制中，当测量值（PV）大于温度设定值（SV）时，控制输出（MV）设定为ON或者当测量值（PV）小于温度设定值（SV）时，控制输出（MV）设定为OFF。

　　设定调节灵敏度（死区）可防止输出反复在温度设定值（SV）附近ON/OFF变换。

　　若调节灵敏度（死区）设得太大，上下波动会相应变大。若调节灵敏度（死区）设得太小，则会出现因测量值小幅振荡而导致输出值反复ON/OFF变换。

　　(3) 自动调谐功能

　　① AT（自动调谐）。AT（自动调谐）功能可根据设定温度自动测量和计算，设定最佳PID常数。

　　当AT执行命令（CH1：BFM♯20，CH2：BFM♯29）设定为1时，进行自动调谐（当温度上升或控制稳定时，自动调谐可在打开电源后任何状态下开始执行。）

　　自动调谐开始启动时，根据设定值（SV）完成两位置控制。通过两位置控制，输出可强制振荡，振幅和振动周期均可测量。PID常数根据测量值计算得出，它们被保存在各参数中。当自动调谐正常终止时，控制将依据新计算得到的PID常数继续进行。

　　当执行自动调谐时，事件（CH1：BFM♯1，CH2：BFM♯2）的b14被设定为1。对于自动调谐，还可设定偏差值。

　　为了通过自动调谐计算出适合的PID常数，应将输出限制的上限设为100%，输出限制的下限设定为0%，并使输出变化的限制功能为OFF。

　　a. 下列条件满足可实施自动调谐；控制开始/停止状态设定为"控制开始"；操作模式设定为控制"模式2"；自动/手动方式设定为"自动"；输入值（PV）为正常；输出限制上限和下限不设为同样的值；比例系教不设为"0（两位置操作）"。

　　b. 以下情况自动调谐将取消；当断线等原因导致输入值（PV）异常；当设定值（SV）发生变化；当控制停止、操作模式改变和自动/手动模式设定为"手动"；当AT偏差设定值发生变化；当PV偏差设定值发生变化；当数字滤波设定值发生变化；当输出限制设定值发生变化；当电源切断；当AT执行指令（CH1：BFM♯20，CH2：BFM♯29）设定为"0

（AT 停止）"。

② AT 偏差值。设定 AT 偏差值来执行自动调谐时，测量值（PV）就不应超过温度的设定值（SV）。

自动调谐功能通过温度的设定值执行两位置控制，测量值振荡，随后计算并设置各 PID 常数。对某些控制对象，不能由于振荡测量值而出现过调现象。这时，可设定 AT 偏差值。当设定了 AT 偏差值时，可改变执行自动调谐时的设定值（SV）（AT 点）。

（4）自动/手动

① 自动模式和手动模式。操作模式可在"自动"和"手动"之间切换。自动模式时，控制输出值（MV）是根据温度设定值（SV）自动计算出来的。手动模式时，控制输出值（MV）可以任意手动设定。

手动模式时，事件（CH1：BFM♯1 CH2：BFM♯2）的 b13（手动模式转换完成）变为"1"，提示为手动模式。

操作模式改变时需要 0.5s。在此期间，balance-less，bump-less 功能被激活。

自动模式时，测量值（PV）与温度设定值（SV）进行比较，而控制输出值（MV）是由 PID 的算术运算得出的。这种模式在 FX2N-2LC 出厂时被选用。

自动模式时，手动输出值总是被设定为输出值（MV）。

手动模式时，输出值（MV）被固定为一个常数。

通过改变手动输出设定（BFM♯19，BFM♯28）输出值可被固定为一个任意数值。

当事件（CH1：BFM♯1，CH2：BFM♯2）的 b13 为"1"时（即选择手动模式），手动输出值可以改变。即使在手动模式时，温度报警功能还是有效的。

② Balance-less、bump-less 功能。Balance-less、bump-less 功能用于防止在操作模式切换（自动模式向手动模式切换或手动模式向自动模式切换）时，由于控制输出值（MV）变化过于剧烈而出现过负载（图 5-14）。

自动模式向手动模式切换时执行的操作：自动模式时的控制输出值仍然有效。

手动模式向自动模式切换时执行的操作：控制输出值变为根据温度设定值（SV）而自动计算出来的数值。

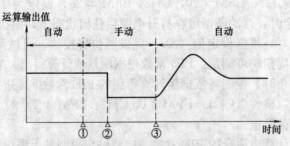

① 控制模式从自动模式切换为手动模式，而控制输出值仍然保持为自动模式时的控制输出值。
② 控制输出值可手动更改。
③ 控制模式从手动模式切换为自动模式。控制输出值变为根据温度设定值(SV)而自动计算出来的数值。

图 5-14　FX2N-2LC 温度控制模块 Balance-less，bump-less 功能示意图

（5）加热器断线检测功能　加热器断线检测功能使用电流检测器（CT）检测负载中的电流强度，它把检测到的加热器电流测量值与加热器断线报警电流设定值进行比较，当测量值比加热器断线报警电流设定值大或小时，就开始报警（图 5-15）。加热器电流可用缓存

储器（BFM♯7，BFM♯8）来测定。

以下情况加热器断线报警功能将发出报警：

① 加热器中无电流时：由于加热器断线或操作机器有错误等引起。

当参考加热器电流值等于或小于加热器断线报警时的设定电流值时，且控制输出为ON时，就会发生报警。但若控制输出ON时间为 0.5s 或更少，加热器断线报警不会发生。

② 加热器电流没有切断时：由于熔断继电器而产生等。

当参考加热器电流值大于加热器断线报警时的电流设定值，且控制输出为OFF时，就会发生报警。但若控制输出OFF时间为0.5s或更少时，则不会发生报警。

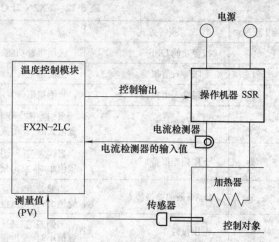

图5-15　FX2N-2LC温度控制模块加热器接线图

电流检测器：CTL-12-S36-8（有效电流范围 0.0～100.0A），CTL-6-P-H（有效电流范围 0.0～30.0A）。由 U. R. D. 公司制造。

（6）回路中断报警功能（LPA）　当输出超过100%（或输出限制上限）或不到0%（或输出限制下限）时，回路中断报警功能就开始检测测量值（PV）的变化情况，当判断到回路中出现异常情况时，就把回路中断报警（CH1：BFM♯1b8，CH2：BFM♯2 b8）设为ON。

① 异常判定。当输出小于0%或输出限制下限，以及当输出大于100%或输出限制上限时，在回路中断的设定时间内，当测量值（PV）没有下降或上升最小规定为2℃时，发出报警。

② 异常对象

a. 控制对象异常：加热器断线、无电源、接线错误等。

b. 传感器异常：传感器断线，短路等。

c. 操作机器异常：熔断继电器、接线错误等。

d. 输出电路异常情况：仪表内部熔断继电器等。

e. 输入电路异常情况：即使输入发生了变化测量值（PV）也不发生变化。

③ 有关说明：

a. 当使用自动调谐功能时，LBA设定时间自动设置为积分时间的2倍。LBA设定时间即使在积分值发生变化的情况下，也不会改变。

b. 当执行自动调谐时，回路中断报警功能失效。

c. 如果LBA设定时间太短或不适合控制对象，回路中断报警将反复地ON和OFF，或不能打开。在这种情况下必须根据具体情况，改变LBA设定时间。

d. 回路中断报警功能可判断回路中的异常情况，但不能测出出现异常的确切位置。必须依次检查控制系统中的每个部分才能检测出异常发生的位置。

5.1.3.6　报警

FX2N-2LC具有14种报警。其中最多有4种方式可以根据应用情况程序被使用（表5-12）。报警方式叫以通过缓冲存储器来选择。各种报警结果将被写入 BFM♯1 和 BFM♯2 中。

表 5-12　FX2N-2LC 报警功能一览表

报警 No.	报警方式	说　明	设置范围
0	报警功能 OFF	关闭报警功能	—
1	上限输入值报警	当测量值(PV)比报警设置值大时,发出报警	输入范围
2	下限输入值报警	当测量值(PV)比报警设置值小时,发出报警	输入范围
3	上限偏差报警	当偏差值[=测量值(PV)−设定值(SV)]比报警设置值大时,发出报警	±输入宽度
4	下限偏差报警	当偏差值[=测量值(PV)−设定值(SV)]比报警设置值小时,发出报警	±输入宽度
5	上/下限偏差报警	当偏差绝对值[=测量值(PV)−设定值]比报警设置值大时,发出报警	+输入宽度
6	范围报警	当偏差绝对值[=测量值(PV)−设定值]比报警设置值小时,发出报警	+输入宽度
7	带等待的上限输入值报警	当测量值(PV)比报警设置值大时就报警 但是,当电源接通时,测量值将被忽略	输入范围
8	带等待的下限输入值报警	当测量值(PV)比报警设置值小时就报警 但是,当电源接通时,测量值将被忽略	输入范围
9	带等待的上限偏差值报警	当偏差值[=测量值(PV)−设定值(SV)]比报警设置值大时就报警。但当电源接通时,测量值将被忽略	±输入宽度
10	带等待的下限偏差值报警	当偏差值[=测量值(PV)−设定值(SV)]比报警设置值小时就报警。但是,当电源接通时,测量值将被忽略	±输入宽度
11	带等待的上/下限偏差值报警	当偏差绝对值[=测量值(PV)−设定值(SV)]比报警设置值大时就报警。但当电源接通时,测量值将被忽略	+输入宽度
12	带再等待的上限偏差值报警	当偏差[=测量值(PV)−设定值(SV)]比报警设置值大时就报警。但当电源接通且设定值改变时,测量值将被忽略	±输入宽度
13	带再等待的下限限偏差值报警	当偏差[=测量值(PV)−设定值(SV)]比报警设置值小时就报警。但当电源接通且设定值改变时,测量值将被忽略	±输入宽度
14	带再等待的上/下偏差值报警	当偏差绝对值[=测量值(PV)−设定值(SV)]比报警设置值大时就报警。但当电源接通且设定值改变时,测量值将被忽略	+输入宽度

　　当测量值（PV）接近所使用报警方式的报警设定值时,报警状态和非报警状态可能在输入中交替出现。处理这种情况出现的办法是设置报警死区,可以防止报警状态和非报警状态的交替出现。报警 1~4 的死区可用 BFM ♯76 来设置。

　　输入区域范围:输入值下限到输入值上限间的数值。

　　输入区域宽度:输入值下限到输入值上限间的宽度（输入区域宽度=上限值−下限值）。

　　±输入区域宽度:正负数值都可以设置。

　　+输入宽度:只可设置正值。

5.1.3.7　缓冲存储器（BFM）

　　FX2N-2LC 的各个设定和报警都通过缓冲存储器（BFM）从 PLC 基本单元写入或读出。每个缓冲存储器 BFM 由 16 位（一个字）组成,并且使用 16 位的 FROM/TO 指令进行读写（表 5-13）。

表 5-13 缓冲存储器一览表

BFM No. CH1	BFM No. CH2	名 称	说明/设定范围	初始值	注
#0		标志	出错标志,准备好标志等	0	R —
#1	#2	事件	报警状态,温度上升完成状态等	0	
#3	#4	测量值(PV)	输入区域的±5%(℃/℉)	0.0	
#5	#6	控制输出值(MV)	−5.0~105.0%	−5.0	
#7	#8	加热器电流测量值	0.0~105.0 (A)		
#9		初始化指令	0:不执行 1:初始化所有数据 2:初始化 BFM#10~BFM#69	0	—
#10		错误复位指令	0:不执行　1:复位错误	0	
#11		控制开始/停止切换	0:停止控制　1:开始控制	0	
#12	#21	设定值(SV)	在设定范围限制之内	0.0	
#13	#22	报警1设定值		0.0	
#14	#23	报警2设定值	单位:℃或℉ 允许设定范围随报警模式的设定而变化	0.0	R/W
#15	#24	报警3设定值		0.0	
#16	#25	报警4设定值		0.0	
#17	#26	加热器断线报警设定值	0.0~100.0A (当设定为0.0时,报警功能无效)	0.0	☆
#18	#27	自动/手动切换	0:自动　1:手动	0	
#19	#28	手动输出设定值	−5.0~105.0(%)*1	0.0	
#20	#29	自动调谐执行命令	0:停止　1:执行	0.0	
#30		单元型号代码	2060		R
#31		禁止	—	—	—
#32	#51	操作模式	0:监控　　1:监控+温度报警 2:监控+温度报警+控制	2	
#33	#52	比例系数	0.0~1000.%/范围 (设定为0.0时,执行两位置控制)	3.0	
#34	#53	积分时间	1~3600s	240	
#35	#54	微分时间	0~3600s	60	
#36	#55	控制响应参数	0:慢　1:中　2:快	0	
#37	#56	输出限制上限	从输出限制下限到105.0%	100.0	
#38	#57	输出限制下限	−5.0%到输出限制上限	0.0	
#39	#58	输出变化率限制	0.0~100.0%/s (当设定为"0.0"时,功能无效)	0.0	R/W ☆
#40	#59	传感器校正值设定(PV偏差)	+50.00(%/范围)	0.00	
#41	#60	调节灵敏度(死区)设置	0.0~10.0(%/范围)	1.0	
#42	#61	控制输出周期设置	1~100s	30	
#43	#62	一阶延迟数字滤波设置	0~100s (当设定为"0"时,功能无效。)	0	
#44	#63	设置变化率限制	0.0~100.0%/min (当设定为"0.0"时功能无效)	0.0	
#45	#64	AT(自动调谐)偏差	⊥输入范围(℃/℉)	0.0	
#46	#65	正/反向操作选择	0:正常操作　1:反向操作	1	

BFM No.		名　称	说明/设定范围	初始值	注	
CH1	CH2					
♯47	♯66	设置限制上限	设置限制下限到输入范围上限	1300		
♯48	♯67	设置限制下限	输入范围下限到设置限制上限	−100		
♯49	♯68	回路中断报警判定时间	0～7200s（设置为"0"时，报警功能无效。）	480		
♯50	♯69	回路中断报警死区	0.0 或 0 到输入范围(℃/℉)	0.0		
♯70	♯71	输入类型选择	0～43	2		
♯72		报警1模式设置		0		
♯73		报警2模式设置	0～14	0	R/W	☆
♯74		报警3模式设置		0		
♯75		报警4模式设置		0		
♯76		报警1/2/3/4死区设置	0.0～10.0(%/范围)	1.0		
♯77		报警1/2/3/4延迟次数	0～255次	0		
♯78		加热器断线报警延迟次数	3～255次	3		
♯79		温度上升完成范围设置	1～10(℃/℉)	1.0		
♯80		温度上升完成加热时间	0～3600s	0		
♯81		CT监控模式切换	0：监控ON电流和OFF电流 1：只监控ON电流	0	R/W	
♯82		设置值范围错误地址	0：正常 1或其它数值：设置错误地址	0	R	
♯83		设置值备份命令	0：正常　1：开始写入EEPROM	0	R/W	

　　注：表中符号说明：R——只读；R/W——读写；☆：根据BFM♯83的设定值可将设定数据由EEPROM进行备份；*1：当手动模式转移完成标志为ON时，写操作有效。

　　由于数值有小数点，并且之后还有数据，这时可以将其乘以10后再进行设定。

　　例：100.0（实际值）→1000（设定值）

　　若数值错误地写入只读的缓冲存储器中，则写入的数据将被忽略。在500ms后，缓冲存储器将由正确数据重新写入。

　　若写入可读可写的缓冲存储器的数据超过允许范围，则标志（BFM♯0）的设定值范围出错（bl）将变成ON。出现设定值范围错误的缓冲存储器由有效设定范围的上限和下限控制。

　　[编程实例5-3]

　　启动时的注意事项：

　　① 不要在电源接通时，触摸任何端子。否则可能引起电击或使设备误动作。

　　② 在切断电源之后，才能清洗设备及拧紧螺丝。否则可能引起电击。

　　③ 事先认真阅读手册，在保证安全的前提下才能运行温度控制模块。否则，错误的操作可能引起器件的损坏或引发事故。

　　④ 不要拆卸或更改设备。拆卸或更改可能导致故障、误动作或火灾。

⑤ 应将电源切断后再进行连接或断开电缆（例如扩展电缆）的工作。若在电源接通时进行接线和断开接线操作，可能导致故障或误动作。

（1）条件

输入范围：型号 K，−100.0～400.0℃。　　PID 值：通过自动调谐设定。

报警：带再等待的上限偏差值报警和带再等待的下限偏差值报警。

报警死区：1%（初始值）。　　　　　　　　控制响应：中速。

操作模式：监控＋温度报警＋控制（初始值）。　控制输出周期：30s（初始值）。

回路中断报警判定时间：480s（初始值）。　　正常/反向操作：反向操作（初始值）。

CT 监控模式：ON 电流/OFF 电流（初始值）。　温度上升完成范围：3℃。

控制输出周期，输出限制，输出变化率限制，回路中断报警判定时间，报警死区，加热器断线报警，传感器校正值，调整灵敏度（死区），一阶延迟数字滤波，设置变化率限制，自动调谐偏差，设置限制和温度上升完成加热范围都不设置（使用初始值）。

（2）元件分配

① 输入

X000：当电源接通时，完成初始化操作。

X001：当电源接通时，复位错误。

图 5-16

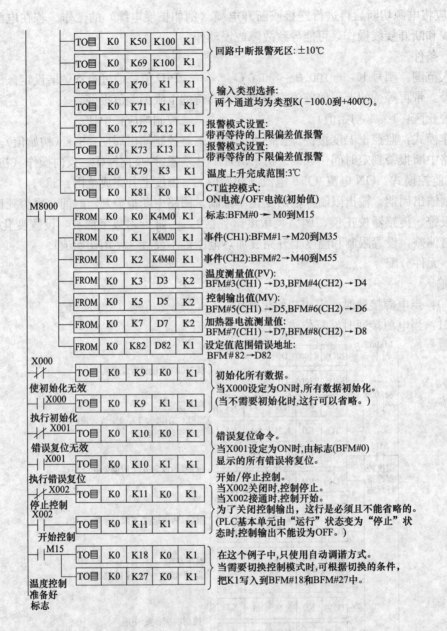

TO目	K0	K50	K100	K1	回路中断报警死区:±10℃
TO目	K0	K69	K100	K1	
TO目	K0	K70	K1	K1	输入类型选择: 两个通道均为类型K(−100.0到+400℃)。
TO目	K0	K71	K1	K1	
TO目	K0	K72	K12	K1	报警模式设置: 带再等待的上限偏差值报警
TO目	K0	K73	K13	K1	报警模式设置: 带再等待的下限偏差值报警
TO目	K0	K79	K3	K1	温度上升完成范围:3℃
TO目	K0	K81	K0	K1	CT监控模式: ON电流/OFF电流(初始值)

M8000

FROM	K0	K0	K4M0	K1	标志:BFM#0 → M0到M15
FROM	K0	K1	K4M20	K1	事件(CH1):BFM#1→M20到M35
FROM	K0	K2	K4M40	K1	事件(CH2):BFM#2→M40到M55
FROM	K0	K3	D3	K2	温度测量值(PV): BFM#3(CH1)→D3,BFM#4(CH2)→D4
FROM	K0	K5	D5	K2	控制输出值(MV): BFM#5(CH1)→D5,BFM#6(CH2)→D6
FROM	K0	K7	D7	K2	加热器电流测量值: BFM#7(CH1)→D7,BFM#8(CH2)→D8
FROM	K0	K82	D82	K1	设定值范围错误地址: BFM#82→D82

X000 (使初始化无效)

TO目	K0	K9	K0	K1	初始化所有数据。

X000 (执行初始化)

TO目	K0	K9	K1	K1	当X000设定为ON时,所有数据初始化。 (当不需要初始化时,这行可以省略。)

X001 (错误复位无效)

TO目	K0	K10	K0	K1	错误复位命令。

X001 (执行错误复位)

TO目	K0	K10	K1	K1	当X001设定为ON时,由标志(BFM#0) 显示的所有错误将复位。

X002 (停止控制)

TO目	K0	K11	K0	K1	开始/停止控制。 当X002关闭时,控制停止。 当X002接通时,控制开始。

X002 (开始控制)

TO目	K0	K11	K1	K1	为了关闭控制输出,这行是必须且不能省略的。 (PLC基本单元由"运行"状态变为"停止"状态时,控制输出不能设为OFF。)

M15 (温度控制准备好标志)

TO目	K0	K18	K0	K1	在这个例子中,只使用自动调谐方式。 当需要切换控制模式时,可根据切换的条件, 把K1写入到BFM#18和BFM#27中。
TO目	K0	K27	K0	K1	

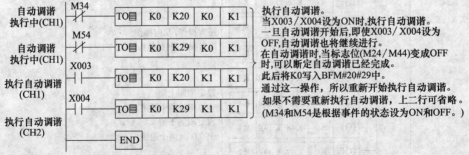

M34 (自动调谐执行中(CH1))

TO目	K0	K20	K0	K1	执行自动调谐。 当X003/X004设为ON时,执行自动调谐。 一旦自动调谐开始后,即使X003/X004设为

M54 (自动调谐执行中(CH1))

TO目	K0	K29	K0	K1	OFF,自动调谐也将继续进行。 在自动调谐时,当标志位(M24/M44)变成OFF 时,可以断定自动调谐已经完成。

X003 (执行自动调谐(CH1))

TO目	K0	K20	K1	K1	此后将K0写入BFM#20#29中。 通过这一操作,所以重新开始执行自动调谐。 如果不需要重新执行自动调谐,上二行可省略。

X004 (执行自动调谐(CH2))

TO目	K0	K29	K1	K1	(M34和M54是根据事件的状态设为ON和OFF。)

END

图 5-16 FX2N-2LC程序实例

X002：控制开始（ON）/停止（OFF）。

X003：当电源接通时，进行自动调谐（CH1）。

X004：当电源接通时，进行自动调谐（CH2）。

X005：当电源接通时，进行 EEPROM 的写入操作。

② 辅助继电器

M0~M15：标志值　　　M20~M35：事件（CH1）　　　M40~M55：事件（CH2）

③ 数据寄存器

D0、D1：设定值　　　　　　　　　　　　D2：不用

D3：CH1 的温度测量值（PV）　　　　　　D4：CH2 的温度测量值（PV）

D5：CH1 的控制输出值（MV）　　　　　　D6：CH2 的控制输出值（MV）

D7：CH1 的加热器电流测量值　　　　　　D8：CH2 的加热器电流测量值

D82：设定值范围错误地址

（3）PLC程序：见图 5-16。

此例中可用辅助继电器（M）监控标志状态（BFM♯0）和事件（BFM♯1 和 BFM♯2）。为了输出这些状态到外部，可使用辅助继电器作为触点驱动输出（Y）。如图 5-17。

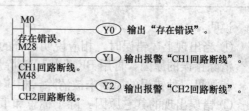

图 5-17　辅助继电器作为触点驱动输出的示例

5.1.3.8　诊断

运用 FROM 指令读取标志（BFM♯0）和事件（BFM♯1 和 BFM♯2），可以确认由 FX2N-2LC 所能识别的许多错误（如缺少 24V 驱动电源、加热器断线和回路中断等）。标志和事件显示的错误分别见表 5-14、表 5-15。

表 5-14　标志（BFM♯0）显示的错误

位序号	说　明	操　作
b0	存在错误	在以下 b1~b10 有错误时，标志位将变为 ON
b1	设定值范围错误	在写入数据超出设定范围时，标志位将变为 ON
b2	24VDC 电源错误	未提供驱动电源（24VDC）时，标志位变为 ON
b3	设定值备份错误	当因干扰或模块内部出现故障时，标志位将变为 ON。若在切断电源再接通后错误内容仍不能被消除，请与三菱电机服务公司联系
……	……	……
b8	调整数据错误和数据校验出错	因干扰或模块内部出现故障，标志位将变为 ON。若在切断电源再接通后，错误内容仍不能被清除，请与三菱电机服务公司联系
b9	冷触点温度补偿数据错误	
b10	ND 转换值错误	

表 5-15　事件（BFM♯1 和 BFM♯2）显示的错误

位序号	分　配	说　明
b0	输入错误（上限）	输入超过范围时，这个位将变为 ON
b1	输入错误（下限）	输入低于范围时，这个位将变为 ON

续表

位序号	分　配	说　明
b2	冷却点温度补偿数据错误	因干扰或 FX2N-2LC 内部出现故障,标志位将变为 ON。若在切断电源再接通后,错误内容仍不能被清除,请与三菱电机服务公司联系
b3	A/D 转换值错误	
b4	报警 1	出现报警时,这个位将变为 ON
b5	报警 2	出现报警时,这个位将变为 ON
b6	报警 3	出现报警时,这个位将变为 ON
b7	报警 4	出现报警时,这个位将变为 ON
b8	回路中断报警	出现回路中断报警时,这个位将变为 ON
b9	加热器断线报警	出现加热器断线报警时,这个位将变为 ON
b10	加热器熔毁报警	出现加热器熔毁报警时,这个位将变为 ON

说明:

① 当出现上述错误时,相应说明部分的内容可能是出现错误的原因。

清除错误的原因,再用 BFM ♯10 清除所有错误。

若如果一种错误的原因未被清除,相应位还会再变为 ON。

② 错误出现的其它原因:除了标志和事件以外,还必须了解以下情况。

a. FX2N-2LC 无法使用 TO 指令写入设定值。检查 FX2N-2LC 是否与 PLC 正确连接 (检查连接器的位置和连接的状态)。

检查是否已经在 FROM/TO 指令中正确地指定了单元号和 BFM 地址。

b. 电源灯不亮。检查 FX2N-2LC 是否与 PLC 正确连接 (检查连接器的位置和连接的状态)。

检查 PLC 基本单元所用的电源容量是否超过了允许范围。

5.2　高速计数与定位功能模块

机械工作的速度与精度往往矛盾,为提高机械效率而提高速度时,停车控制上便出现了问题。所以进行定位控制是十分必要的。以一个简单例子来解释,电动机拖动机械由启动位置返回原位,若以最快的速度返回,因高速惯性大,则在返回原位时偏差必然较大,可以先减速便可保证定位的准确性。

位置控制系统中常采用伺服电机和步进电机作为驱动装置,即可采用开环控制,也可采用闭环控制。对于步进电机,可以采用调节发送脉冲的速度改变机械的工作速度。使用三菱 FX 系列 PLC,通过脉冲输出形式的定位单元或模块,即可实现一点或多点的定位。下面介绍三菱 FX2N 系列 PLC 的脉冲输出模块和定位控制模块。

① 脉冲输出模块三菱 FX2N-1PG:脉冲发生器单元可以完成一个独立轴的定位,这是通过向伺服或步进马达的驱动放大器提供指定数量的脉冲来实现。三菱 FX2N-1PG 只用于三菱 FX2N 子系列 PLC,用 FROM/TO 指令设定各种参数,读出定位值和运行速度。该模块占用 8 个 I/O 点。输出最高为 100kHz 的脉冲串。

② 定位控制器三菱 FX2N-10GM:脉冲序列输出单元,它是单轴定位单元,不仅能处理单速定位和中断定位,而且能处理复杂的控制,如多速操作。三菱 FX2N-10GM 最多可有 8 个连接在三菱 FX2N 系列 PLC 上。最大输出脉冲为 200kHz。

③ 定位控制器三菱 FX2N-20GM：可控制两个轴，可执行直线插补、圆弧插补或独立的两轴定位控制，最大输出脉冲串为 200kHz（插补期间最大为 100kHz）。FX2N-10GM、FX2N-20GM 均具有流程图的编程软件而使程序的开发具有可视性。

④ 可编程凸轮开关 FX2N-1RM-E-SET：机械传动控制中经常要对角位置检测，在不同的角度位置时发出不同的导通、关断信号。过去采用机械凸轮开关，机械式开关虽精度高但易磨损。FX2N-1RM-SET 可编程凸轮开关可用来取代机械凸轮开关实现高精度角度位置检测。配套的转角传感器电缆长度最长可达 100m。应用中与其他可编程凸轮开关主体、无刷分解器等一起可进行高精度的动作角度设定和监控，其内部有 EEPROM，无需电池。可储存 8 种不同的程序。FX2N-1RM-SET 可接在 FX2N 上，也可单独使用。FX2N 最多可接 3 块。它在程序中占用三菱 PLC 上 8 个 I/O 点。

◀◀◀ 5.2.1　FX2N-1PG 定位模块

FX2N-1PG 脉冲发生器单元（以下简称 PGU）可以完成一个独立轴的简单定位，这是通过向伺服或步进马达的驱动放大器提供指定数量的脉冲（最大 100KPPS）来实现的。

FX2N-1PG 是作为 FX2N 系列 PLC 的扩展部分配置的，每一个 PGU 作为一个特殊的时钟，使用 FROM/TO 指令，并占用 8 点输入/输出与 PLC 进行数据传输。一个 PLC 可以连接 8 个 PGU 从而可实现 8 个独立的操作。

PGU 为需要高速响应和采用脉冲输出的定位操作提供连接终端。

5.2.1.1　端子的分配与 LED 灯显示

FX2N-1PG 定位模块的外形与端子布置见图 5-18，具体功能见表 5-16～表 5-18。

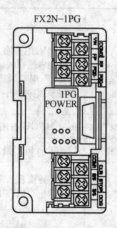

图 5-18　FX2N-1PG 定位模块的外形图与端子布置图

表 5-16　FX2N-1PG 定位模块 LED 灯的功能表

LED 灯	功　　能	
POWER	显示 PUG 的供电状态，当有 PLC 提供 5V 电压时亮	
STOP	当输入 STOP 时亮，有 STOP 端子或 BFM♯2561 使用时亮	
DOG	当有 DOG 输入时亮	
FP	当输出前向脉冲或脉冲时，闪烁	可以使用 BFM♯3b8 变更输出格式
RP	当输出反向脉冲或方向时，闪烁	
CLR	当输出 CLR 信号灯亮	
ERR	当发生错误时闪烁，当发生错误时不接受起始命令	

表 5-17   FX2N-1PG 定位模块端子的分配与功能表

端子	功 能
STOP	减速停止输入(在外部命令操作模式下可作为停止命令输入起作用)
DOG	根据操作模式提供以下不同功能 原位返回操作:近点信号输入 中断单速操作:中断输入 外部命令操作:开始减速输入
SS	24VDC 电源端子,用于 STOP 和 DOG 输入,连接到 PLC 的电源或外部电源
PG0+	0 点信号的电源端子,连接伺服放大器或外部电源(5～24VDC,24mA 或更小)
PG0-	从伺服单元或伺服放大器输入 0 点信号,响应脉冲宽度:4μs 或更大
VIN	脉冲输出电源端子(由伺服放大器或外部电源供电)5～24VDC,35mA 或更多
FP	输出前向脉冲或脉冲的端子:100kHz,20mA 或更少(5～24VDC)
COM0	用于脉冲输出的通用端子
RP	输出反向脉冲或方向的端子:100kHz,20mA 或更少(5～24VDC)
COM1	CLR 输出的公共端
CLR	清除漂移计数器的输出:5～24VDC ,20mA 或更少,输出脉冲宽度:20mA (在返回原位结束或 LIMIT SEITCH 输入被给出时输出)
●	空闲端子,不可用作继电器端子

表 5-18   FX2N-1PG 定位模块端的性能规格表

项 目	规 格
驱动电源	①+24V(用于输入信号):24VDC±10% 消耗的电流:40mA 或更少,由外部电源或 PLC 的+24V 输出供电 ②+5V(用于内部控制):5VDC,55mA,由 PLC 通过扩展电缆供电 ③用于脉冲输出:5V～24VDC 消耗的电流:35mA 或更少
占用的 I/O 点数	每一个 PGU 占用 8 点
控制轴的数目	1 个(1 个 PLC 最多控制 8 个独立的轴)
指令速度	当脉冲速度在 10PPS=100KPPS 允许操作 指令单位可以在 Hz、cm/min、10deg/min 和 inch/min 中选择
设置脉冲	0～±999.999;可以选择绝对位置规格或相对移动规格。 可以在脉冲、μm、mdeg 和 10^{-4}inch 之中选择指令单位。 可以为定位数据设置倍数 10^0、10^1、10^2 或 10^3。
脉冲输出格式	可以选择前向(FP)和方向(RP)脉冲或带方向(DIR)的脉冲(PLS)。集电极开路的晶体管输出。 5～24VDC,20mA 或更少
外部 I/O	为每一点提供光耦隔离和 LED 操作指示。 3 点输入(STOP/DOG)24VDC,7mA 和(PG0#1)24VDC,7mA
与 PLC 的通信	PGU 中有 16 位 RAM(无备用电源)缓存器 BFM#0～#31。 使用 FROM/TO 指令可以执行与 PLC 间的通信。 当两个 BFM 合在一起可以处理 32 位数据

5.2.1.2　缓冲存储器（BFM）的分配（表5-19）

表5-19　FX2N-1PG定位模块的BFM分配表

BFM编号 高16位	BFM编号 低6位	b15	b14	b13	b12	b11	b10	b9	b8	b7	b6
	#0	脉冲速度					A	$1\sim32,767$PLS/R			
#2	#1	进给速率					B	$1\sim999,999$①			
	#3	STOP输入模式	STOP输入极性	计数开始定时	DOG输入极性	—	原位返回方向	旋转方向	脉冲输出格式	—	—
#5	#4	最大速率			V_{max}		$10\sim100,00$Hz				
	#6	偏置速率									
#8	#7	JOG速率			V_{JOG}		$10\sim100,00$Hz				
#10	#9	原点返回速率(高速)			V_{RT}		$10\sim100,00$Hz				
	#11	原点返回速率(爬行速率)			V_{OR}		$10\sim10,00$Hz				
	#12	用于原点返回的0点信号数目 N					$0\sim32,767$PLS				
#14	#13	原点位置			HP		$0\sim\pm999,999$②				
	#15	加速/减速时间			Ta		$50\sim5,000$ms				
	#16	保留									
#18	#17	设置装置（Ⅰ）			P（Ⅰ）		$0\sim\pm999,999$③				
#20	#19	操作速率（Ⅰ）			V（Ⅰ）		$10\sim100,00$Hz				
#22	#21	设置位置（Ⅱ）			P（Ⅱ）		$0\sim\pm999,999$④				
#24	#23	操作速率（Ⅱ）			V（Ⅱ）		$10\sim100,00$Hz				
	#25	—	—	—	变速操作启动	外部命令定位启动	双速定位启动	中断单速定位启动	单速定位启动	相对/绝对位置	原点返回启动
#27	#26	当前位置　CP　自动写$-2,147,483,648\sim2,147,483,648$									
	#28	—	—	—	—	—	—	—	定位结束标志	错误标志	当前位置值溢出
	#29	错误代码				当错误发生时,错误代码被自动写入					
	#30	样式代码				"5110"被自动写入					
	#31	保留									

续表

BFM编号 高16位	BFM编号 低6位	b5	b4	b3	b2	b1	b0	读/写
	#0	初始值：2000PLS/R						
#2	#1	初始值：1000PLS/R						
	#3	定位数据倍数 $10^0 \sim 10^3$		—	—	系统单位（马达系统、机械系统、合并的系统）		
#5	#4	初始值：100,000Hz						R/W
	#6	初始值：0Hz						
#8	#7	初始值：10,000Hz						
#10	#9	初始值：50,000Hz						
	#11	初始值：1,000Hz						
	#12	初始值：10PLS						
#14	#13	初始值：0						
	#15	初始值：100ms						
	#16							—
#18	#17	初始值：0						
#20	#19	初始值：10Hz						
#22	#21	初始值：0						R/W
#24	#23	初始值：10Hz						
	#25	JOG－操作	JOG＋操作	反向脉冲停止	正向脉冲停止	停止	错误复位	
#27	#26							
	#28	PG0输入ON	DOG输入ON	STOP输入ON	原位反向结束	反向/正向旋转	准备好	R
	#29							
	#30							
	#31							—

① 单位是 μm/R、mdeg/R 或 10^{-4}inch/R；

② 单位是 PLS、μm/R、mdeg/R 或 10^{-4}inch/R，由 BFM#3b1 和 b0 设置而定。

③ 在 BFM#25b6 和 b12～b8 中只有一位可置位，若有两位或更多被置位，不会执行。

④ 当数据写入 BFM#0、#1、#2、#3、#4、#5、#5、#6 和 #15 时，在第一个定位操作过程中数据在 PGU 内计算。这样可以节省处理时间（最大 500ms）。

注：PG0 为原点检测，DOG 为减速点检测，STOP 为行程终端检测。

5.2.1.3　操作模式和缓存设置（表5-20）

5.2.1.4　PLC 的 FROM/ TO 指令的应用

（1）FROM/TO 指令　分 16 位连续执行型 FROM/TO、脉冲执行型 FROMP/TOP，程序步各 9 步；32 位连续执行型 DFROM/DTO、脉冲执行型 DFROMP/DTOP，程序步各 17 步。

表 5-20　FX2N-1PG 定位模块 BFM 设置表　（O 表示不需要设置的项）

BFM编号 高位	BFM编号 地位	名字	JOG	原位返回	单速定位	中断单速定位	双速定位	外部命令定位	定位变速
—	#0	脉冲速率	不必为马达系统设置单位(PLS 和 Hz)，需要为机器和合并系统设置单位						
#2	#1	进给速率							
—	#3	参数	○	○	○	○	○	○	○
#5	#4	最大速度	○	○	○	○	○	○	○
—	#6	偏置速度①	○	○	○	○	○	○	○
#8	#7	JOG 速度	○	—	—	—	—	—	—
#10	#9	原点返回速度(高速)							
—	#11	原点返回速度(爬行)							
—	#12	用于原点返回的 0 点信号的数目	—	○	—	—	—	—	—
#14	#13	原点							
—	#15	加速/减速时间	○	○	○	○	○	○	○
—	#16	保留	—	—	—	—	—	—	—
#18	#17	设置位置(Ⅰ)							
#20	#19	操作位置(Ⅰ)						③	③
#22	#21	设置位置(Ⅱ)							
#24	#23	操作位置(Ⅱ)							
—	#25	操作命令	○	○	○	○	○	○	○
#27	#26	当前位置	②	②	②	②	②	②	②
—	#28	状态信息	②	②	②	②	②	②	②
—	#29	错误代码	②	②	②	②	②	②	②
—	#30	模型代码	②	②	②	②	②	②	②
—	#31	保留	—	—	—	—	—	—	—

① 当使用伺服电机时，可以使用初始值 0；

② 正确信息；

③ FP/RP 输出由正向/反向速度命令产生，绝对值应在偏置速度（BFM#6）和最大速度（BFM#5 和 #4）的范围内。

FROM 指令是将特殊单元的缓冲存储器 BFM 的内容读到 PLC 中的指令。

TO 指令是将数据从 PLC 中写入特殊单元的缓冲存储器 BFM 中的指令。

（2）FROM 指令的机能和动作：

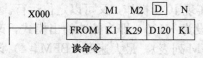

M_1：特殊单元/块的编号（K0～K7，从一个靠 PLC 基本单元最近的单元开始）；

M_2：缓存的首地址（M_2＝K0～K31）；

D：传输目的地的首地址；　　　　　　　　N：传输的点数。

程序诠释：

① 从特殊单元/模块 No.1 的缓冲存储器 BFM♯29 读出 16 位数据传送至 PLC 的 D120 中。

② X000＝ON 时执行读出，X000＝OFF 时不执行传送。脉冲指令执行后也同样。

（3）TO 指令的机能和动作

写命令 单元 BFM# 传送 传送
　　　　号 传送源 地点 点数

程序诠释：

① 对特殊单元/模块 No.1 的缓冲存储器 BFM♯0～♯15 写入可编程控制器 D0～D15。

② X000＝ON 时执行写入，X000＝OFF 时不执行传送，传送点的数据不变化。脉冲指令执行后也如此。位元件的数请指定是 K1～K4（16 位指令）、K1～K8（32 位指令）。

5.2.1.5　I/O 规格

（1）输入信号规格（图 5-19）

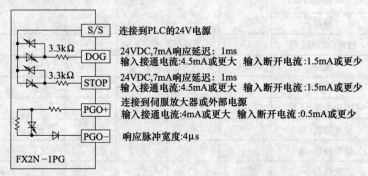

图 5-19　FX2N-1PG 模块的输入信号规格

（2）输出信号规格（图 5-20）

5.2.1.6　外部接线图

FX2N-1PG 与步进电动机接线图、MR-J2 型伺服电动机见图 5-21、图 5-22。

① 1 根据外部电源连接其中一个端子；

② 2 当没有原点感应器时，请将 Z 信号数设为 0。此时，当 DOG 信号 ON 时，电动机立即停止。为了防止机械损坏，请将原点返回速度设置尽可能降低。

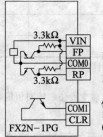

图 5-20　FX2N-1PG 模块的输出信号规格

[程序实例 5-4]

用 FX2N-1PG 特殊模块控制 SX-815L 设备上机器人的直行。

（1）FX2N-1PG 输出模式为脉冲输出模式　既能实现 JOG 操作，又可以定位运行。

（2）缓冲存储器 BFM 的设置　将 BFM♯3 的值设为 H100，即为脉冲输出模式，改变 BFM♯3 的值就可以改变 1PG 的输出模式（请参照 BFM 列表）。最大速度（BFM♯4）设为 k9000，基速（BFM♯6）设为 k300，JOG 速度（BFM♯7）设为 k6000，原点返回速率（BFM♯9）设为 k6000，回原点过减速点后的爬行速率（BFM♯11）为 k2000，原点返回的 0 点个数即 POG 的输入次数（BFM♯12）设为 1，原点位置（BFM♯13）设为 0，加减速时间设为 k300。

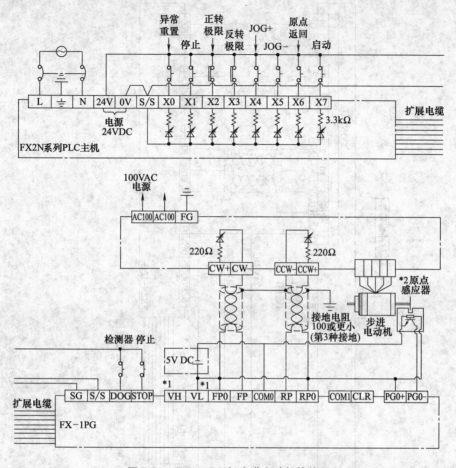

图 5-21　FX2N-1PG 与步进电动机接线图

（3）操作命令（BFM♯25）设置　在数据被写入 BFM♯24 时，如下写 BFM♯25（b0～b12）。

［b0］b0＝1 时：误差复位。后面描述的误差标志（BFM♯28b7）被复位。

［b1］b1＝0→1 时：停止。该位与 PGU 中的 STOP 输入起作用的方式一样的，只是停止操作可以从 PLC 中的顺控程序执行。

［b2］b2＝1 时，前向脉冲停止。正向脉冲在正向限位位置马上停止。

［b3］b3＝1 时，反向脉冲停止。反向脉冲在反向限位位置马上停止。

［b5］b5＝1 时，JOG 操作。

b5 持续为 1 的时间少于 300ms 时：产生一个反向脉冲，

b6 持续为 1 的时间大于或等于 300ms 时：产生连续的反向脉冲。

［b6］b6＝0→1 时，原位返回开始→开始返回原位，并在 DOG 输入（近点标志）或 PG0（0 点标志）给出时在机器原位停止。

［b7］b7＝0 时：绝对位置；当 b7＝1 时：相对位置。

相对或绝对位置由 b7 的状态（0 或 1）规定（当操作使用 b8、b9 或 b10 执行时，该位有效）。

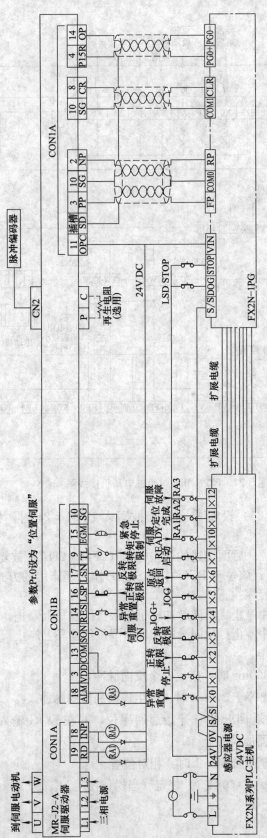

图 5-22 MR-J2 型伺服电动机接线图

[b8] b8=0→1时，中断单速定位操作开始→执行中断单速定位操作。

[b9] b9=0→1时，中断单速定位操作开始→执行中断单速定位操作。

[b10] b10=1→1时，单速定位操作开始→执行中断单速定位操作。

[b11] b11=0→1时，外部命令定位操作开始→执行外部命令定位操作，旋转方向由速度命令的标志决定。

[b12] b12=1时：变速操作→执行变速操作。

注意：BFM♯25 b6 到 b4 和 b12 到 b8 中只有一位可以置位，若其中有两个或更多被置位，不会有操作执行。

（4）状态和错误代码读取（BFM♯28）　用于说明 PGU 状态的 PLC 的状态信息自动保存在 BFM♯28 时，使用 FROM 指令将它读入 PLC。[BFM♯28] 状态信息（b0 到 b8）如下。

[b0] b0=0 时：BUSY，b0=1 时：READY。在 PG0 产生脉冲时，该位设置为BUSY。

[b1] b1=0 时：反向旋转，b1=1 时：正向旋转。操作由正向脉冲开始时，该位设为1。

[b2] b2=0 时：不执行原点返回，b2=1 时：原点返回执行。

当原位返回结束时，b2 被设置为 1，并在断电前一直为 1，要复位 b2，需使用程序。

【复位 b2 的程序的例子】

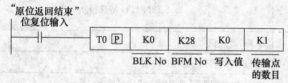

使用 T0（P）指令将"K0"写入 BFM♯28（状态信息）。

通过这个程序。只有 BFM♯28 中的 b2（原点返回结束）被复位并重写为 0。

[b3] b3=0 时：STOP 输入 OFF，b3=1 时：STOP 输入 ON。

[b4] b4=0 时：DOG 输入 OFF，b4=1 时：DOG 输入 ON。

[b5] b5=1 时：PG0 输入 OFF，b5=1 时：PG0 输入 ON

[b6] b6=1 时：当前位置值溢出。

保存在 BFM♯2 和♯26 中的 32 位数据溢出。在返回原点结束或断电时复位。

[b7] b7=1 时，误差标志。

当 PGU 中发生一个错误时，b7 变成 1，并且错误的内容被保存到 BFM♯29 中。

当 BFM♯25b0 变为 1 或者断电时，错误标志复位。

[b8] b8=0 时：定位开始，b8=1 时：定位结束

当定位开始原点返回或错误复位（只有在错误发生时）时，b8 被清除，并在定位结束后设置。当返回原位结束时，b8 也被设置。

▲在 BFM♯28b0 设置为 1 [（READY）] 时，不同的起始命令均被唯一地接收。

▲BFM♯28b0 被设置为 1 [（READY）] 时，不同的数据也被唯一地接收，然而 BFM♯25b1（停止命令）、BFM♯25b2（正向脉冲停止）和 BFM♯25b3（反向脉冲停止）的信息即使在 BFM♯28 被设置为 0（BUSY）时也会被接收。

▲无论 BFM♯28b0 的设置如何，均可将数据从 PGU 读到 PLC。

▲即使 BFM♯28b0 被设置为 0（BUSY），当前位置也会根据脉冲的产生而改变。如：

```
├┤FROM   K0    K28    K4M100    K1 ┤
```

将 BFM ♯28 中的值送入 K4M100 中，把 BFM ♯28 的状态标志位通过 M100～M115 表示。PLC 可通过该辅助继电器来做出判断，例如 M8028 置 1 表示定位结束。

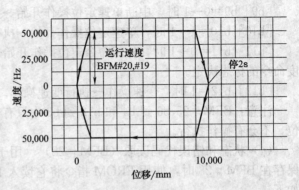

图 5-23　单速定位操作运转速度图

（5）单速定位操作设定　缓冲存储器 BFM ♯17 设定位置（K50000），BFM ♯19 设定定位操作的速率（K5000 此速度在定位运行过程中可以改变），将 BFM ♯25 中的 b8 置 1 即定位开始，置 0 定位结束。如果需要中断定位操作，则把 BFM ♯25 中的 b1 置 1，复位 b8 置 0 即可。具体程序请查看后面 "FX2N-1PG 程序举例"。

① 运转速度图见图 5-23。

② I/O 分配见表 5-21。

表 5-21　FX2N-1PG 程序举例的 I/O 分配表

FX 2N 系列 PLC		FX2N-1PG 特殊模块
输　入	输　出	
X000:异常重置	Y000: 待机中显示	DOG:近点信号输入
X001:停止命令		STOP:减速停止输入
X002:正转脉冲停止		PG0:来自伺服驱动器的 Z 相信号输入
X003:反转脉冲停止		FP:正转脉冲输出,连接到伺服驱动器 PP 端子
X004:JOG＋操作		RP:反转脉冲输出,连接到伺服驱动器 NP 端子
X005:JOG-操作		
X006:原点返回启动		CLR:偏差计数器清除输出信号,连接到伺服驱动器 CR 端子
X007:自动云子启动		

③ BFM 参数设定见表 5-22。

表 5-22　FX2N-1PG 程序举例的 BFM 参数设置一览表

BFM		项　目	设置值	注
♯0		电动机转一圈所需脉冲数	8192（以 MR-J2 为例）	PLS/R(脉冲数/转)
♯2,♯1		电动机转一圈的移动距离	1000	μm/R
		参数	H200E	
♯3	b1,b0	单位制	b1＝1,b0＝0	复合系统
	b5,b4	位置数据倍率	b5＝1,b4＝1	10^3
	b8	脉冲输出方式	0	正转脉冲
	b9	旋转方向	0	电流值增加
	b10	原点返回方向	0	电流值减少
	b12	DOG 信号极性	0	DOG 输入 ON

续表

BFM		项 目	设置值	注
#3	b13	计数开始计时	1	DOG 输入尾部
	b14	STOP 信号极性	0	运行中断
	b15	STOP 输入模式	0	剩余距离驱动
#5, #4		最高速度	5000	
#6		启动速度	0	
#8, #7		JOG 速度	10000	
#10, #9		原点返回速度(高速)	10000	
#11		原点返回速度(爬行)	1500	
#12		原点返回时 Z 相信号数	10	
#14, #13		原点位置定义	0	
#15		加/减速时间	100	ms
#16		保留	—	
#18, #17		目标位置(Ⅰ)	1000	mm
#20, #19		运转速度(Ⅰ)	5000	Hz
#22, #21		目标位置(Ⅱ)	—	
#24, #23		运转速度(Ⅱ)	—	
#25		运转命令	M0	
	b0	异常重置指令	M0	
	b1	停止指令	M1	
	b2	正转脉冲停止指令	M2	
	b3	反转脉冲停止指令	M3	
	b4	JOG+指令	M4	
	b5	JOG-指令	M5	
	b6	原点返回启动指令	M6	
	b7	相对/绝对坐标选择	b7=M7=1	相对坐标位址
	b8~b12	单速定位启动指令	b8=M8, b12~b9 不用	
#27, #26		相对位置	D11,D10	mm
#28		运转状态资讯	M31~M20	
#29		异常码	D20	
#30		模式代码	D12	
#31		保留	—	

④ FX2N-1PG 程序的梯形图见图 5-24。

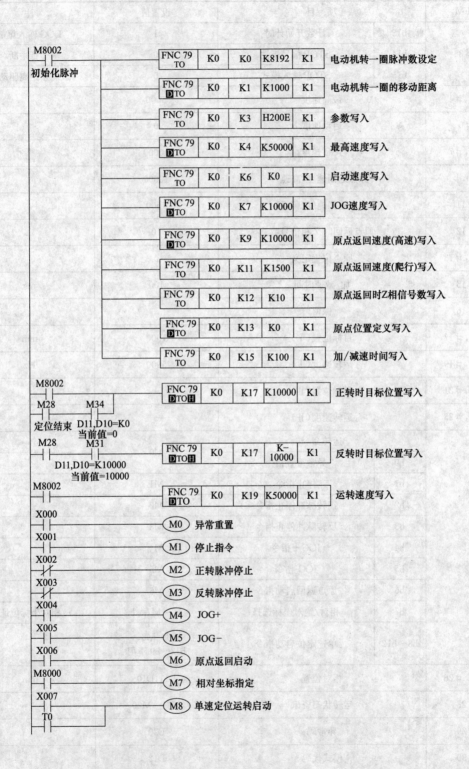

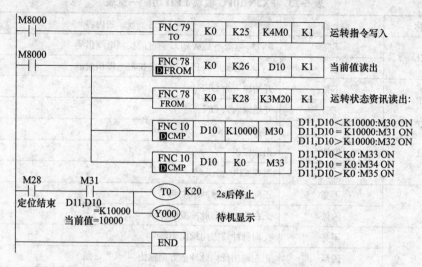

图 5-24 FX2N-1PG 程序举例的梯形图

5.2.1.7 诊断

(1) 运转前检查

① 再次检查本模块 I/O 接线盒扩展电缆是否确实连接无误。

② 本模块占 I/O 点数 8 点，消耗主机或扩展机 5V 电源 55mA。需要计算检查所有特殊模块消耗的电流是否在主机或扩展机允许值以内。

③ 各种定位运转模式务必在 BFM#0 至#24 相关设定值写入后再通过 BFM#25 下达运转命令。否则，不会动作。不过，各个运转模式可能需要 BFM#0 至#24 部分或全部设定，也可能不需任何设定。

总之，BFM#0 至#15 存储标准数据，而 BFM#17 至#24 存储运转数据。

(2) 异常检查

① LED 灯检查

a. 电源指示：PLC 供应的 5VDC 电源正常时，POWER LED 灯亮。

b. 输入指示：本模块输入端子 STOP、DOG、CLR 信号为 ON 时，相应 LED 指示灯亮。

c. 输出指示：本模块输出端子 FP、RP、PG0 信号为 ON 时，相应 LED 指示灯亮。

d. 异常指示：异常发生时，指示灯 ERR LED 闪烁，此时不接受任何启动指令。

② 异常内容检查：从 PLC 将 BFM#29 的内容读出，即能进行异常原因排除。

◀◀◀ 5.2.2 FX2N-10PG 定位模块

FX2N-10PG 脉冲输出模块（以下简称 PGU）是最大输出 1MHz 脉冲列并且驱动单轴的步进电机和伺服电机的特殊模块。

① 每个 FX2N-10PG 单元对一台单轴步进电机或伺服电机进行位置控制。

② 通过使用 FROM/TO 指令对所连接的 FX2N（C）系列 PLC 进行数据读写。

③ 最大可以输出 1MHz 的脉冲列（差分线驱动器输出）。

5.2.2.1 外观尺寸和各部件名称

(1) LED 显示 FX2N-10PG 模块 LED 功能见表 5-23。

表 5-23　FX2N-10PG 模块 LED 功能一览表

LED 名称	状 态	显示的内容
POWER	不亮	5VDC 电源不是从 PLC 通过的扩展电缆供给
	亮	5VDC 电源是从 PLC 通过的扩展电缆供给的
START	不亮	开始输入为 OFF
	亮	开始输入为 ON
ERROR	不亮	运行正常
	闪烁	出现错误
	亮	出现 CPU 错误
FP	不亮	正向脉冲或脉冲串中断
	闪烁	正在输出正向脉冲或脉冲串
RP	不亮	反向脉冲或方向输出中断
	闪烁	正在输出反向脉冲或方向输出
CLR	不亮	没有输出 CLR 信号
	亮	输出 CLR 信号（当返回原点完毕的时候）
DOG	不亮	DOG 输入为 OFF
	亮	DOG 输入为 ON
PG0	不亮	零点输入
	亮	零点输入为 ON
φA	不亮	手动脉冲发生器的 A 相输入为 OFF
	亮	手动脉冲发生器的 A 相输入为 ON
φB	不亮	手动脉冲发生器的 B 相输入为 OFF
	亮	手动脉冲发生器的 B 相输入为 ON
X0、X1	不亮	中断输入为 OFF
	亮	中断输入为 ON

（2）外观尺寸　FX2N-10PG 脉冲输出模块外形见图 5-25。

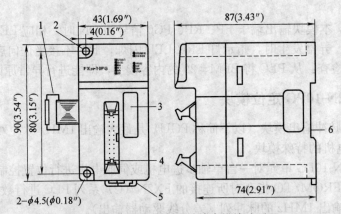

图 5-25　FX2N-10PG 脉冲输出模块外形图

1—扩展电缆；2—直接安装孔；3—扩展口；4—输入/输出口；5—DIN 导轨安装钩；

6—DIN 导轨安装槽 [DIN 导轨：DIN46277 35mm（1.38″）宽]

（3）管脚布置与分配　如图 5-26 所示的管脚分配是从 FX2N-10PG 模块正面看去的位于 I/O 口上的内容。接线时要注意槽口的位置和连接器的方向。模块管脚分配见表 5-24。

5.2.2.2　安装

将 FX2N-10PG 模块安装在 FX2N 基本单元或扩展单元的右侧。安装时使用 DIN 导轨（DIN46277，35mm 即 1.38in 宽）或直接使用 M4 螺丝进行安装。

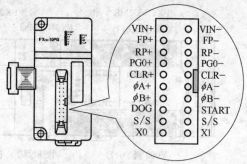

图 5-26　FX2N-10PG 模块 I/O 口

表 5-24　FX2N-10PG 模块管脚分配一览表

端子名称	内　　　容
VIN+	脉冲输出用的电源输入端子 5V DC 到 24V DC
FP+	正向/反向模式:正向脉冲输出端子　脉冲/方向模式:脉冲输出端子
RP+	正向/反向模式:反向脉冲输出端子　脉冲/方向模式:方向输出端子
PG0+	零点信号输入端子
CLR+	清除伺服放大器偏差计数器的输出端子
ϕA+	2 相脉冲的 A 相输入端子
ϕB+	2 相脉冲的 B 相输入端子
DOG	近点 DOG 输入端子(用于返回原点指令的输入端子)
S/S	电源输入端子(start、DOG、XO、X1) 24V DC　管脚(S/S)在内部为短路
X0	中断输入端子
VIN−	VIN+的公共端
FP−	FP+的公共端
RP−	RP+的公共端
PG0−	PGO+的公共端
CLR−	CLR+的公共端
ϕA−	2 相脉冲的 A 相输入的公共端
ϕB−	2 相脉冲的 B 相输入的公共端
START	始输入端子
X1	中断输入端子

安装注意事项：参见前一节 FX2N-1PG 相应内容。

5.2.2.3　与 PLC 的连接

使用扩展电缆连接 PLC 与 FX2N-10P 模块。FX2N-10PG 作为 PLC 的特殊单元来处理，从最靠近 PLC 的单元开始按照顺序把 0 到 7 分配给特殊单元作为特殊单元编号（单元号是通过 FROM/TO 指令来指定的）连接见图 5-27。

① 最多允许 8 个单元与 FX2N 系列 PLC 连接及 4 个单元与 FX2NC 系列 PLC 连接。

② 与 FX2NC 系列 PLC 连接的时候，需要使用 FX2NC-CNV-IF。

③ 可以分别使用扩展电缆 FX0N-65EC/FX0N-30EC 和 FX2NC-NV-BC 进行扩展。在每个系统中可以使用一根扩展电缆。

④ FX2N-10PG 模块占用的 I/O 点数为 8 点。基本单元、扩展单元和扩展模块占用的 I/O 总点数和特殊模块占用的点数加起来不能超过 PLC 基本单元的点数（FX2N 为 256 点）。

⑤ PLC 的 I/O 分配如括号中所示。在 PLC 的 I/O 分配中不包括 I/O 连接器和 FX2N-10PG 占用的点数。

⑥ 应先断开电源后连接/拆下如扩展电缆的电缆。否则可能导致单元出错或产生故障。

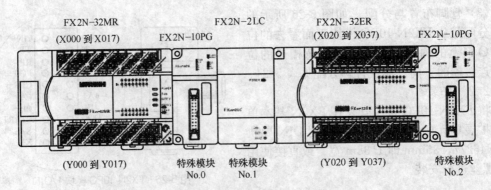

FX2N-32MR
(X000 到 X017)　　FX2N-10PG　　FX2N-2LC　　FX2N-32ER
(X020 到 X037)　　FX2N-10PG

(Y000 到 Y017)　　特殊模块 No.0　　特殊模块 No.1　　(Y020 到 Y037)　　特殊模块 No.2

图 5-27　FX2N-10PG 与 PLC 主单元的连接图

5.2.2.4　规格

(1) 环境规格（表 5-25）

表 5-25　FX2N-10PG 的环境规格一览表

项　目	规　格
耐压	每分钟 500V AC(所有的外部接线端子和接地端子之间)
除上述以外的项目	与所连接的 PLC 的环境规格相同(参考 PLC 的手册)

(2) 电源规格（表 5-26）

表 5-26　FX2N-10PG 的电源规格一览表

项　目		规　格
驱动电源	输入信号	START、DOG、X0、X1 端子：24V DC±10%，消耗电流不超过 32mA PGO 端子：3～5.5V DC　消耗电流不超过 20mA VIN 端子：5～24V DC，对应 5V 的消耗电流不超过 100mA，对应 24V 不超过 70mA。每个电流都可从外部电源提供。(可从 PLC 的外部电源(24＋)供给 START、DOG、X0、X1 端子电源)
	内部控制	5V DC，消耗电流 120mA，电源通过 PLC 的扩展电缆提供
	输出信号	FP、RP 端子(由 VIN 端子提供 5～24V DC 电源)：不超过 25mA。 CLR：5～24V DC，不超过 20mA。 每个都可通过伺服放大器或外部电源提供

(3) 性能规格（表 5-27）

表 5-27　FX2N-10PG 的性能规格一览表

项　目	规　格
控制的轴数	每个单元单轴（FX2N 系列 PLC 最多连接 8 个单元）
速度指令	由缓冲存储器设定运行速度。可在 1～1MHz 的脉冲频率下运行。 指令单位可在 Hz、cm/min, 10deg/min 和 inch/min 中选择
位置指令	由缓冲存储器设定移动。可使用脉冲、mm、mdeg 和 10^{-4}inch 作单位。 可选择绝对位置指令和相对位置指令。 位置数据的放大率有 10^0、10^1、10^2 和 10^3 可供设定
定位程序	由 PLC 的程序实现定位(数据的读/写及运行模式的选择都通过 FROM/TO 指令来实现)
占用的 I/O 点数	8 点(输入/输出)
启动时间	1～3ms

（4）输入规格（见表 5-28）

表 5-28　FX2N-10PG 的输入规格一览表

项目	START、DOG、X1	φA、φB	PG0
输入点数	控制输入点数 3 点(START、DOG、PGO)，中断输入点数 2 点(X0,X1)，2 相脉冲输入点数 2 点(φA、φB)		
输入信号电压	24V DC±10%	3.0～5.5V DC	3.0～5.5V DC
信号格式	触点或集电极开路三极管	差分线驱动器或集电极开路三极管	差分线驱动器或集电极开路三极管
输入信号电流	(6.5±1)mA	6～20mA	6～20mA
输入 ON 灵敏度	不小于 4.5mA	不小于 6.0mA	不小于 6.0mA
输入 OFF 灵敏度	不大于 1.5mA	不大于 1mA	不大于 1mA
输入接收速度	不大于 0.1ms(对应 DOG 不大于 1.0ms)	2 相脉冲不大于 30,000Hz (50%负载)	50ms 的脉冲宽度或更大
回路绝缘	光耦绝缘		
运行显示	输入为 ON 时 LED 显示		

（5）输出规格（表 5-29）

表 5-29　FX2N-10PG 的输出规格一览表

项目	脉冲输出区域	清零信号(CLR)
输出点数	输出点数 3 点(FP、RP、CLR)	
输出系统	可选择正向脉冲(FP)/反向脉冲(RP)或脉冲(PLS)/方向(DIR)	归零操作完成时为 ON (输出脉宽:20ms)
输出类型	差分线驱动器输出	NPN 集电极开路三极管输出
额定负载电压	VIN 5～24V DC	VIN 5～24V DC
最大负载电流	不大于 25mA	不大于 20mA
VIN 消耗电流	24V DC:70mA　5V DC:100mA	—
ON 时的最大电压下降	—	不大于 1.5V
ON 时的最大漏电流	—	不大于 0.1 mA
输出频率	FP+、RP+最大 1MHz	20～25ms
运行显示	当输入为 ON 时 LED 显示	

5.2.2.5　接线

（1）输入输出回路　见图 5-28。

① 安全回路：务必在 FX2N-10PG 的外部安装安全回路，这样即使外部电源或 FX2N-10PG 中发生异常或错误时整个系统仍能稳定运行。

a. 务必设置紧急停止回路、保护回路、用于类似正转和反转的反向动作互锁回路，这样的互锁回路可防止因超出 FX2N-10PG 的上/下限等而可能导致机械损坏。

b. 当 CPU 通过自诊回路检测出类似监视计时器错误的异常时，会关闭所有的输出。在 FX2N-10PG 中当 I/O 控制区域中出现了 CPU 不能检测到的异常时，输出控制失效。所以设计外部回路和系统时，要确保在出现这种情况时整个系统也能稳定运行。

c. 请勿使信号线靠近高压电源线或在同一个走线槽中走线。否则会受到干扰或浪涌电流的影响。信号线至少要与这些动力线保持大于 100mm（4″）的距离。

d. 当输出信号线超出延伸的距离时，应考虑到不受到电压下降和噪声干扰的影响。

e. 将电缆固定，使得不会有任何外力直接加到接线端子或电缆的连接器上。

f. 当 FX2N-10PG 中的三极管等元件出现异常时，输出可能会保持 ON 或 OFF。由于输出信号可能会导致严重事故，故在设计外部回路和系统时，要确保在出现这种情况时整个系统仍能稳定运行。

② 开始安装或接线前，务必确认外部所有相电源关闭。否则可能导致触电或损坏产品。

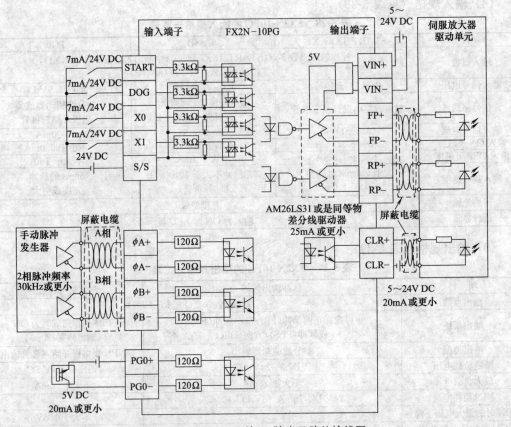

图 5-28　FX2N-10PG 输入 /输出回路的接线图

③ 通电状态时切勿触碰接线端子。否则可能会触电或导致产品产生故障。

④ 应先切断电源后才可进行清洁或拧紧端子螺丝等操作。否则可能会触电。

⑤ 由于像正/反向动作的成对的输入同时 ON 时可能会导致故障，所以要提供外部的互锁措施，还可以在位置控制单元的程序中加入互锁，这样就能确保它们不会同时为 ON。

⑥ 符合 CE/ MEC 规定。在 FX2N-10PG 的 I/O 电缆上必须加上铁氧体滤波器。滤波器应围绕在 I/O 电缆周围。

推荐使用 TOKIN 的型号为 ESD-SR-25 的滤波器或同等产品。放置滤波器时应尽可能靠近 FX2N-10PG 的 I/O 端口。

（2）与步进电机连接　见图 5-29。

（3）与型号为 MR-C 的伺服电机连接　见图 5-30。

5.2.2.6　缓冲存储器（BFM）

（1）缓冲存储器（BFM）一览表　见表 5-30。

表 5-30 中有关说明：

① 一个缓冲存储器用于 1 6 位的数据，一串的缓冲存储器用于 3 2 位的数据。

对于 1 6 位数据的缓冲存储器使用 1 6 位的指令（FROM/TO）。

对于 3 2 位数据的缓冲存储器使用 3 2 位的指令（DFROM/DTO）。

将 m 代码的信息（BFM＃104、＃110、……＃248）和运行的信息（BFM＃105、＃111、……＃1299）视为 3 2 位的数据。

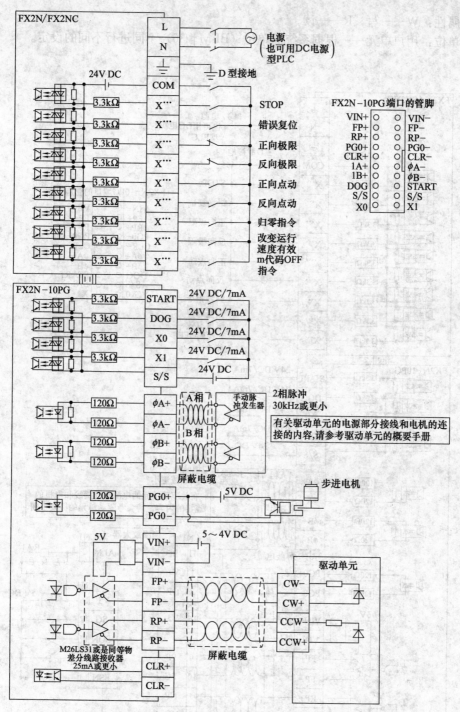

图 5-29 FX2N-10PG 脉冲输出模块与步进电机的连接图

② 属性：W——写，R——读。

③ 单位：用户单元——根据系统的单位（BFM♯36）不同进行不同的设定。

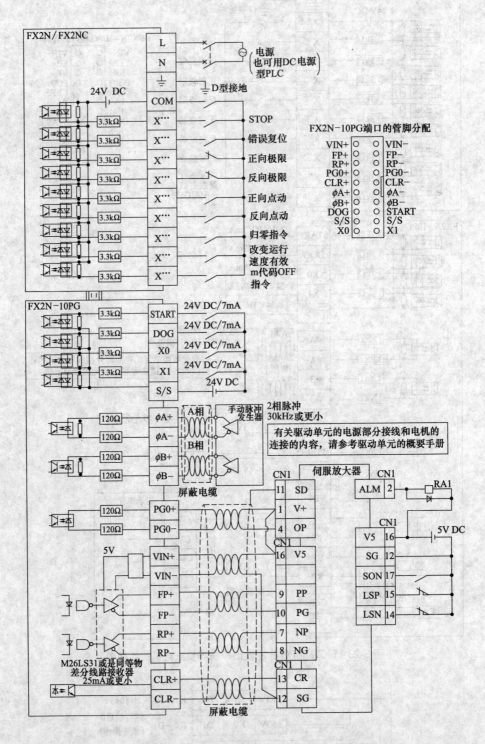

图 5-30　FX2N-10PG 脉冲输出模块与伺服放大器的连接图

表 5-30 FX2N-10PG 的 BFM 一览表

BFM No.		名 称	内容和设定范围	初始值	单位	属性
#1	#0	最大速度	2,147,483,648 到 2,147,483,467(1到 1,000,000Hz 的脉冲转换值)	500,000	用户单位	R/W
	#2	偏置速度	−2,147,483,648 到 2,147,483,467(0到 30m000Hz 的脉冲转换值)	0	用户单位	R/W
#4	#3	点动速度	2,147,483,648 到 2,147,483,467(1到 1,000,000Hz 的脉冲转换值)	10,000	用户单位	R/W
#6	#5	归零速度(高速)	2,147,483,648 到 2,147,483,467(1到 1,000,000Hz 的脉冲转换值)	500,000	用户单位	R/W
	#7	归零速度(爬行)	−2,147,483,648 到 2,147,483,467(0到 30,000Hz 的脉冲转换值)	1000	用户单位	R/W
	#8	原点信号数量	0 到 32.767	1	脉冲	R/W
#10	#9	零点地址	−2,147,483,648 到 2,147,483,467(−2,147,483,648 到 2,147,483,467 的脉冲转换值)	0	用户单位	R/W
	#11	加速时间	1 到 5,000ms （梯形控制）64 到 5,000ms （S形控制）	100	ms	R/W
	#12	减速时间	1 到 5,000ms （梯形控制）64 到 5,000ms （S形控制）	100	ms	R/W
#14	#13	目标地址Ⅰ	−2,147,483,648 到 2,147,483,467(−2,147,483,648 到 2,1 47,483,467 的脉冲转换值)	0	用户单位	R/W
#16	#15	运行速度Ⅰ	2,147,483,648 到 2,147,483,467(1到 1,000,000Hz 的脉冲转换值)	500,000	用户单位	R/W
#18	#17	目标地址Ⅱ	−2,147,483,648 到 2,147,483,467(−2,147,483,648 到 2,1 47,483,467 的脉冲转换值)	0	用户单位	
#20	#19	运行速度Ⅱ	2,147,483,648 到 2,147,483,467(1到 1,000,000Hz 的脉冲转换值)	100,000	用户单位	
	#21	比例补偿设定	1 到 30,000	1000	×0.1%	R/W
#23	#22	运行速度当前值	2,147,483,648 到 2,147,483,467(1到 1,000,000Hz 的脉冲转换值)	0	用户单位	
	#24	当前地址	−2,147,483,648 到 2,147,483,467	0	用户单位	
	#26	运行指令	见表 5-30	H000	—	R/W
	#27	运行曲线	见表 5-31	H000	—	R/W
#25	#28	状态信息	见表 5-32		—	R
	#29	最大速度	M 代码为 ON 的过程:0 到 32,767M 代码为 OFF 的过程:−1	−1	—	R
	#30	偏置速度	K5120	5120	—	R
	#31		不可用			
#33	#32	脉冲率	1 到 999,999 PLS/R	2,000	PLS/R	R/W
	#34	进给速率	1 到 999,999 μs/R	1,000	μs/R	R/W
#35	#36	参数	见表 5-33	H2000	—	R/W
	#37	出错代码	保存出现的错误代码	0	—	R
	#38	端子信息	保存出现的端子 ON/OFF 信息	0	—	R/W
#40	#39	当前地址(脉冲转换值)	−2,147,483,648 到 2,147,483,467	0	PLS	R/W
#42	#41	手动脉冲发生器输入当前值	−2,147,483,648 到 2,147,483,467	0	PLS	R/W

续表

BFM No.		名 称	内容和设定范围	初始值	单位	属性
#44	#43	手动脉冲发生器输入频率	0 到±30,000	0	Hz	R
	#45	手动脉冲发生器输入用电子齿轮(分子)	1 到 32,767	1	Hz	R/W
	#46	手动脉冲发生器输入用电子齿轮(分母)	1 到 32,767	1	—	R/W
	#47	手动脉冲发生器输入响应	1,2,3,4,5(低响应→高响应)	3	—	R/W
#48	#63		不可用			
	#64	版本信息				R
#65	#97		不可用			
	#98	表起始号	0 到 199	0	—	R/W
	#99	执行表号	−1 到 199	−1	—	R
#101	#100	位置信息(表号 0)	−2,147,483,648 到 2,147,483,467(−2,147,483,648 到 2,147,483,467 的脉冲转换值)	−1	PLS	R/W
#103	#102	速度信息(表号 0)	−2,147,483,648 到 2,147,483,467(1 到 1,000,000Hz 的脉冲转换值)	−1	PLS	R/W
	#104	m 代码信息(表号 0)	1 到 32,767	−1	—	R/W
	#105	运行信息(表号 0)	−1 到 4	−1	—	R/W
#107	#106	位置信息(表号 1)	−2,147,483,648 到 2,147,483,467(−2,147,483,648 到 2,147,483,467 的脉冲转换值)	−1	用户单位	R/W
#109	#108	速度信息(表号 1)	−2,147,483,648 到 2,147,483,467(1 到 1,000,000Hz 的脉冲转换值)	−1	用户单位	R/W
	#110	m 代码信息(表号 1)	−1 到 32.767	−1	—	R/W
	#111	运行信息(表号 1)	−1 到 4	−1	—	R/W
......			......			
#1295	#1294	位置信息(表号 199)	−2,147,483,648 到 2,147,483,467(−2,147,483,648 到 2,1 47,483,467 的脉冲转换值)	−1	用户单位	R/W
#1297	#1296	速度信息(表号 199)	−2,147,483,648 到 2,147,483,467(1 到 1,000,000Hz 的脉冲转换值)	−1	用户单位	R/W
	#1298	m 代码信息(表号 199)	−1 到 32.767	−1	—	R/W
	#1299	运行信息(表号 199)	−1 到 4	−1	—	R/W

（2）运行指令一览表（表 5-31）

表 5-31　FX2N-10PG 的 BFM#26 运行指令一览表

位 No.	运行指令	详 细 内 容	检测时间
b0	出错复位	如果出现任何错误,错误会通过 b0＝ON 复位,并且清除状态信息和错误代码	边缘检测
b1	STOP	在定位操作过程中通过 b1＝ON 来减速停止(包括点动和归零操作)	电平检测
b2	正向极限	在正向脉冲输出过程中通过 b2＝ON 来减速停止	电平检测
b3	反向极限	在反向脉冲输出过程中通过 b3＝ON 来减速停止	电平检测

续表

位 No.	运行指令	详 细 内 容	检测时间
b4	正向点动	当 b4 为 ON 时输出正向脉冲	电平检测
b5	反向点动	当 b5 为 ON 时输出反向脉冲	电平检测
b6	归零指令	通过 b6 变 ON 来启动机器归零	边缘检测
b7	数据设定型归零指令	通过 b7 变 ON 来输出 CLR 信号,零点地址(BFM#10、#9)的数值被传送给当前地址(BFM#25、#24 与 #40、#39),且边缘检测归零完成的标志位(BFM#28)为 ON	边缘检测
b8	相对/绝对地址	b8=OFF 时,通过绝对地址指令进行操作(离开地址值 0 的距离)。b8=ON 时,通过相对地址指令进行操作(离开当前地址的距离)	电平检测
b9	START	通过 b9 变 ON 来启动在运行曲线(BFM#27)中选择的定位操作。在 b9 变 ON 之前,选择运行曲线(BFM#27)并编写 PLC 程序	边缘检测
b10	运行中禁止更改速度	运行过程中,b10=ON 时不能更改速度[运行速度Ⅰ、运行速度Ⅱ、归零速度(高速)、归零速度(爬行)和点动速度]	电平检测
b11	M 代码 OFF 指令	通过 b11 变 ON 使得 m 代码为 OFF	边缘检测
b12 到 b15	未定义	—	—

表 5-31 说明:

① 出错复位和脉冲串开始输出/停止输出的项目会分配给 BFM#26 的每个位。

用 PLC 的 TO 指令启动操作实现各位元件的 ON 和 OFF。

② 检测定时

电平检测:当每一位为 ON 或 OFF 时有效。

边缘检测:检测到 OFF 或 ON 改变时启动操作。

③ 启动标志位和停止标志位的优先顺序。对每个运行模式,在运行过程中 STOP 指令始终有效,且优先于正/反向点动和启动。

STOP 指令为 ON 时 FX2N-10PG 减速停止。START 指令为 ON 时,剩余距离运行或下一个定位操作启动。(通过 BFM36 b15 来选择)

但若在点动过程中正向点动(BFM#26 b4)/反向点动(BFM#26 b5)为 ON 的话,当 STOP 指令变为 OFF 时点动运行会重新启动。

④ 每个标志位的 ON/OFF 步骤。若 ON 或 OFF 被写入到每个标志位中,直到 FX2N-10PG 的电源断开前状态会被保持。

通过写入 ON/OFF 来执行/停止电平检测。

对于边缘检测,务必确认编写了类似通过每位跳变为 ON 来执行指定的操作后,每一位变成 OFF 的程序。(直到每一位变成 OFF,否则第二次或以后的操作都不可能。)

⑤ 正向极限(b2)和反向极限(b3)。当正向/反向极限(BFM#26 b2,b3)变成 ON 时为减速和停止,且不能朝着变成 ON 的限位开关的方向移动。若从限位开关开始移动,使用点动指令或所需方向的手动脉冲发生器(图 5-31)。

⑥ 运行指令的传送 见图 5-32。

图 5-32 说明:

a. 例中假设正向极限输入开关(X002)和

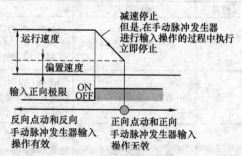

图 5-31 正/反向极限运行示意图

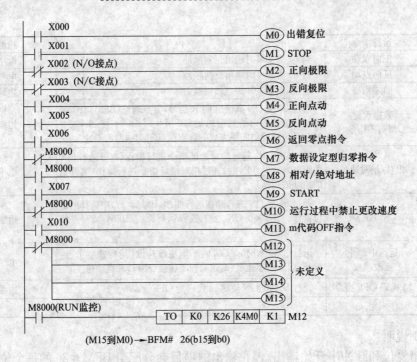

图 5-32 运行指令的传送举例

反向极限输入开关（X003）以 N/C 接点连接。

b. 从 PLC 用 TO 指令写入到 BFM 中。例中 FX2N-10PG 为最靠近基本单元的特殊模块。

c. 若使用以下程序，因为在运行模式中的起始位的 OFF 状态不能编写到 FX2N-10PG 中，所以第二次和以后的操作都不可能。此时可采用右图所示更改。

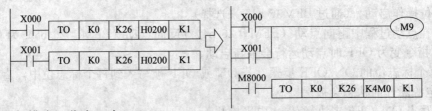

（3）运行模式一览表（表 5-32）

表 5-32 FX2N-10PG 的 BFM♯27 运行模式一览表

位号	运行模式	注　释
b0	第一速度定位运行	b0 为 ON 时，就选择了第一速度定位动作。b0 变 ON，把相关数据写入到目标地址 I（BFM♯14、♯13）和运行速度 I（BFM♯16、♯15）中。然后使 START 输入或 START 标志位（BFM♯26 b9）为 ON，此时定位开始
b1	中断第一速度定位运行	b1 为 ON 时，就选择了中断第一速度定位动作。b1 变 ON，把相关数据写入到目标地址 1（BFM♯14、♯13）和运行速度 1（BFM♯16、♯15）中。然后使 START 输入或 START 标志位（BFM♯26 b9）为 ON，此时定位开始。使用 X0 作为中断输入
b2	第二速度定位运行	b2 为 ON 时，就选择了第二速度定位动作。b2 变 ON，把相关数据写入到目标地址 I（BFM♯14、♯13）、目标地址 II（BFM♯1、♯17）和运行速度 I（BFM♯16、♯15）、运行速度 II（BFM♯2、♯19）中。然后使 START 输入或 START 标志位（BFM♯26 b9）为 ON，此时定位开始

续表

位号	运行模式	注 释
b3	中断第二速度定位运行	b3 为 ON 时,就选择了中断第二速度定位动作。b3 变 ON,把相关数据写入到目标地址Ⅰ(BFM#14、#13)、目标地址Ⅱ(BFM#18、#17)、运行速度Ⅰ(BFM#16、#15)和运行速度Ⅱ(BFM#20、19)中。然后使 START 输入或 START 标志位(BFM#26 b9)为 ON,此时定位开始。使用 X0 和 X1 作为中断输入
b4	中断停止运行	b4 为 ON 时,就选择了中断停止动作。b4 变 ON,把相关数据写入到目标地址Ⅰ(BFM#1、#13)和运行速度Ⅰ(BFM#16、#15)中。然后使 START 输入或 START 标志位(BFM#26 b9)为 ON,此时定位可始。使用 X0 作为中断输入
b5	表运行	表系统中的定位被执行。START 指令(START 输入或 BFM#26 b9)根据 BFM#98 指定的表号执行运行(BFM#100 到 BFM#1299 被使用到)
b6	变速度运行	b6 为 ON 时,就选择了变速度运行。b6 变 ON,把速度数据写入到Ⅰ(BFM#16、#15)中,此时将立即开始运行。不需要等到 START 输入或是 START 标志位(BFM#26 b9)为 ON
b7	手动脉冲发生器输入运行	b7 为 ON 时,就选择了手动脉冲发生器输入运行。b6 变 ON,使用手动脉冲发生器输入,脉冲会输出给电机。手动脉冲发生器的动作将通过 A 和 B 的输入来执行。不需要 START 输入或 START 标志位(BFM#26 b9)为 ON
b8 到 b15	未定义	—

表 5-32 说明:

① 务必确保编写一段 PLC 的程序使运行模式的选择优先于 START 的输入或 START 标志位(BFM#26 b9)为 ON。

② 当 BFM#27 的所有位为 OFF 或多位为 ON 时,即使 START 的输入或 START 标志位(BFM#26 b9)变为 ON,定位动作也不会启动。(如果任何多个位变成 ON,会出现错误)。

③ 当某位为 ON 时有效(电平检测)。

(4) 状态信息一览表(表 5-33)

表 5-33 FX2N-10PG 的 BFM#28 状态信息一览表

位号	状态	具体内容
b0	READY/BUSY	ON:Ready(脉冲输出停止),OFF:Busy(输出脉冲。)
b1	正向脉冲输出	当正向脉冲输出时为 ON
b2	反向脉冲输出	当反向脉冲输出时为 ON
b3	归零完成	当归零正常结束时置位。通过电源 OFF、归零指令和数据设定型归零指令来复位
b4	当前值溢出	在当前地址的数值 BFM#25、#24 超出 32 位数据(−2,147,483,648 到 2,147,483,467)的范围时设定。通过电源 OFF、归零指令和数据设定型归零指令来复位
b5	出现错误	当出现一个错误时置位,错误代码被保存到 BFM#7 中。可以通过运行指令(BFM#26)来复位
b6	定位结束	当定位正常完成时置位。通过归零、定位动作 START 和运行指令 BFM#26(只在出现错误时)过程中等待移动剩余距离来清除
b7	在 STOP 输入过程中等待移动剩余距离	在 STOP 输入过程中等待移动剩余距离时置位。通过重启来复位。STOP 输入的动作通过参数 BFM#36 来设定
b8	m 代码 ON	m 代码变为 ON 时置位。通过 m 代码 OFF 指令 BFM#26 来复位
b9	手动脉冲发生器输入 UP 计数	当输入手动脉冲发生器被加计数时为 ON
b10	手动脉冲发生器	当输入手动脉冲发生器被减计数时为 ON
b11 到 b15	未定义	—

(5) 参数一览表（表 5-34）

表 5-34　FX2N-10PG 的 BFM♯36 参数一览表

位号	状态	具体内容
b0	单位系统	(b1,b0)=00:电机系统　(b1,b0)=01:机械系统
b1		(b1,b0)=10:混合系统　(b1,b0)=11:混合系统
b3,b2	未定义	—
b4	位置数据的放大率	(b5,b4)=00:1 倍　(b5,b4)=01:10 倍
b5		(b5,b4)=10:100 倍　(b5,b4)=11:1000 倍
b7,b6	未定义	—
b8	脉冲输出格式	OFF:FP/RP=正向脉冲/反向脉冲 ON:FP/RP=脉冲/方向
b9	转动方向	OFF:通过正向脉冲增加当前值 ON:通过正向脉冲减小当前值
b10	归零方向	OFF:当前值减少方向　ON:当前值增加方向
b11	加速/减速模式	OFF:梯形加速/减速控制　ON:S 形加速/减速控制
b12	DOG 的输入极性	OFF:N/O 接点　ON:N/C 接点
b13	开始计数定时	OFF:DOG 前端　ON:DOG 后端
b14	未定义	OFF:剩余距离运行　ON:定位结束
b15	STOP 模式	—

(6) 错误代码一览表　出现错误时，错误代码会被保存到 BFM♯37 中（表 5-35）。

表 5-35　FX2N-10PG 的 BFM♯37 错误代码一览表

错误代码	具体内容
K0	没有错误
K	未定义
K○○○○2	数值的设定范围出错。在每个 BFM 中有一个值超出了设定范围。 例如:脉冲率超出了 1 到 999,999 的范围
K○○○○3	设定值溢出。 当脉冲被转换成移动或运行速度时,设定了某个超出 32 位数据的值
K4	达到了正向或是反向极限。当工件通过点动或手动脉冲发生器从限位开关处开始移动时,错误会被清除
K5	未定义
K6	在 BFM♯26 中,归零指令(b6)、数据设定类型归零指令(b7)和启动指令(b9)同时为 ON。[当正向点动(b4)和反向点动(b5)同时为 ON 的时候,不属于出错。]
K7	在 BFM♯27 中,选择了多个运行模式

(7) 端子信息一览表（表 5-36）

表 5-36　FX2N-10PG 的 BFM♯38 端子信息一览表

位号	端子信息	具体内容
b0	输入 START	当 START 端子输入为 ON,b0 为 ON
b1	输入 DOG	当 DOG 端子输入为 ON,b1 为 ON
b2	输入 PG0	当 PG0 端子输入为 ON,b2 为 ON
b3	输入 X0	当 X0 端子输入为 ON,b3 为 ON
b4	输入 X1	当 X1 端子输入为 ON,b4 为 ON
b5	输入 φA	当 A 端子输入为 ON,b5 为 ON
b6	输入 φB	当 B 端子输入为 ON,b6 为 ON
b7	CLR 信号	当 CLR 端子输入为 ON,b7 为 ON
b8 到 b15	不可使用	—

注: 对于 b7 的 ON/OFF, CLR 输出端子可以强制为 ON/OFF。

[编程实例 5-5]

（1）FROM/TO 指令的应用　FX2N-10PG 的读取与写入行程、运行速度和运行模式是通过 PLC 主机的 FROM/TO 指令。

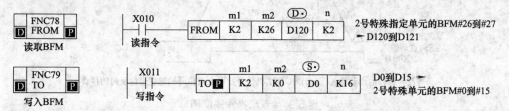

m1：特殊单元/块编号（K0～K7，从一个最靠近 PLC 基本单元的开始）；

m2：缓存的首地址（m2=K0～K31）；　　　　　D、S：传输目的地的首地址；

N：传输的点数（n=K1～K32，但 K1～K16 用于 32 位指令）。

当 X010、X011 为 OFF 时，传输不执行，但传输到目的地的数据不改变。

（2）定长进给操作（第一速度操作）

① 归零操作说明见图 5-33。

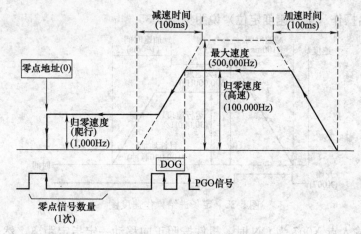

图 5-33　归零操作速度图

a. 当 PLC 的 X006 为 ON 时，归零操作以减少当前值的方向开始运行。

b. 当 DOG 输入为 ON 时，机件就减速至爬行速度。

c. 当零点信号的输入是通过 DOG 输入再次为 OFF 之后的一次计数时，机件就停止工作，零点地址就作为当前值写入，同时清除信号输出。

d. DOG 的查找功能可用在归零查找的起始位置（X002、X003 分别为正向和反向极限）。

e. 参数

最大速度	500,000Hz	加速时间	100ms
减速时间	100ms	归零信号计数启动时序	DOG 后端
旋转方向	当前值随正向脉冲方向增加	脉冲输出格式	正/反向脉冲(FP/RP)
DOG 输入逻辑	N/O 触点	归零方向	当前值减少
归零速度	100,000Hz	爬行速度	1,000Hz
零点地址	0	零点信号数量	1

② 点动操作说明见图 5-34。

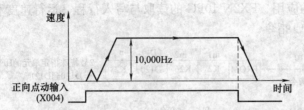

当反向操作的点动输入(X005)为ON时,机件开始以上面相同的速度进行反向的移动。

图 5-34   点动操作速度图

a. PLC 输入点 X004 为 ON 时:正向点动;PLC 输入点 X005 为 ON 时:反向点动;

b. 参数

最大速度	500,000Hz	加速时间	100ms
减速时间	100ms	脉冲输出格式	正/反向脉冲(FP/RP)
旋转方向	当前值随正向脉冲方向增加	爬行速度	10,000Hz

③ 定长进给操作(第一速度定位)说明见图 5-35。

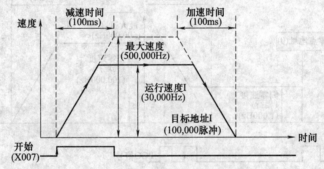

图 5-35   定长进给操作速度图

a. 当 PLC 输入点 X007 为 ON 时,机件按照正向移动一定指定距离,然后减速并停止。若 X007 再为 ON 时,机件再移动同样距离(相对位置定位)

b. 在定位操作中 X001(STOP)为 ON 时,机件就减速并停止。当 X007 再为 ON 时,机件移动完同样距离减速并停止。

最大速度	500,000Hz	加速时间	100ms
减速时间	100ms	脉冲输出格式	正/反向脉冲(FP/RP)
旋转方向	当前值随正向脉冲方向增加	运行速度Ⅰ	30,000Hz
目标地址Ⅰ	100,000 个脉冲	STOP 模式	移动剩余距离

④ 设备分配(PLC)表见表 5-37。

表 5-37   FX2N-10PG 设备分配表

元件	元件号	配　　　置
输入	X000	出错复位
	X001	停止
	X002、X003	正向限位、反向限位(外部接线为 N/C 触点)
	X004、X005	正向点动、反向点动
	X006	归零操作启动
	X007	第一速度定位操作启动

续表

元件	元件号	配 置	
辅助继电器	M0	操作模式	第一速度定位操作(通常为 ON)
	M1		中断第一速度定位操作(通常为 OFF)
	M2		第二速度定位操作(通常为 ON)
	M3		中断第二速度定位操作(通常为 OFF)
	M4		中断停止操作(通常为 OFF)
	M5		表操作(通常为 ON)
	M6		变速操作(通常为 OFF)
	M7		手动脉冲发生器输入操作(通常为 OFF)
	M8~M15		未使用(通常为 OFF)
	M20	操作指令	出错复位
	M21		停止
	M22、M23		正向限位、反向限位
	M24、M25		正向点动、反向点动
	M26、M27		归零指令、数据设定型归零指令
	M28		相对地址/绝对地址
	M29		启动
	M30		操作中禁止速度切换(通常为使能)
	M31		m 代码 OFF 指令
	M32~M35		未使用(通常为 OFF)
数据寄存器	D14,D13		目标地址 I (第一速度定位操作中移动的距离;100,000 个脉冲)
	D16,D15		运行速度(在第一速度定位操作中运行速度;30,000Hz)
	D23,D22		输出频率
	D25,D24		当前地址(用户单位)
	D28		状态
	D37		错误代码
	D38		端子信息
	D40,D39		当前地址(脉冲转换值)

⑤ 程序见图 5-36。

(3) 多速度操作（表操作）　见图 5-37。

① 操作说明

a. 当 PLC 的输入点 X007 为 ON 时,多速度操作按照正向的方向启动。

b. 运行速度有三个分段,一个 m 代码为 ON 时对应一个分段。多速度操作结束时,最终的 m 代码为 ON。否则,其余操作（点动和归零操作）或第二次多速度操作都不会被接受。在 m 代码或 OFF 指令（X010）为 ON 后,X007 再次为 ON 时,机件就再次移动相同距离。

c. 定位操作中 X001（STOP）为 ON 时,机件就减速并停止。在 X007 再次为 ON 时,机件就会在移动完剩余距离后减速且停止。

最大速度	500,000Hz		加速时间	100ms	
减速时间	100ms		停止模式	移动剩余距离	
旋转方向	当前值随正向脉冲方向增加		脉冲输出格式	正/反向脉冲(FP/RP)	
行程	第一速度	500 个脉冲	运行速度	第一速度	500 Hz
	第二速度	3,000 个脉冲		第二速度	1,300Hz
	第三速度	8,000 个脉冲		第二速度	1,000 Hz

② 设备分配见表 5-38。

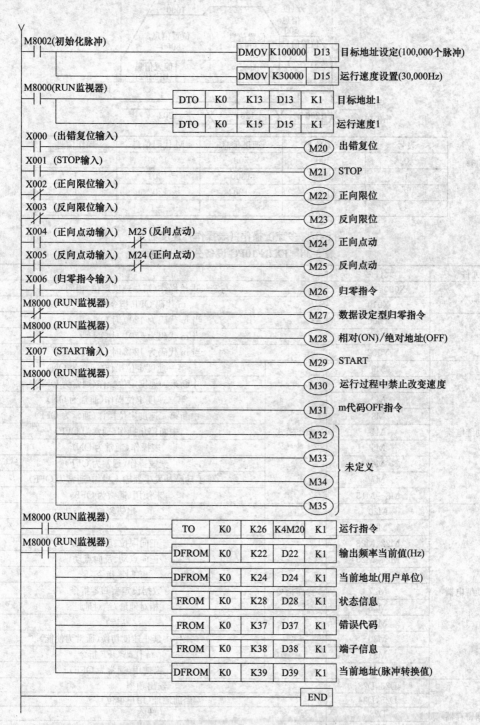

图 5-36 定长进给操作（第一速度定位）梯形图

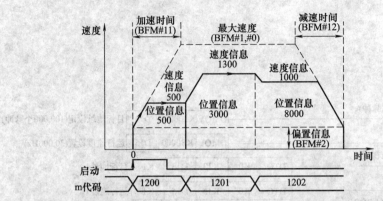

表号	位置信息	速度信息	M代码信息	操作信息
0	500	500	1200	1
1	3500	1300	1201	1
2	11500	100	1202	1
3	—1	—1	—1	3

图 5-37 多速度操作（表操作）速度曲线

表 5-38 FX2N-10PG 设备分配一览表

元件	元件号	配　　　置		
输入	X000~X007	与定长进给操作(第一速度定位)相同		
	X010	m代码OFF指令		
	Y000	当m代码为1200时ON		
	Y001	当m代码为1201时ON		
	Y002	当m代码为1202时ON		
辅助继电器	M0		第一速度定位操作(通常为ON)	
	M1		中断第一速度定位操作(通常为OFF)	
	M2		第二速度定位操作(通常为ON)	
	M3		中断第二速度定位操作(通常为OFF)	
	M4	操作模式	中断停止操作(通常为OFF)	
	M5		表操作(通常为ON)	
	M6		变速操作(通常为OFF)	
	M7		手动脉冲发生器输入操作(通常为OFF)	
	M8~M15		未使用(通常为OFF)	
辅助继电器	M20		出错复位	
	M21		停止	
	M22,M23		正向限位、反向限位	
	M24,M25		正向点动、反向点动	
	M26		归零指令	
	M27	操作指令	数据设定型归零指令	
	M28		相对地址/绝对地址	
	M29		启动	
	M30		操作中禁止速度切换(通常为使能)	
	M31		m代码OFF指令	
	M32~M35		未使用(通常为OFF)	
数据寄存器	D23,D22	输出频率		
	D25,D24	当前地址(用户单位)		
	D28	状态		
	D37	错误代码		
	D38	端子信息		

续表

元件	元件号	配　　置
数据寄存器	D40,D39	当前地址(脉冲转换值)
	D101,D100	表号0的位置信息
	D103,D102	表号0的速度信息
	D104	表号0的m代码
	D105	表号0的运行信息
	D107,D106	表号1的位置信息
	D109,D108	表号1的速度信息
	D110	表号1的m代码
	D111	表号1的运行信息
	D113,D112	表号2的位置信息
	D115,D114	表号2的速度信息
	D116	表号2的m代码
	D117	表号2的运行信息
	D119,D118	表号3的位置信息
	D121,D120	表号3的速度信息
	D122	表号3的m代码
	D123	表号3的运行信息

③ 程序见图5-38。

5.2.2.7　诊断

若使用中出现错误,应该检查电源、PLC和I/O设备的端子,然后检查与FX2N-10PG是否接触不良,还有要检查与马达驱动器和伺服放大器连接的连接器是否接触不良。

(1) LED诊断 (表5-39)

表5-39　LED诊断一览表

名称	状态	说　明	措　施
POWER	未亮	通过PLC扩展电缆的5VDC没有提供	正确连接PLC与FX2N-10PG间的扩展电缆 正确提供PLC的电源 PLC内部电源容量不足,应该断开相应端子另接合适电源
START	未亮	START输入OFF	若灯不亮,即使START输入为ON,仍需检查输入接线 外部电源(24VDC)对于START、DOG,FX2N-10PG的X0、X1必需
ERROR	闪烁	错误出现	有错误出现在FX2N-10PG,检查完缓冲器()的内容后,根据内容选择一个相应的对策
	点亮	CPU错误	若重新上电后仍然没有复位,请与系统维护公司联系
FP	未亮	正向脉冲或者脉冲串停止	若LED没有闪烁,即使每个操作都执行了,还是需要检查下列项目。 ①应用PLC程序检查是否每个操作模式的选择和启动指令使用正确。
RP	未亮	反向脉冲或者脉冲串停止	②当STOP指令或正/反向限位指令执行时,脉冲输出将没有输出
CLR	未亮	CLR信号没有输入	当归零结束或CLR信号强制输出,LED未亮,检查归零操作和数据设定型归零的PLC程序,以及强制输出的CLR信号是否执行
	点亮	CLR信号输出	若伺服放大器中的偏差计数器没有被清除,即使CLR信号输出(LED点亮),仍需检查输出接线。外部电源(5~24V DC)对于FX2N-10PG的CLR输出必需
DOG	未亮	DOG输入OFF	DOG输入开始时,若LED没有点亮,检查输入接线。外部电源(24VDC)对于START、DOG,FX2N-10PG的X0、X1必需
PG0	未亮	零点信号输入OFF	若LED未点亮,即使零点信号有输入,仍要检查输入接线。使用集电极开路晶体管的FX2N-10PG的PG0输入需有外部电源(5VDC)
ΦA	未亮	手动脉冲发生器的A相输入OFF	若LED未点亮,即使有手动脉冲发生器的脉冲输入,仍要检查输入接线。使用集电极开路类输出的手动脉冲发生器需有外部电源(5VDC)
ΦB	未亮	手动脉冲发生器的B相输入OFF	
X0,X1	未亮	中断输入OFF	若LED没有点亮,即使有中断输入,仍要检查输入接线。START、DOG,FX2N-10PG的X0和X1输入必须有外部电源(24V DC)

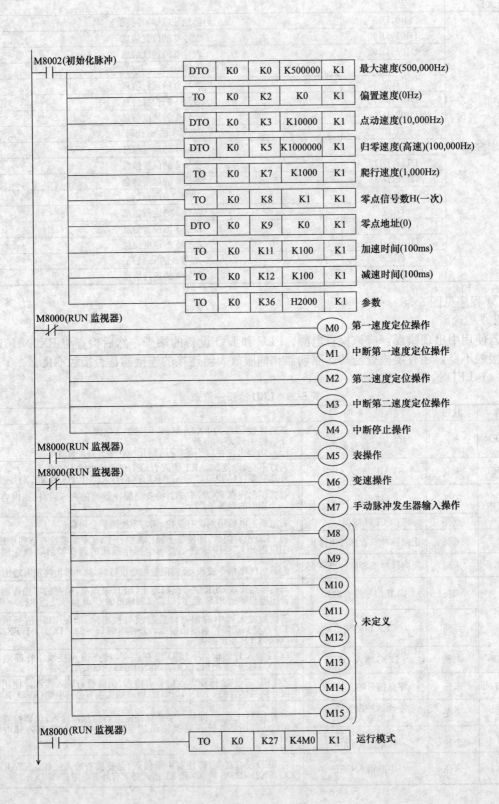

```
 M8002 (初始化脉冲)
┤ ├─┬──────────────────[DMOV][K500 ][D100 ] 表号0的位置信息(500个脉冲)
    ├──────────────────[DMOV][K500 ][D102 ] 表号0的速度信息(500Hz)
    ├──────────────────[MOV ][K1200][D104 ] 表号0的m代码信息(m1200)
    ├──────────────────[MOV ][K1   ][D105 ] 表号0的运行信息(连续运行)
    ├──────────────────[DMOV][K3000][D106 ] 表号1的位置信息(3000个脉冲)
    ├──────────────────[DMOV][K1300][D108 ] 表号1的速度信息(1300Hz)
    ├──────────────────[MOV ][K1201][D110 ] 表号1的m代码信息(m1201)
    ├──────────────────[MOV ][K1   ][D111 ] 表号1的运行信息(连续运行)
    ├──────────────────[DMOV][K8000][D112 ] 表号2的位置信息(8000个脉冲)
    ├──────────────────[DMOV][K1000][D114 ] 表号2的速度信息(1000Hz)
    ├──────────────────[MOV ][K1202][D116 ] 表号2的m代码信息(m1202)
    ├──────────────────[MOV ][K1   ][D117 ] 表号2的运行信息(连续运行)
    ├──────────────────[DMOV][K-1  ][D118 ] 表号3的位置信息(无移动)
    ├──────────────────[DMOV][K-1  ][D120 ] 表号3的速度信息(无速度指令)
    ├──────────────────[MOV ][K-1  ][D122 ] 表号3的m代码信息(无m代码)
    └──────────────────[MOV ][K3   ][D123 ] 表号3的运行信息(END)
 M8002 (初始化脉冲)
┤ ├─────────────[TO ][K0 ][K98 ][K0 ][K1 ] 表启动号(从零开始)
 M8000 (RUN监视器)
┤ ├─────────────[DTO][K0 ][K100][D100][K12] 表数据写入
    └─────────────────────────────[WDT]*1 监视定时器刷新
```

* 如果任何一种 FROM/TO 指令在同一时间用在多个缓冲存储器时，监视定时器错误就会出现。如果多个表在使用。将 FROM/TO 指令分为多个部分，并且刷新监视定时器。

图 5-38

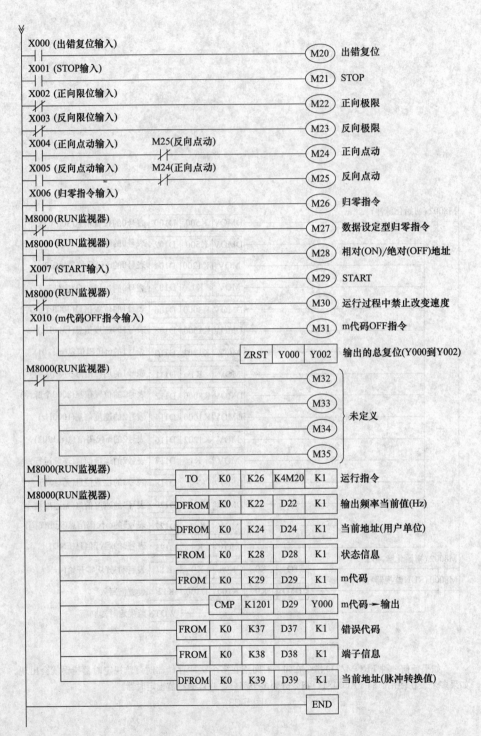

图 5-38　多速度操作（表操作）程序

（2）代码诊断（表 5-40）

表 5-40　代码诊断一览表

错误代码	说　　明	措　　施
K0	无错误	—
K1	未定义	—
K○○○2	设定值超出设定范围在缓冲存储器中有数值超出可设定范围	改变相关缓冲存储器的设定值到设定的范围内
K○○○3	设定值溢出行程、运行速度的脉冲转换值超过了 32 位	改变相关缓冲存储器的设定值到脉冲转换值小于 32 位
K4	操作停止在正向/反向极限	在点动操作模式或手动脉冲发生器输入模式下，从正向/反向限位处驱动工作
K5	未定义	—
K6	在 BFM♯26 中，归零指令 b6 和数据设定型归零指令 b7、START（b9）在同一时间为 ON。（若正向点动 b4 和反向点动 b5 在同一时间为 ON 时，该代码不表示一个错误）	修改 PLC 程序，防止定位操作的启动指令重叠
K7	在 BFM♯26 中，选择了多种操作模式	修改 PLC 程序，完成选择操作模式

注：表中○○○○表示 BFM No. 0～1299。

（3）PLC 诊断　若故障在连接到 FX2N-10PG 的 PLC 中，FX2N-10PG 同样无法正常运行。因为无法提供 FROM/TO 指令。PLC 诊断见表 5-41。

表 5-41　PLC 诊断一览表

名　称	状　态	内　容	措施
POWER	未点亮	PLC 没有接电源PLC 内部电源超出能承受的容量	①正确连接 PLC 的电源②断开 PLC 的电源端子，再重新上电
	闪烁	错误出现	PLC 中有错误出现。检查特殊辅助继电器（M8060～8069,8109），根据数据采取相应措施
	点亮	CPU 出错	①停止 PLC。若再次上电 LED 没有点亮，可能出现监视定时器错误（PLC 的计算时间变长）；②检查程序是否处于：由于 CJ 或 FOR/NEXT 或其他指令时，END 指令没有执行；③万一 CPU 错误，必须进行维修。联系系统服务公司

若 PLC 程序出现了计算错误，ERROR 的 LED 将会持续不亮（所有指令在出现了计算误差时都无法执行。）应用可编程设备，检查 N8067（计算误差标志位）是否为 ON。

5.2.3　FX2N-10GM 位置控制单元

定位单元 FX2N-10GM（以下简称定位单元）是输出脉冲序列的专用单元。定位单元允许用户使用步进电机或伺服电机并通过驱动单元来控制定位。

（1）控制轴数目（控制轴数目表示控制电机的个数）

① 一个 FX2N-10GM 能控制一根轴，没有线性/圆弧插补功能。

② FX2N-10GM 用存于 PLC 主单元中的程序来进行位置控制，无须采用专用定位语言（这叫做表格方法）。

（2）手动脉冲发生器　当连上一个通用手动脉冲发生器（集电极开路型）后，手动进给有效。

（3）绝对位置（ABS）检测　当连接上一个带有绝对位置（ABS）检测功能的伺服放大器后，每次启动时的回零点可被保存下来。

（4）连接的 PLC

① 当连上一个 FX2N/2NC 系列 PLC 时，定位数据可被读/写。

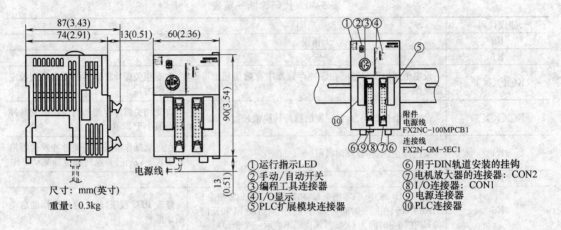

87(3.43)
74(2.91)
13(0.51)
60(2.36)
90(3.54)
13 (0.51)
电源线
尺寸：mm(英寸)
重量：0.3kg
附件
电源线
FX2NC-100MPCB1
连接线
FX2N-GM-5EC1
①运行指示LED
②手动/自动开关
③编程工具连接器
④I/O显示
⑤PLC扩展模块连接器
⑥用于DIN轨道安装的挂钩
⑦电机放大器的连接器：CON2
⑧I/O连接器：CON1
⑨电源连接器
⑩PLC连接器

图 5-39 FX2N-10GM 的外形图

手动/自动
选择开关
电源
准备-x
准备-y
错误-x
错误-y
BATT
CPU-E
自动
手动

图 5-40 FX2N-10GM 的手动/自动选择开关

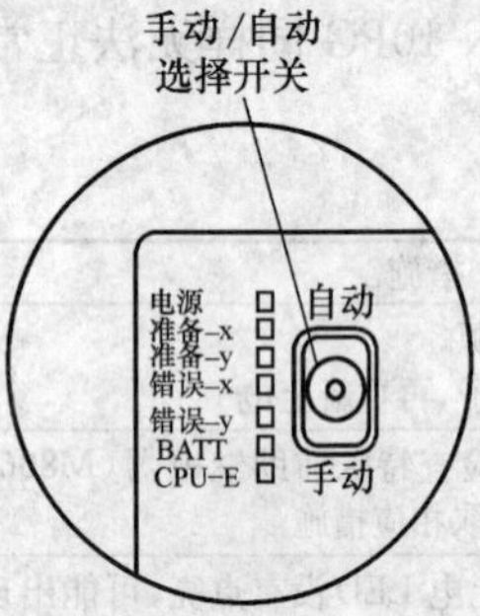

② 当连接一个 FX2NC 系列 PLC 时，需要一个 FX2NC-CNV-IF。

③ 定位单元也可不需要任何 PLC 而单独运行。

5.2.3.1 外形与连接

(1) 外形 见图 5-39。

(2) 手动/自动选择开关 写程序或设定参数时选择手动（MANU）模式，此时定位程序和子任务程序停止。在自动操作状态下，当开关从 AUTO 切换到 MANU 时，定位单元执行当前定位操作，然后等待结束（END）指令（图 5-40）。

(3) 安装使用注意事项

① 安装和连线前，确保切断所有外部电源供电。否则可能使用户触电或部件被损坏。

② 部件不能安装在过量或导电的灰尘、腐蚀或易燃的气体、湿气或雨水、过度热量、常规的冲击或过量的震动等场所中。

③ 在安装过程中，切割、修整导线时，特别注意不要让碎片落入部件中。当安装结束时，移去保护纸带，以避免部件过热。

④ 确保安装部件和模块尽可能地远离高压线、高压设备和电力设备。

①
FX2N-GM-65EC

图 5-41 FX2N-10GM 与 PLC 主单元连接图

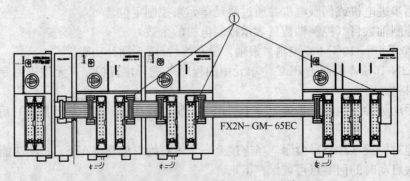

⑤ 勿将输入信号和输出信号置于同一多芯电缆中传输，也不要让它们共享同一根导线。

⑥ 勿将 I/O 信号线置于电力线附近或共享同一导线管，低、高压线应可靠隔离或绝缘。

⑦ 当 I/O 信号线具有较长的一段距离时，必须考虑电压降和噪声干扰。

（4）与 PLC 主单元连接　见图 5-41。

用 PLC 连接电缆 FX2N-GM-5EC 或 FX2N-GM-65EC 来连接 PLC 主单元和定位单元。

FX2N 系列 PLC 最多能连接 8 个定位单元，FX2NC 系列 PLC 最多能连接 4 个定位单元。

当连接定位单元到 FX2NC 系列 PLC 时，需要 FX2NC-CNV-IF 接口。

在一个系统中仅能使用一条扩展电缆 FX2N-GM-65EC（650mm）。

连接到连接器上的扩展模块、扩展单元、专用模块或专用单元被看做 PLC 主单元的扩展单元。I/O 点不能扩展到 FX2N-10GM。

可靠地连接电缆（如扩展电缆）和存储卡盒到规定的连接器。不良接触可导致故障。必须先关掉电源再连接/断开电缆（如扩展电缆）。否则，单元可能出现故障。

（5）系统配置和 I/O 分配

① 系统配置。FX2N-10GM 配电源、CPU、操作系统输入机械系统输出和 I/O 驱动单元，能独立运行（图 5-42）。

FX2N-10GM 配有 4 个输入点（X0～X3）和 6 个输出点（Y0～Y5）作为通用用途。它们能连接到外部 I/O 设备，如果 I/O 点不足把 FX2N-10GM 与 FX2N/2NC 系列 PLC 一起使用，此时 FX2N-10GM 被看做 PLC 的一种专用单元。FX2N 系列 PLC 最多能连接 8 个专用单元（包括 FX2N-10GM 模拟量 I/O 和高速计数器），FX2NC 系列 PLC 能连接最多 4 个专用单元（包括 FX2N-10GM 模拟量 I/O 和高速计数器）。

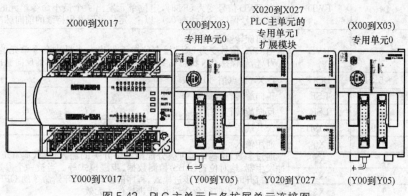

图 5-42　PLC 主单元与各扩展单元连接图

图中（）内显示的 I/O 分配表示 FX2N-10GM 中的 I/O 点。

② I/O 分配。FX2N-10GM 被看做 PLC 的一种专用单元从离 PLC 最近的专用单元算起编号 0 到 7 被自动地分配到所连接的专用单元上，在 FROM/TO 指令中使用 FX2N-10GM 中的通用 I/O 点与 PLC 的 I/O 点相隔离，并同 FX2N-10GM 中的 I/O 点一起控制一个 PLC 的 8 个 I/O 点。

（6）LED 状态显示　见表 5-42。

表 5-42　FX2N-10GM 的 LED 灯状态显示

LED	现象与处理
电源	正常供电时发亮。若即使在正常供电此 LED 也熄灭，供电电压可能不正常或电源线路可能由于导电异物或其它物体的进入而不正常
准备	FX2N-10GM 准备接收各种操作命令时发亮。当正在进行定位（当脉冲正在输出时）或存在错误时熄火
错误	在定位操作中存在错误时发亮或闪烁。用户可在外部单元上读出错误代码，以检查错误内容
CPU-E	发生监视计时器错误时发亮（造成的原因为导电异物侵入或非正常噪声）

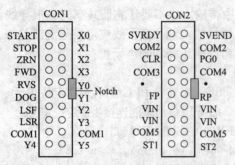

图 5-43　FX2N-10GM 的 I/O 连接器

(7) I/O 连接器

① 图 5-43 中所有具有相同名称的端子是内部连通的（如 COM1-COM1、VIN-VIN 等）。

② 注意不要连接 ● 端子。连线信息参见《FX2N-10GM 和 FX2N-20GM 硬件编程手册》。

③ 当用户自己制作一根 I/O 电缆时，电缆连接器上的▲被看做针脚号 20，密切注意▲和凹槽的位置。

④ 用一根 2mm² 或以上的导线对定位单元上的接地端子实行 3 级接地，但不要与电力系统进行公共接地。连接器信号见表 5-43。

表 5-43　连接器信号

连接器	针脚号	缩写	功能/应用
CON1	1	START	自动操作开始输入 在自动模式的准备状态(当脉冲没输出时)下,当 START 信号从 ON 变为 OFF 时,开始命令被设置且运行开始。此信号被停止命令 m00 或 m02 复位
	2	STOP	停止输入 当停止信号从 OFF 变为 ON 时,停止命令被设置且操作停止。STOP 信号的优先级高于 START、FWD 和 RVS 信号。停止操作根据参数 23 的设置(0 到 7)不同而不同
	3	ZRN	机械回零开始输入(手动) ZRN 信号从 OFF 变为 ON 时,回零命令被设置,机器开始回零点。回零结束或发出停止命令时,ZRN 信号被复位
	4	FWD	正向旋转输入(手动) 当 FWD 信号变为 ON 时,定位单元发出一个最小命令单元的前向脉冲。当 FWD 信号保持 ON 状态 0.1s 以上,定位单元发出持续的前向脉冲
	5	RVS	反向旋转输入(手动) 当 RVS 信号变为 ON 时,定位单元发出一个最小命令单元的反向脉冲。当 FWD 信号保持 ON 状态 0.1s 以上,定位单元发出持续的反向脉冲
	6	DOG	DOG(近点信号)输入
	7	LSF	正向旋转行程结束
	8	LSR	反向旋转行程结束
	9,19	COM1	公共端子
	11	X0	通用输入 通过参数,这些针脚可被分配给数字开关的输入、m 代码、OFF 命令、手动脉冲发生器、绝对位置(ABS)检测数据、步进模式等。当被一个参数设置的 STEP 输入打开时就选择了步进模式,程序的执行根据开始命令的 OFF/ON 继续到下一行。直到当前行命令结束,步进操作才无效
	12	X1	
	13	X2	
	14	X3	
	10	Y1	通用输出 通过参数,这些针脚可被分配到数字开关数字变换的输出、准备信号、m 代码、绝对位置(ABS)检测控制信号等
	15	Y2	
	16	Y3	
	17	Y4	
	18	Y5	
	20	Y6	
CON2	1	SVRDY	从伺服放大器接收 READY 信号,这表明操作准备已完成
	2,12	COM2	SVRDY 和 SVEND 信号(X 轴)的公共端
	3	CLR	输出偏差计数器清除信号
	4	COM3	CLR 信号(X 轴)公共端
	6	FP	正向旋转脉冲输出
	7,8,17,18	VIN	FP 和 RP 的电源输入(5V,24V)
	9,19	COM5	FP 和 RP 信号(X 轴)公共端
	10	ST1	当连接 PG0 到 5V 电源上时的短路信号 ST1

续表

连接器	针脚号	缩写	功能/应用
	11	SVEND	从伺服放大器接收 INP(定位完成)信号
	13	PG0	接收零点信号
CON2	14	COM4	PG0(X轴)公共端
	16	RP	反向旋转脉冲输出
	20	ST2	当连接 PG0 到 5V 电源上时的短路信号 ST2

CON1：I/O 指定的连接器，CON2：连接驱动单元的连接器。

针脚编号中对针脚号的描述（如 COM1、COM2 和 VIN）表明这些针脚是内部连通的。

5.2.3.2 规格

（1）电源规格（表 5-44）

表 5-44 电源规格

项 目	内 容
电源	24V DC，−15％ ～＋10％
容许电源失效时间	如果瞬时电源故障时间为 5ms 或更短运行将继续
电力消耗	5W
保险丝	125V AC，1A

（2）主要规格（表 5-45）

表 5-45 主要规格

项 目	内 容
环境温度	0～55℃(运行)−20～70℃(存储)
环境湿度	35％～85％,无冷凝(运行),35％～90％(存储)
抗振性	符合 JIS C0040。10～57Hz：0.035mm 幅度的一半。57～150Hz：4.9m/s^2 加速。X、Y、Z 的扫描次数:10 次(每一方向 80min)
抗冲击性	符合 JIS C0041。147m/s^2 加速,作用时间:11ms,X、Y、Z 方向各 3 次
抗噪性	1000Vp-p,1μs。30～100Hz,用噪声模拟器测试
绝缘承载电压	500V AC>1min。在所有的点、端子和地之间测试
绝缘电阻	5M>500V DC。在所有的点、端子和地之间测试
接地	3 级(100Ω 或更小)
大气条件	环境条件为无腐蚀性气体,灰尘为最少

（3）性能规格（表 5-46）

表 5-46 性能规格

项 目	内 容
控制轴数目	单轴
应用 PLC	FX2N 和 FX2NC 系列 PLC 的母线连接。所占的 I/O 点数目为 8 点,连接 FX2NC 系列 PLC 时需要 FX2NC-CNV-IF
程序存储器	内置 RAM(3.8K 步)
电池	带有内置 FX2NC-32BL 型锂电池,大约 3 年的长寿命(1 年质保)
定位单元	命令单位:mm、deg、inch、pls(相对/绝对) 最大命令值＋999,999(当间接规定时为 32 位)
累积地址	−2,147,483,648 到 2,147,483,647 脉冲
速度指令	最大 200kHz,153,000cm/min(200kHz 或更小)。自动梯形模式加速/减速(插补驱动为 100kHz 或更小)
零点回归	手动操作或自动操作,DOG 信号机械零点回归(提供 DOG 搜索功能),通过电气启动点设置可进行自动电气零点回归

续表

项　目	内　容
绝对定位检测	采用具有 ABS 检测功能的 MR-J2 和 MR-H 型伺服电动机时,可进行绝对位置检测
控制输入	操作系统:FWD(手动正转)、RVS(手动反转)、ZRN(机械零点回归)、START(自动开始)STOP、手动脉冲发生器(最大 2kHz)、单步操作输入(依赖参数设定) 机械系统:DOG(近点信号)、LSF(正向旋转极限)、LSR(反向旋转极限) 中断:4 点 伺服系统:SVRDY(伺服准备)、SVEND(伺服结束)、PG0(零点信号) 一般用途:主体有 X0 到 X3
控制输出	伺服系统:FP(正向旋转脉冲)、RP(反向旋转脉冲)、CLR(清除计数器) 一般用途:主体有 Y0 到 Y5
控制方法	编程方法:程序通过专用编程工具写入就可进行定位操作 表示方法:与 PLC 一起使用时,用 FROM/TO 指令进行定位控制
程序号	0x00 到 0x99(定位程序)和 0y00 到 0y99(子任务程序)

指令	定位	Cod 编号系统(通过指令 cods 使用),13 种
	顺序	LD、LDI、AND、ANI、OR、ORI、ANB、ORB、SET、RST 和 NOP
	应用	29 种 FNC 指令

参数	9 种系统设置,27 种定位设置,18 种 I/O 控制设置 可通过特殊数据寄存器来更改程序设置(系统设置除外)
M cods	M00:程序停止(WAIT)、m02:定位程序结束 m01 和 m03~m99:可任意使用(AFTER 模式和 WITH 模式) m100(WAIT)和 m102(END):被子任务程序使用
软元件	输入:X0~X3,X375~X377。输出:Y0~Y5。辅助继电器:M0~M511(通用),M9000~M9175(特殊)。指针:P0~P127。数据寄存器:D0~D1999(通用)(16 位),D4000~D6999(文件寄存器和锁存继电器)[①]、D9000~D9599(特殊),变址寄存器:V0~V7(16 位),Z0~Z7(32 位)
自我诊断	参数错误、程序错误和外部错误,可通过显示和错误码来诊断

① 电池备份区 (在 FX2N-10GM 中电源中断时数据由 EEPROM 保存)。使用的文件寄存器数目应在参数 101 中设置。

(4) 输入规格 (表 5-47)

表 5-47　输入规格

项　目		从通用设备输入	从驱动单元输入
输入信号名称	组 1	START、STOP、ZRN、FWD、RVS、LSF、LSR	SVRDY、SVEND
	组 2	DOG	PG0[①]
	组 3	通用输入:X00 到 X03 中断输入:X00 到 X03	—
	组 4	手动脉冲发生器	—
电路绝缘		通过光耦合器	通过光耦合器
运行指示		输入 ON 时 LED 点亮	输入 ON 时 LED 点亮
信号电压		24V DC±10%(内部电源)	5 到 24V DC±10%
输入电流		7mA/24V DC	7mA/24V DC,PG0(11.5mA/24VDC)
输入 ON 电流		4.5mA 或更小	0.7mA 或更大,PG0(1.5mA 或更大)
输入 OFF 电流		1.5mA 或更小	0.3mA 或更小,PG0(1.5mA 或更小)
输出电路配置			
信号格式		接点输入或 NPN 集电极开路晶体管输入	
响应时间	组 1	大约 3ms	大约 3ms
	组 2	大约 0.5ms	大约 50μs
	组 3	大约 3ms[②]	—
	组 4	大约 2kHz[②]	—

① 在使用步进电机的情况下,短接端子 ST1 和 ST2 电阻从 3.3kΩ 改为 1kΩ。
② 定位单元根据参数和程序自动调整目标(通用输入、手动脉冲发生器输入),并自动改变滤波器常数。手动脉冲发生器的最大响应频率是 2kHz。

每一信号的作用计时见表 5-48。

表 5-48　每一信号的作用计时

输入信号	手动模式		自动模式	
	电动机停止	电动机运行	电动机停止	电动机运行
SVRDY	驱动前	持续监控	驱动前	持续监控
SVEND	驱动后	—	驱动后	—
PG0	—	在近点 DOG 触发后		在近点 DOG 触发后
DOG	零点回归驱动前	零点回归驱动中	零点回归驱动前	零点回归驱动中
START			准备状态中	
STOP		持续监控		
ZRN	持续监控	—	在 END 步后的待机中	—
RWD,RVS (JOG＋,JOG-)	持续监控		在 END 步后的待机中	
LSF LSR	驱动前	持续监控	驱动前	持续监控
X00 到 X07	手动脉冲发生器 正在运行时		在 END 步后的待机 期间,当手动脉冲发 生器正在运行时	在 INT、SINT、DINT 指令的执行过程中
通用输入	—		相应的指令正在执行时	
通过参数设定的输入	—		持续监控	

注:用于命令输入的专用辅助继电器在 AUTO 模式下也是被持续监控的。

（5）输出规格（表 5-49）

表 5-49　输出规格

项　目	通用输出	驱动输出
信号名称	Y00 到 Y07	FP、RP、CLR
输出电路配置		
电路绝缘		通过光耦合器
运行指示		输出 ON 时 LED 亮
外部电源		5～24V DC ±10%
负载电流	50mA 或更小	20mA 或更小
开路漏电流		0.1mA/24V DC 或更小
输出 ON 电压		最大 0.5V(CLR 最大 1.5V)
响应时间	OFF→ON 和 ON→ OFF 最大都为 0.2ms	脉冲输出 FP/RP 最大 200kHz, CLR 信号的脉冲输出宽度约 20ms
I/O 同时转为 ON 的比率		50% 或更小(FX2N-20GM)

注:当 FX2N-10GM 的运行频率为 200kHz 到 1Hz 时,ON/OFF 比率为 50%/50%。

5.2.3.3　连线

完成连线后,推荐在写程序前通过 JOG（点动）操作来检查连线。此时设定定位单元到 MANU 模式，JOG 速度由参数 5 的设置来决定。

（1）电源连线

① 当单独使用定位单元时见图 5-44。

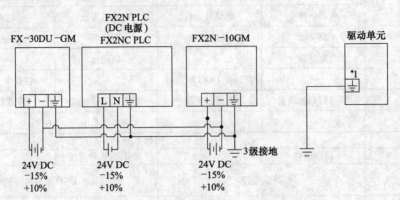

图 5-44　FX2N-10GM 单独使用定位单元时的电源连线

注：*1 每一驱动单元中的名字是不同的，如 ⏚、FG、PE。

a. 在定位单元的 ⏚ 处和驱动单元的 ⏚ 处进行公共接地。

b. 当从另一电源处向 FX-30DU-GM 输送电力时，在 FX-30DU-GM 的 ⏚ 处和定位单元的 ⏚ 处进行公共接地，并连接电源上的 24—。

c. 确保安装和连线前切断所有的外部电源供应。否则安装人员可能触电，设备可能受损坏。

d. 连接 FX2N-10GM/20GM 的电源线到本手册提到的专用连接器上。如果 AC 电源连接到 DC I/O 端子或 DC 电力端子上，PLC 可能被烧坏。

e. 不要把外部单元电缆连接到 FX2N-10GM 的备用端子上。如此连线可能损坏设备。

f. 在定位单元的接地端子处用 $2mm^2$ 或更粗的电气导线进行 3 级接地，但不要与强电力系统进行公共接地。

g. 勿在带电时触摸任何端子。否则可能遭到电击，设备也有可能受到损害。

h. 务必关掉电源后再清洁或紧固端子。否则可能遭到电击。

i. 正确连接 FX2N-10GM 中存储器备份用的电池，不可对电池进行充电、分解、加热、短路操作或把它投入火中。以上的操作可能造成爆炸或着火。

② 当连接定位单元到 PLC 时见图 5-45。

a. 在定位单元的 ⏚ 处和驱动单元的 ⏚ 处进行公共接地。

b. 当从另一电源处向每一 PLC 和 FX-30DU-GM 单独供电时，在 PLC 的 ⏚ 处进行公共接地。在 FX-30DU-GM 和定位单元的 ⏚ 处进行公共接地，并连接每一电源上的 24-。同时连接 AC 型 PLC 的输入公共端子或连接 DC 型 PLC 上的 24-。

c. 确保安装和连线前切断所有的外部电源供应。否则安装人员可能触电，设备可能受损坏。

d. 当使用可编程控制器时，参见可编程控制器的硬件手册并进行正确地连线。

e. 若 FX2N-10GM 的 24V DC 并非可编程控制器提供，参见前一点当 FX2N-10GM 独立运行时，FX-10GM 后连接的扩展模块数。

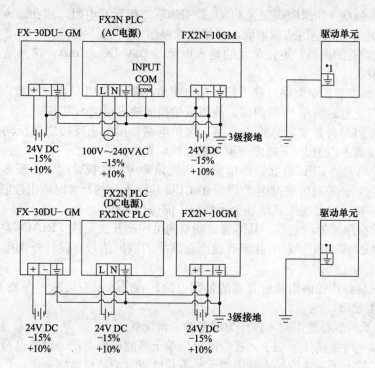

图5-45　FX2N-10GM连接定位单元到PLC时的电源连线

注：*1 每一驱动单元中的名字是不同的，如▽、FG、PE。

f. 切勿在带电时触摸任何端子。否则可能遭到电击，设备也有可能受到损害。

g. 务必关掉电源后才清洁或紧固端子。否则，若带电进行清洁或紧固可能遭到电击。

（2）I/O 接线

① 输入接线（图5-46）

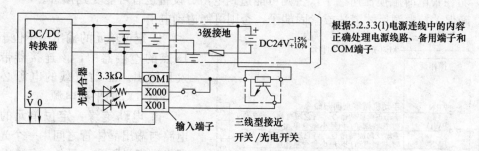

图5-46　FX-10GM的输入连线图

a. 输入电路。当输入端子和COM端子与无电压触点或NPN集电极开路晶体管相连时输入被打开，两个或更多的输入COM端子在PLC内部连接。

b. 运行指示。当输入打开时输入指示LED点亮。

c. 电路绝缘。输入的主电路和次电路由光耦合器绝缘，在次电路处提供了一个C-R滤波器，用来防止由于输入触点振颤或输入线噪声造成的故障。

d. 输入灵敏度。定位单元的输入电流是24V DC、7mA，但为了更可靠地打开定位单元，输入电流应大于等于4.5mA。为更可靠关闭定位单元，输入电流应小于等于1.5mA。

因此，若在输入触点（用来阻碍完全 ON）处有串联二极管或电阻，或在输入触点（用来阻碍完全 OFF）处有并联电阻或漏电流，应慎重选择输入设备。

e. DC 输入设备的选择。定位单元的输入电流是 24V DC、7mA，选择适合于此微弱电流的小型输入设备。

f. 在 PLC 外安装安全电路。这可使外部电源出现异常或 PLC 出现故障，整个系统亦能适当运行。若安全电路装在 PLC 内部，故障或错误的输出可能引发事故。

ⅰ. 确保在 PLC 外建立紧急停止电路、保护电路、用于正反转之类反向操作的互锁电路、用于保护机器不因超上/下极限而损坏的互锁电路等。

ⅱ. 在定位单元的 CPU 自我诊断电路检测到异常（如监视计时器错误等）时，所有的输出关闭。当在 I/O 控制区中发生了 PLC 的 CPU 检测不到的异常时输出控制可能失效。设计外部电路和结构，以便整个系统在上述情况下能适当工作。

ⅲ. 当在输出单元的继电器、晶体管三端双向可控硅开关元件 TRIAC 等中发生故障时，输出可能保持 ON 或 OFF。对于可能造成严重事故的输出信号，设计外部电路和结构以便整个系统仍能适当工作。

ⅳ. 确保安装和连线前切断所有相的外部电源。若电源没有切断，安装人员可能触电，单元也可能发生故障。

ⅴ. GM 单元的所有通用输入被作为漏型输入来配置。

ⅵ. 勿在带电时触摸任何端子，若带电触摸端子可能遭到电击、设备也可能受到损害。

ⅶ. 务必关掉电源后才清洁或紧固端子。若带电进行清洁或紧固操作，可能遭到电击。

② 输出接线

a. 定位单元中用 COM1 作为输入和输出公共端。

b. 成对的输入（如正向/反向旋转）触点，若同时置 ON 可能产生危险，故在定位单元内部程序互锁的基础上还应提供外部互锁，以确保它们不能同时为 ON。

c. 确保安装和连线前已切断所有相的电源。否则安装人员可能触电，单元可能产生故障。

d. 勿在带电时触摸任何端子，否则可能遭到电击、设备也有可能受到损害。

e. 确保关掉电源后才清洁或紧固端子，否则可能遭到电击。

f. 定位单元的输出端子位于一个 16 点的连接器中，该连接器带有输入和输出。驱动负载的电源必须为 5～30V DC 的平稳电源。

g. 电路绝缘：定位单元的内部电路与输出晶体管之间用一个光耦合器来进行光隔离。另外，每个公共模块与其它部分隔离开来。

h. 运行指示：驱动光耦合器时 LED 点亮，输出晶体管被置为 ON。

i. 开路漏电流：漏电流不超过 0.1mA。

③ 操作输入连线见图 5-47。

④ 驱动系统/机械系统 I/O 连线见图 5-48。

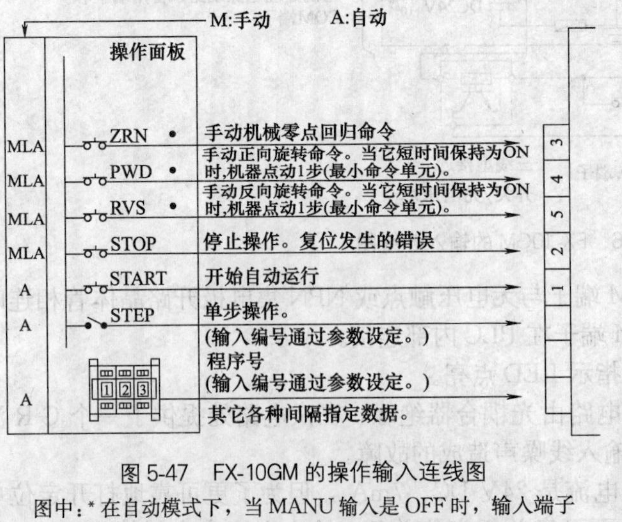

图 5-47 FX-10GM 的操作输入连线图

图中：* 在自动模式下，当 MANU 输入是 OFF 时，输入端子 [ZRN]、[FWD] 和 [RVS] 可作为通用输入使用。

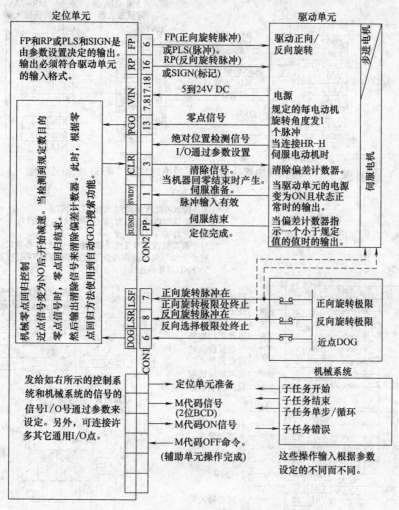

图 5-48 FX-10GM 的驱动系统/机械系统 I/O 连线图

⑤ 手动脉冲发生器连线见图 5-49。

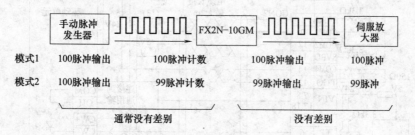

图 5-49 FX-10GM 手动脉冲发生器的连线图

使用手动脉冲发生器需要进行参数设定。

参数 39：手动脉冲发生器，设为 1 为单脉冲发生器，设为 2 为双脉冲发生器。

参数 40：放大率，根据需要设定（1 到 255）。

当手动脉冲发生器与 FX2N-10GM 一起使用时，操作如下：当放大率为 1（参数 40）。

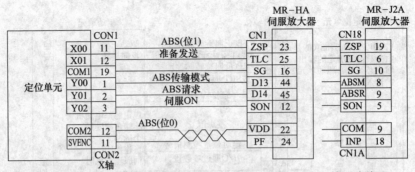

图 5-50 FX-10GM 使用内置通用 I/O 点的绝对位置（ABS）检测连线图

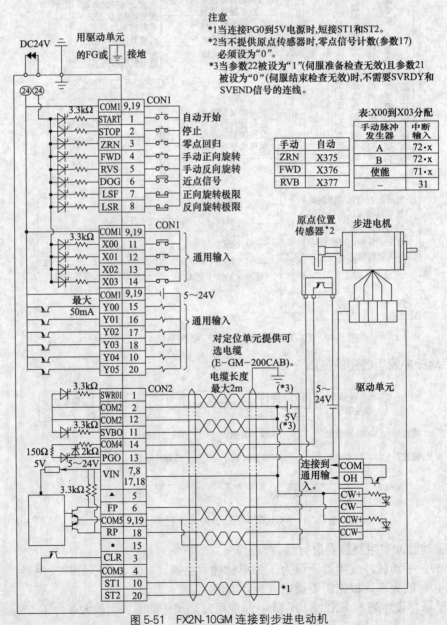

注意
*1当连接PG0到5V电源时,短接ST1和ST2。
*2当不提供原点传感器时,零点信号计数(参数17)
必须设为"0"。
*3当参数22被设为"1"(伺服准备检查无效)且参数21
被设为"0"(伺服结束检查无效)时,不需要SVRDY和
SVEND信号的连线。

表:X00到X03分配

手动脉冲发生器	中断输入
A	72·x
B	72·x
使能	71·x
—	31

手动	自动
ZRN	X375
FWD	X376
RVB	X377

图 5-51 FX2N-10GM 连接到步进电动机

在 FX2N-10GM 中，手动脉冲发生器的脉冲输出数目和 FX2N-10GM 计数（模式 2）的脉冲数目间的差别很少出现。但此差别在伺服放大器和 FX2N-10GM 的当前值下不会出现。

使用 NPN 集电极开路型的手动脉冲发生器。

（3）绝对位置（ABS）检测连线 为了检测绝对位置必须设定编号为 50、51 和 52 的参数（图 5-50）。

参数 50：ABS 接口，设为 1 有效。

参数 51：ABS 输入标题号，设为 0（X00）。

参数 52：ABS 控制输出标题号，设为 0（Y00）。

（4）I/O 连接举例

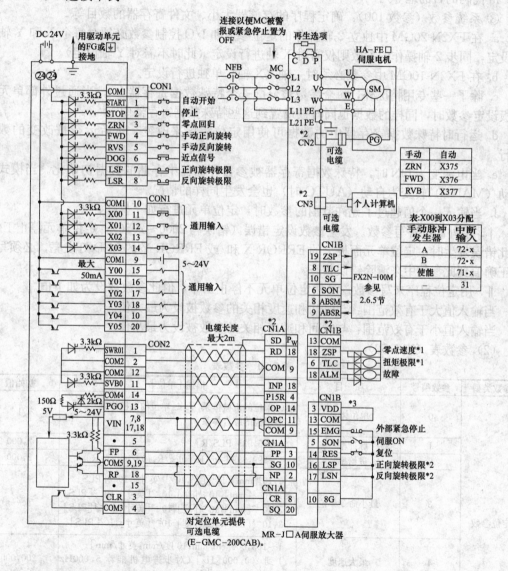

*1当检测绝对位置时连接定位单元。
*2CN1A,CN1B,CN2和CN3具有相同的外形。如果连接时搞混，就可能发生故障。
*3当使用内部电源时连接。

图 5-52 FX2N-10GM 连接 MR-J2 伺服电动机

① FX2N-10GM 连接到步进电动机见图 5-51。

② FX2N-10GM 连接到 MR-J2 伺服电动机见图 5-52。

5.2.3.4　参数

（1）主要参数注意事项　设置参数以决定定位单元的运行条件。

定位单元可通过与操作规格和控制规格相一致的参数设定来满足各方面的需求。

参数主要分为以下三种类型。

① 定位参数（参数 0）：确定定位控制的单位、速度等。

② I/O 控制参数（参数 30）：确定与定位单元 I/O 端口相关的内容（如规定程序号的方法、m 代码的目的地等）。

③ 系统参数（参数 100）：确定程序的存储器大小、文件寄存器的数目等。

a. 在 FX2N-20GM 中独立 2-轴操作的定位参数和 I/O 控制参数必须对每个 X 和 Y 轴进行设定，同步 2-轴操作的参数则仅需对 X 轴进行设定（此时不需对 Y 轴设定）。

b. 在 FX2N-10GM 中参数必须对一轴（X轴）单独进行设定。

c. 除了一些专用情况外，每个参数被分配一个特殊数据寄存器 Ds。当通过外部单元的面板设定参数时，同样的数据也同时被设置到这些特殊数据寄存器中。

d. 运行时特殊数据寄存器中的数据可使用定位程序来改变，然后运行按改变的数据进行。

e. 当电源变为 ON 时，特殊数据寄存器被参数存储器中存储的数据初始化。当模式从手动（MANU）转变为自动（AUTO 时）也会发生同样的情况。

f. 当输入一个值超过了允许范围的参数时，定位单元进行如下操作：

ⅰ. 用外部设备写参数。发生参数设定错误（错误码 2000～2056），定位单元停止工作。当此错误发生时，定位单元面板上的 ERROR-X 和/或 ERROR-Y 的 LED 灯发亮，必须写一个正确值到此参数中来清除错误状态。

ⅱ. 用定位程序来写参数。虽然定位单元不停止工作，但此参数被设为如下值。

当输入值大于有效范围：与时间和速度相关的参数被设为最大值。

当输入值小于有效范围：与时间和速度相关的参数被设为最小值。

（2）参数表（表 5-50）

表 5-50　参数表

参数类型	参数编号	项 目	描述［单位］	初始值
定位参数	0	单位体系	0：单位的机械体系　　1：单位的电机体系 2：单位的综合体系	1
	1	脉冲率①	1～65,535［PLS/R］	2,000
	2	进给率②	1～999,999［μm/R、mdeg/R、10^{-1}minch/R］	2,000
	3	最小命令单位	0：10^0［mm］，10^0［度］，10^{-1}［英寸］，10^{-3}［PLS］ 1：10^{-1}［mm］，10^{-1}［度］，10^{-2}［英寸］，10^{-2}［PLS］ 2：10^{-2}［mm］，10^{-2}［度］，10^{-3}［英寸］，10^{-1}［PLS］ 3：10^{-3}［mm］，10^{-3}［度］，10^{-4}［英寸］，10^0［PLS］	2
	4	最大速度	1～153,000［cm/min，10 度/min，英寸/min］ 1 到 200,000［Hz］（对步进电机推荐 5,000Hz 左右）	200,000
	5	点动速度	1 到 153,000［cm/min，10 度/min，英寸/min］ 1 到 200,000［Hz］（对步进电机推荐 1,000Hz 左右）	20,000

续表

参数类型	参数编号	项　目	描述〔单位〕	初始值
定位参数	6	最小速度	1 到 153,000〔cm/min,10 度/min,英寸/min〕 1 到 200,000〔Hz〕	0
	7	偏移矫正	0 到 65,535〔PLS〕	0
	8	加速时间	1 到 5,000〔ms〕	200
	9	减速时间	1 到 5,000〔ms〕	200
	10	插补时间常数	0 到 5,000〔ms〕	100
	11	脉冲输出类型	0:FP＝正向旋转脉冲,RP＝反向旋转脉冲 1:FP＝旋转脉冲,RP＝方向规定	0
	12	旋转方向	0:通过正向旋转脉冲(FP)增加电流值 1:通过正向旋转脉冲(FP)减少电流值	0
	13	零点回归位置速度	1 到 153,000〔cm/min,10 度/min,英寸/min〕 1 到 200,000〔Hz〕	100,000
	14	爬行速度	1 到 153,000〔cm/min,10 度/min,英寸/min〕 1 到 200,000〔Hz〕	1,000
	15	回零位置方向	0:电流值增加的方向　1:电流值减少的方向	1
	16	机械零点	−999,999 到 ＋999,999〔PLS〕	0
	17	零点信号计数次数	0 到 65,535〔次〕	1
	18	零点信号计数开始点	0:在近点 DOG 正向结束处开始计数(OFF→ON) 1:在近点 DOG 反向结束处开始计数(ON→OFF) 2:无近点 DOG	1
	19	DOG 输入逻辑	0:常开触点(A:触点)　1:常闭触点(B-触点)	0
	20	LS 逻辑	0:常开触点(A:触点)　1:常闭触点(B-触点)	0
	21	错误判别时间	0 到 5,000ms(当设为 0 时,伺服和检查无效)	0
	22	伺服准备检查	0:有效　1:无效	1
	23	停止模式	0,4:使停止命令失效 1:使能剩余距离驱动(在插补操作中跳到 END 指令) 2:忽略剩余距离(在插补操作中跳到 END 指令) 3,7:忽略剩余距离,并跳到 END 指令 5:进行剩余距离驱动(包括插补操作) 6:忽略剩余距离(在插补操作中跳到 NEXT 指令)	1
	24	电气零点	−999,999 到 ＋999,999〔PLS〕	0
	25	软件极限(大)	−2,147,483,648 到 ＋2,147,483,647 当参数 25≤参数 26 时,软件极限是无效的	0
	26	软件极限(小)	−2,147,483,648 到 ＋2,147,483,647 当参数 25≤参数 26 时,软件极限是无效的	0
	30	程序编号规定方法	0:程序号 0(固定) 1:数字开关的 1 位(0 到 9) 2:数字开关的 2 位(00 到 99) 3:由专用数据寄存器给定 D9000,D9010	0
	31	数字开关分时读 输入的标题号	FX2N-20GM:X0 到 X67,X372 到 X374 FX2N-10GM:X0 到 X3	0
	32	数字开关分时读 输出的标题号	FX2N-20GM:Y0 到 Y67　FX2N-20GM:Y0 到 Y5	0
	33	数字开关读间隔	7 到 100〔ms〕(增量:1ms)	20
	34	RDY 输出有效性	0:无效　1:有效	0
	35	RDY 输出编号	FX2N-20GM:Y0 到 Y7　FX2N-10GM:Y0 到 Y5	0
	36	m 代码外部输 出有效性	0:无效　1:有效	

续表

参数类型	参数编号	项　目	描述［单位］	初始值
定位参数	37	m 代码外部输出编号	FX2N-20GM：Y0 到 Y57（占 9 点） FX2N-10GM：Y0（占 6 点）	0
	38	m 代码 OFF 命令输入号	FX2N-20GM：X0 到 X67，X372 到 X377 FX2N-10GM：X0 到 X3，X375 到 X377	0
	39	手动脉冲发生 器有效性	0：无效 1：有效（1 脉冲发生器） 2：有效（2 脉冲发生器）（FX2N-10GM 中仅有 0 或 1）	0
	40	手动脉冲发生器的 每脉冲放大率	X1 到 X255	1
	41	放大结果 的分配率	1 FX2N-20GM：2^n，n＝0 到 7 FX2N-10GM：不可获得	0 —
	42	手动脉冲发生器 的输入标题号	FX2N-20GM：X2～X67（一个手动脉冲发生器占一点） FX2N-10GM：X2～X3（占九点）	0 —
	43～49	—	—	—
	50	ABS 接口	0：无效　1：有效	0
	51	ABS 输入标题号	FX2N-20GM：X0 到 X66（占两点） FX2N-10GM：X0 到 X2，X375 到 X376（占两点）	0
	52	ABS 控制输出标题号	FX2N-20GM：Y0 到 Y65（占三点） FX2N-10GM：Y0 到 Y3（占三点）	0
	53	步进操作	0：无效　　　　1：有效	0
I/O 控制 参数	54	步进模式输入号	FX2N-20GM：X0 到 X67，X372 到 X377（占一点） FX2N-10GM：X0 到 X3，X375 到 X377（占一点）	0
	55	—	—	—
	56	FWD/RVS/ZRN 通用输入	0：使通用输入无效 1：AUTO 模式下使能通用输入（特殊 M 的命令无效） 2：通用输入总有效（特殊 M 的命令无效） 3：AUTO 模式下使能通用输入（特殊 M 的命令有效） 4：通用输入总有效（特殊 M 的命令有效）	0
系统参数	100	存储器大小	0：8K 步　1：4K 步	20GM：0
			在 FX2N-10GM 中，仅有 1（4K 步）	10GM：1
	101	文件寄存器	0 到 3,000［点］（通过 D4,000 到 D6,999 分配）	0
	102	电池状态	0：LED 亮，不使 GM 有输出（M9127：OFF） 1：LED 暗，不使 GM 有输出（M9127：ON） 2：LED 暗，使 GM 有输出（M9127：OFF） FX2N-10GM 中没有	20GM：0
	103	电池状态输出号	FX2N-20GM：Y0～Y67，FX2N-10GM 中没有	1
	104	子任务开始	0：当从模式 MANU 转为 AUTO 时 1：当通过参数 105 设置的输入打开时（AUTO 模式） 2：当从模式 MANU 转为 AUTO 或通过参数 105 设置的输入打开时（AUTO 模式）	1
	105	子任务开始输入	FX2N-20GM：X0 到 X67，X372 到 X377 FX2N-10GM：X0 到 X3，X375 到 X377	0
	106	子任务停止	0：当从模式 MANU 转为 AUTO 时 1：通过参数 107 设置的输入打开或从 MANU 转为 AUTO 时	0

续表

参数类型	参数编号	项　目	描述〔单位〕	初始值
系统参数	107	子任务停止输入	FX2N-20GM：X0 到 X67，X372 到 X377 FX2N-10GM：X0 到 X3，X375 到 X377	0
	108	子任务错误	0：当错误发生时，不使定位单元给出输出 1：当错误发生时，使定位单元给出输出	0
	109	子任务错误输出	FX2N-20GM：Y0 到 Y67，FX2N-10GM：Y0 到 Y5	0
	110	子任务操作模式转换	0：通用输入无效 当 M9112 被程序设置时，机器进行步进操作 当 M9112 被程序复位时，机器进行循环操作 1：使能通用输入 步进和循环操作通过参数 111 规定的输入或 M9112 来改变	0
	111	子任务操作模式转换输入	FX2N-20GM：X0 到 X67，X372 到 X377 FX2N-10GM：X0 到 X3，X375 到 X377	0

① 表明电机一次旋转所发出的命令脉冲（PLS/REV）数目。当参数 0 被设为 1（单位电机体系）时，此参数无效。

② 表明电机一次旋转给定的运动量（μm/REV、mdeg/R、10^{-1}minch/R）。当参数 0 被设为 1（单位电机体系）时，此参数无效。

5.2.3.5　程序格式

（1）定位程序

① 行号

a. 每一条指令都指派了行号（从 N0 到 N9999），易于隔离指令字。首行号从外部单元输入，然后每次输入分隔符（；）时下一个行号就会自动赋给下一条指令。使用行号来读入指令。

b. 任何四位或以下的数字都可用作首行号，相同的行号可以分配给程序号（参见下页）不一样的其他程序。首行号不一定必须为 N0000。

c. 程序的容量由步数控制。每一行的步数依指令字的不同而变化。行号不包括在步数内。

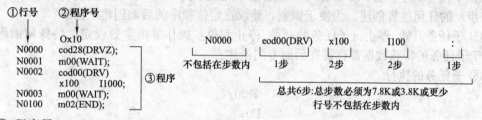

② 程序号

a. 程序号被赋给每一个定位程序，操作目的不同的程序所分配的程序号也不相同。

b. 程序号上附有符号（O）。程序号的格式分成 2 轴同步操作格式（用于 FX2N-20GM）、2 轴独立操作格式（当用在 FX2N-10GM 上时为 1 轴操作）和子任务格式。在 FX2N-10GM 中只能给 X 轴和子任务分配程序号。

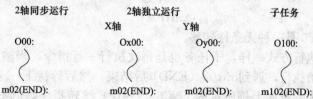

c. 每个程序的末尾必须有 END 指令（对于 2 轴同步操作、X 轴运行和 Y 轴运行是 m20、对子任务是 m102）。

d. 可按以下方式使用程序号 00 到 99（共 100 个），（0100 仅用于子任务）。

000 到 099、0x00 到 0x99、0y00 到 0y99、0100。

e. 如果同时存在两种类型的程序，则会出现程序错误错误码（3010）。

f. 根据参数 30（程序号指定方法）的设定值不同，可通过一个数字开关或 PLC 来指定要执行的程序号。

g. 当输入 START 时，指定程序号所代表的那个程序就从头开始一步一步执行。当一行指令执行结束后接着执行下一行指令。

（2）子任务程序　子任务主要用来处理 PLC 的程序。

① 主任务和子任务。主任务是一个由 0、0x、0y 表示的定位程序，其任务是在 2 轴同步模式和 2 轴独立模式下执行定位操作。在 FX2N-10GM 中只能使用 0x。

子任务是一个主要由顺序指令组成的程序，它不执行定位控制。

主程序有两个以上可以用参数 30 程序编号指定来选择要执行的程序，子任务只能创建一个。选定的主任务和子任务同步执行。

② 子任务规范

子任务程序

```
O100      子任务程序开始
 ⌇
m100      暂停（WAIT）
 ⌇
m102      结束（END）
```

③ 指定子任务。任何一个子任务的程序号都是 O100，该程序号必须包含在程序的第一行中。在程序的最后添加 m102（END），用 m100（WAIT）暂停程序的执行。m102 和 m100 是固定用法。

④ 子任务程序位置。子任务可以在定位单元程序区（第 0 步到第 3799 步或第 0 步到第 7799 步）的任何位置创建。为便于识别，建议在定位程序的后面创建子任务。

⑤ 子任务开始/停止。子任务的开始/停止和单步操作等由参数设定。特殊辅助继电器和用于子任务的特殊数据寄存器在后面专门论述。

⑥ 子任务的执行

```
0100;
P0;
LD X00;
AND X01;
SET Y0;
FNC 04（JMP）;
P0;
M102;
```

上例中跳转到 P0 是一种无条件转移。

与定位程序的执行方式一样，子任务也是每次执行一行指令，当输入 START 信号后，子任务从第一行开始执行，遇到 m102（END）后结束，然后等待下一个 START 信号。要实现循环操作，使用一条如上例所示的 FNC04（JMP）跳转指令，但不能从子任务中跳转到定位程序（主程序）。

在子任务内部，所有顺序指令、应用指令和下列 cod 指令有效。

Cod 04 （TIM） 稳定时间   Cod 73 （MOVC）位移补偿

Cod 74 （CNTC）中点补偿   Cod 75 （RADC） 半径补偿

Cod 76 （CANC）补偿取消   Cod 92 （SET） 改变当前位置

不能使用 m 码输出，只有 m100 （WAIT）和 m102 （END）才是合法的指令。

子任务的执行速度约为 1～3ms/每行。若子任务需要重复执行，建议把行数限制在 100 以内，以免运行时间太长。

⑦ 程序示例

编程小技巧：若一个过程在定位程序和除了定位控制以外的其他控制中执行需要较长时间，那么该过程最好由子任务来处理。

a. 取得数字开关数据

0100　N0；

N00　P255

N01　FNC 74 （〔D〕SEGL）

　　　D9004　Y00　K4　K0

N02　FNC 04 （JMP）P255

N03　m102 （END）

上例显示了 X 轴当前位置的低四位。

同样，任何和定位操作没有直接联系的代码都可以放到子任务程序中。

b. 错误检测输出

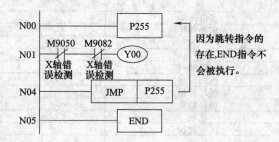

因为跳转指令的存在,END指令不会被执行。

O100，NO；

N00　P255；

N01　LDI M9050；

N02　ANI M9082；

N03　FNC 90 （OUT）Y00；

N04　FNC04 （JMP）P255；

N05　M102 （END）

当检测到 X 轴或 Y 轴的错误时上述程序会关闭正常输出 Y00。

(3) 指令清单　见表 5-51。

表 5-51　指令清单

指令	说明	FX2N-10GM	FX2N-20GM
定位指令			
cod00 DRV	高速定位	√	√
cod01 LIN	线性插补定位	√	√
cod02 CW	圆弧插补定位(顺时针)	×	√
cod03 CCW	圆弧插补定位(逆时针)	×	√
cod04 TIM	稳定时间(暂停时间)	√	√
cod09 CHK	伺服结束检查	√	√

续表

指令	说明	FX2N- 10GM	FX2N- 20GM
	定位指令		
cod28 DRVZ	返回机械零点位置	√	√
cod29 SETR	设置电气零点位置	√	√
cod30 DRVR	返回到电气零点位置	√	√
cod31 INT	中断停止(忽略剩下距离)	√	√
cod71 SINT	以 1-步速度中断停止	√	√
cod72 DINT	以 2-步速度中断停止	√	√
cod73 MOVC	移动数量修正	√	√
cod74 CNTC	中心位置修正	×	√
cod75 RADC	半径修正	×	√
cod76 CANC	取消修正	√	√
cod90 ABS	指定绝对地址	√	√
cod91 INC	指定地址增量	√	√
cod92 SET	设定当前值	√	√
	基本顺序指令		
LD	开始算术运算(a-接触)	√	√
LDI	开始算术运算(b-接触)	√	√
AND	串联连接 a-接触	√	√
ANI	串联连接 b-接触	√	√
OR	并联连接 a-接触	√	√
ORI	并联连接 b-接触	√	√
ANB	电路板间的串联连接	√	√
ORB	电路板间的并联连接	√	√
SET	驱动操作保持型线圈	√	√
RST	重设定被驱动的操作保持型线圈	√	√
NOP	空指令	√	√
	顺控指令		
FNC00 CJ	条件转移	√	√
FNC01 CJN	否定条件转移	√	√
FNC02 CALL	子程序调用	√	√
FNC03 RET	子程序返回	√	√
FNC04 JMP	无条件转移	√	√
FNC05 BRET	返回母线	√	√
FNC08 RPT	循环开始	√	√
FNC09 RPE	循环结束	√	√
FNC10 CMP	比较	√	√
FNC11 ZCP	区域比较	√	√
FNC12 MOV	传送	√	√
FNC13 MMOV	带符号扩展的放大传送	√	√
FNC14 RMOV	带符号锁定的缩小传送	√	√
FNC18 BCD	二进制转换为二-编码十进制	√	√
FNC19 BIN	二-编码十进制转换为二进制	√	√
FNC20 ADD	二进制加	√	√
FNC21 SUB	二进制减	√	√
FNC22 MUL	二进制乘	√	√
FNC23 DIV	二进制除	√	√
FNC24 INC	二进制增量	√	√
FNC25 DEC	二进制减量	√	√
FNC26 WAND	逻辑乘(AND)	√	√
FNC27 WOR	逻辑和(OR)	√	√
FNC28 WXOR	异或	√	√
FNC29 NEG	求补	√	√
FNC72 EXT	分时读取数字开关	√	√
FNC74 SEGL	带锁存的 7 段显示	√	√
FNC90 OUT	输出	√	√
FNC92 XAB	X轴绝对位置检测	√	√
FNC93 YAB	Y轴绝对位置检测	√	√

（4）定位控制指令的通用规则

m（代）码指令用来驱动各种协助定位操作的辅助设备（如夹盘、钻孔机等）。时序图见图 5-53。

m 码：m00 到 m99（100 点）（X 和 Y 轴各有 100 个 m 码指令）。

m 码指令用 m 表示，以便和辅助继电器 M 相区别。

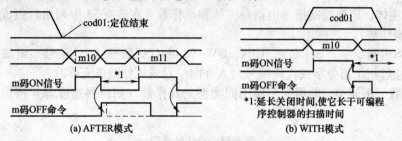

图 5-53 m 代码指令时序图

① m 码驱动方式。AFTER 模式下仅执行 m 码指令；WITH 模式下 m 码指令和其它指令同时执行。

② AFTER 模式

N0   cod01（LIN）X400Y300F200

N1   m10   单独起一行书写 m 码

N2   cod04 T0 K5   50ms

N3   m11   接下来，其他辅助设备立即驱动

③ WITH 模式

cod01（LIN） X400 Y300 f200 m10

当一个 m 码作为最后一个操作数加到任何一种类型的定位控制指令中时，就建立了 WITH 模式。在指令结束后才执行下一行指令，并且 m 码 OFF 信号打开。

在以上的任一情况下，当 m 码驱动时，m 码 ON 信号就打开了，并且 m 码编号被存入特殊数据寄存器中，m 码 ON 信号始终保持 ON 状态，直到 m 码 OFF 信号打开。码的分配见表 5-52。

表 5-52 码的分配

项 目	X 轴		Y 轴	
	特殊 M/D	缓冲存储器	特殊 M/D	缓冲存储器
m 码 ON 信号	M9051	♯23(b3)	M9083	♯25(b3)
m 码 OFF 命令	M9003	♯20(b3)	M9019	♯21(b3)
m 码编号	D9003	♯9003	D9013	♯9013

表中说明：在 FX2N-10GM 中，只有 X 轴可用。可通过缓冲存储器使用 FX2N/FX2NC 系列可编程序控制器来传输 m 码。可用参数 36~38 把和 m 码有关的信号输出到外部单元。连续使用 m 码时，应延长 m 码 ON 信号的关闭时间使它比 PLC 的扫描时间更长。

（5）指令格式 见图 5-54。

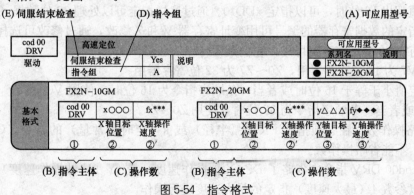

图 5-54 指令格式

① 可应用型号。型号分为 FX2N-10GM 和 FX2N-20GM 两类，可应用的组以符号●标记。

② 指令主体。定位控制指令由指令主体和操作数（在表 5-53 中列出）组成（有的指令不包含任何操作数）。

指令主体由指令字（如 DRV、LIN、CW 等）和代码编号（cod 编号）组成。

指令可通过指定指令字或代码编号写入外围单元或从外围单元读取。

③ 操作数。不同类型的指令使用不同类型的操作数（如位移速度等）按规定顺序选择所需操作数。

表 5-53 操作数类型

操作数类型	FX2N-10GM	FX2N-20GM	单位	间接指定	省略操作数
x:X轴坐标(位移),增量/绝对	√	√			省略操作数的那个轴
y:Y轴坐标(位移),增量/绝对	—	√			保持当前状态且不会移动
i:X轴坐标(圆弧中心),增量	—	√	由参数设定	能使用数据寄存器 D	若省略增量位移
j:Y轴坐标(圆弧中心),增量	—	√			被看做0
r:圆弧半径	—	√			该操作数不能省
f:矢量速度或外围速度	√	√			上次用f值生效
k:定时器常量	√	√	10ms		该操作数不能省
m:WITH模式下的m码	√	√	—	不能	该操作数可省(没有m码输出)

a. 操作数的单位

i. 位移（x、y、i、j、r）。根据参数 0 的设定值单位体系决定是电机体系（PLS）还是机械体系（毫米、英寸、deg）有效。设定值根据参数 3（最小命令单元）所设定的值进行缩放。

ii. 速度（f）。设定值必须小于等于参数 4 的设定值（最大速度）。

FX2N-20GM：小于等于 200kHz（对于线性/圆弧插补，小于等于 100kHz）。

FX2N-10GM：小于等于 200kHz。

b. 间接指定。间接指定是通过指定数据寄存器（包括文件寄存器和变址寄存器）来间接写入设定值的方法，而不是直接把设定值写到操作数中。

直接指定：

cod00　x1000　f2000　　位移＝1000，速度＝2000，设定值直接写入

间接指定：

cod00　xD10　fD20　　位移＝D10，速度＝D20，设定值由数据寄存器的内容决定。

设定值超出 16 位时，可以指定 xDD10。通过这样指定可以处理 32 位数据（D11，D10）间接指定的数据寄存器的编号可用变址寄存器 V 和 Z 修改，通过修改可选择数据。

总共有 16 个变址寄存器可用，它们是 V0～V7 和 Z0～Z7。

V0～V7 为 16 位寄存器用，Z0～Z7 为 32 位寄存器用。

当设定值小于等于 16 位时或者当一条顺序指令为 16 位时，使用 V0～V7；当设定值超过 16 位时或者当一条顺序指令为 32 位时，使用 Z0～Z7。

c. 省略操作数。在必须指定 r（圆弧半径）或 k（定时器常量）的指令（CW、CCW、TIM）中，不能省略操作数。

若在 cod00 DRV 指令中省略了 fX（X 轴操作速度）或 fY（Y 轴操作速度），则相应的那根轴将以参数 4（最大速度）指定的最大速度进行操作。

④ 指令组

a. A组。在连续使用相同的指令（相同的代码编号）时，可以省略代码编号，并且只需使用必要的操作数。

指令名：cod00（DRV）、cod01（LIN）、cod02（CW）、cod03（CCW）、cod31（INT）。

例：N00　cod00（DRV）x100

N01　x200；　　　　　　　由 cod00 指令执行

b. B组。不能省略代码编号，此组中的指令只在指定了该指令的行号上有效。

指令名：cod04（TMR）、cod09（CHK）、cod28（DRVZ）、cod29（SETR）、cod30（DRBR）、cod71（SINT）、cod72（DINT）、cod92（SET）。

c. C组。此组中的指令一旦执行就一直保持有效，直到组中的另一条指令被执行。

指令名：cod73（MOVC）、cod74（CNTC）、cod75（RADC）、cod76（CANC）。

例子：N200　cod73（MOVC）　　　X10　　　　X轴位移按＋10校正

在这部分区域中 X 轴位移都按＋10 校正

N300　cod73（MOVC）　　　X20　X轴位移按＋20 校正

d. D组。此组中的指令一旦执行就一直保持有效，直到组中的另一条指令被执行。

指令名：cod90（ABS）、cod91（INC）。

例子：N300　cod91（INC）　　　位移由增量驱动方式表示。增量地址在此区域中表示。

N400　cod92（ABS）　　　位移由绝对驱动方式表示。

⑤ 伺服结束检查。当一条用于伺服结束检查的指令执行时在驱动结束后将自动执行伺服结束检查，系统确认伺服放大器中的偏差脉冲小于指定数量由伺服放大器参数设定，然后继续执行下一个操作。若伺服结束信号在参数 21 定位结束信号错误估计时间设定的时间内没有从伺服放大器传送到定位单元，就会产生一个外部错误（错误码 4002）。

伺服结束错误，机器会停止操作。当参数 21 设为 0 时，即使被执行的指令指定了伺服结束检查为"是"，伺服结束检查也不会执行。以后将要说明的 cod09（CHK）指令可用来进行伺服结束检查。

（6）驱动控制指令　驱动控制指令是进行定位控制的基础。限于篇幅，只介绍 3 个。

① cod00（DRV）：高速定位指令（图 5-55）

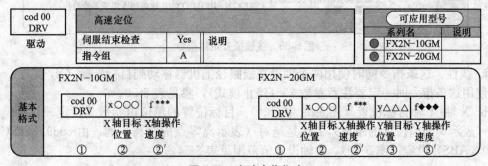

图 5-55　高速定位指令

a. 驱动。这条指令根据独立的 X、Y 轴设定值来指定到目标坐标的位移（在 FX2N-10GM 中只有一个轴）。各轴的最大速度和加速度/减速度由参数设定。

在 FX2N-20GM 中使用单轴驱动时只需指定 X 轴或 Y 轴的目标位置。

b. X 轴目标位置（图 5-56）。目标位置的单位由参数 3（最小命令单位）设定。位置是增量（离当前位置的距离）的还是绝对（离零点的距离）的由 cod91（INC）或者 cod90（ABS）

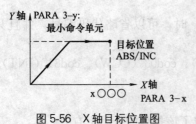

图 5-56　X轴目标位置图

指令规定。

c. Y轴目标位置：与 X 轴一样。

d. 操作速度（2′、3′）

设定这些操作数是为了使机器以低于最大速度（参数 4 中设定）的速度进行操作。若未设定这些操作数，机器将以最大速度操作（图 5-57）。编程时只需使用 f 就可以完成 fx 及 fy 的设定。

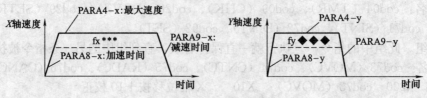

图 5-57　操作速度图

e. 程序范例（图 5-58）

参数 0：单位系统。设定值＝1（单位电机系统）

参数 3：最小命令单位。设定值＝2（10）

cod91（INC）增量驱动方法

cod00（DRV）

x1000

f2000；

② cod01（LIN）：线性插补定位指令

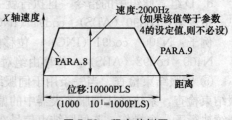

图 5-58　程序范例图

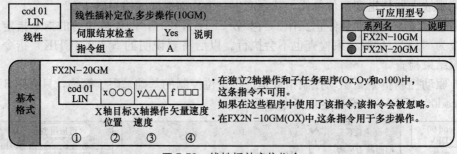

图 5-59　线性插补定位指令

a. 线性。这条指令同时使用两个轴沿直线路径把机器移动到目标坐标（X，Y）。

使用这条指令时一定要注意参数 23（停止模式），参见表 5-50。

b. X轴/Y轴目标位置（图 5-59 中②③）。目标位置的单位由参数 3 设定。目标位置是增量（表示离当前位置的距离）的还是绝对（表示离零点的距离）的，由 cod91（INC）或 cod90（ABS）设定（图 5-60）。X轴设定值范围见表 5-54。

表 5-54　X轴的设定值范围

指 定 方 法	设 定 值 范 围
直接指定	x0～x999,999
间接指定（16 位）	xD0～xD6999[①]
间接指定（32 位）	xDD0～xDD6998[①]

① 在 FX2N-10GM 中 D2000～D3999 不可用。

图 5-60 X 轴/Y 轴目标位置

c. 矢量速度。设定矢量速度的值在表 5-55 所示的范围以内(设定值一定不能超过参数4 的设定值)。

表 5-55 矢量速度 X 轴的设定值范围

指 定 方 法	设定值范围
直接指定	f0~f100,000①
间接指定(16 位)	fD0~fD6999②
间接指定(32 位)	fDD0~fDD6998②

① FX2N-10GM：f0~f200,000。
② 在 FX2N-10GM 中，D2000~D3999 不可用。

当忽略了矢量速度(f)时，机器按表 5-56 速度操作(该值和参数4最大速度不同)。

表 5-56 矢量速度 f

型 号	10GM	20GM
第一次	200kHz	100kHz
第二次及以后	以前的 f 值	

连续执行插补指令时就会进行路径操作，而在 FX2N-20GM 中将会执行多步操作。

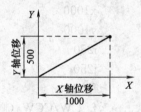

d. 程序示例
cod91 (INC) 增量驱动
cod91 (LIN)
x1000
y500
f2,000

③ cod02 (CW)、cod03 (CCW)：指定中点的圆弧插补指令(见图 5-61~图 5-63)。

a. CW/CCW 指令。这条指令表示绕中点坐标以外围速度 f 移动到目标位置。当起点坐标等于终点坐标(目标位置)或者未指定终点坐标时，移动轨迹是一个完整的圆。

b. X/Y 轴目标位置 (x, y)(项目②③)。目标位置可以用增量地址或者绝对地址指定，它的单位和设定值范围与 cod00 和 cod01 的单位和设定值范围相同。

c. X/Y 轴中点坐标（i，j）（项目④⑤）。中点坐标始终被看作以起点为基准的增量地址，它的单位和设定值范围与 cod00 和 cod01 的单位和设定值范围相同。

d. 外围速度 f（项目⑥）。设定圆弧操作速度。外围速度的加/减速度时间常量参数 10 和单位与 cod00 和 cod01 的相同。

e. 程序范例（图 5-64）

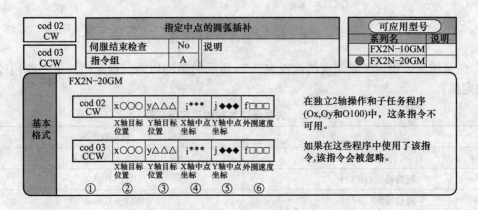

图 5-61　指定中点的圆弧插补指令

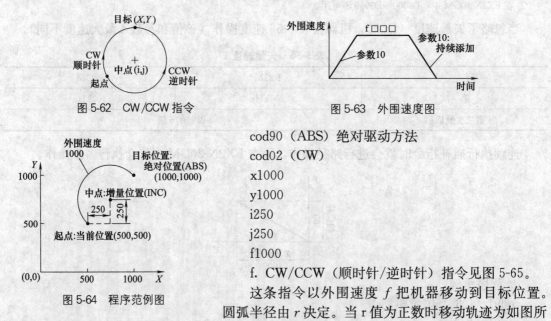

图 5-62　CW/CCW 指令　　　　　　　图 5-63　外围速度图

图 5-64　程序范例图

cod90（ABS）绝对驱动方法
cod02（CW）
x1000
y1000
i250
j250
f1000

f. CW/CCW（顺时针/逆时针）指令见图 5-65。

这条指令以外围速度 f 把机器移动到目标位置。圆弧半径由 r 决定。当 r 值为正数时移动轨迹为如图所示的小圆 A，当 r 值为负数时移动轨迹为大圆 B。半径可能是正有可能是负，这条指令不能产生一个真实的圆轨迹，如果设定值不正确将出错（错误码 3004）。

当要求路线为真实的圆时可以如上所述指定圆的中点坐标。使用了这条指令后一定要注意参数 23 停止模式。

g. 半径 r。半径始终被看作是距离中点（不需要设定）的增量地址。半径的单位和设定值范围与 cod00 和 cod01 的相同，使用这条指令不能够创建产生真实圆轨迹的程序。

5.2.3.6　特殊辅助继电器和特殊数据寄存器

（1）概述

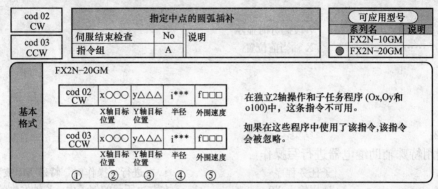

cod 02 CW	指定中点的圆弧插补			可应用型号	
				系列名	说明
cod 03 CCW	伺服结束检查	No	说明	FX2N-10GM	
	指令组	A		● FX2N-20GM	

图 5-65　CW/CCW（顺时针/逆时针）指令格式

从 M9000 开始的辅助继电器和从 D9000 开始的数据寄存器被作为专用设备分配。根据控制情况可以读写各种命令输入、状态信息和参数设定值。

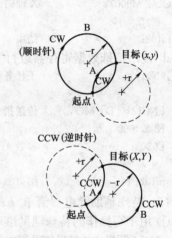

① 特殊辅助继电器（M9000 或更大）。特殊辅助继电器（特殊 Ms）主要是用于写入命令输入和读取状态信息。

a. 命令输入写读。可以通过开启像开始/停止和 FWD/RVS/ZRN 之类的特殊 Ms 来发出操作命令，而且无需使用外部输入端子就可以通过程序来控制这些命令。当从外部输入端子输入命令时，有些特殊 Ms 会开启这些 Ms，也可以用于读取操作。

b. 状态信息读。这些特殊 Ms 可以被读取，用来表示定位单元的状态。

② 特殊数据寄存器（D9000 或更大）。当前位置信息和正在执行的程序号/步号以及各种参数设定值的信息都存在特殊数据寄存器中，可以通过程序进行读写操作。

③ 特殊 Ms 和特殊 Ds 也可以被分配给缓冲存储器 BFM。FX2N-10GM 和 FX2N-20GM 中的那些 Ms 和 Ds 可以通过 PLC 程序 FROM/TO 指令用可编程序控制器进行读写。

④ 使用特殊 Ms/Ds 的方法（在定位程序中）

a. 使用特殊辅助继电器进行读操作

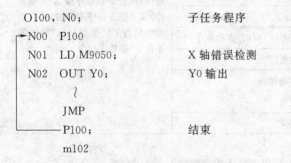

O100, N0;	子任务程序
N00　P100	
N01　LD M9050;	X 轴错误检测
N02　OUT Y0;	Y0 输出
〜	
JMP	
P100;	结束
m102	

· 进行读操作时，特殊 Ms 被看作接触器。在左边所示的例子中，当 X 轴发生错误时，一个通用输出 Y0 被用来向外部送出一个输出。（对于子任务，参考第 5.2 节）

b. 使用特殊数据寄存器进行读操作

用 FNC74（SEGL）指令在外部显示 X 轴的当前值（3 位）。

O100，N0；　　　　　　　　子任务程序
　　　　〜
N40　FNC74（SEGL）　　　7-段码分时显示
　　　D9005······　　　　　X轴当前位置
　　　Y0
　　　K3
　　　K0
　　　　〜
　　　m102；　　　　　　　结束

c. 使用特殊辅助继电器进行写操作

O100，N0；　　　　　　　　子任务程序
N0　LD X0；　　　　　　　通用输入 X0
N1　OUT M9007；　　　　　X轴错误复位
　　　　〜
　　　m102；　　　　　　　结束

• 在进行写操作时，特殊 Ms 被看作线圈。在左边所示的例子中，X轴发生的错误用通用输入 X0 复位（M9007）。

d. 使用特殊数据寄存器进行写操作

O100，N0；　　　　　　　　子任务程序
　　　　〜
N40　FNC12（［D］MOV）　传送指令（32 位）
　　　K20，000
　　　D9208；······　　　　参数 4：最大速度
　　　　〜
　　　m102；　　　　　　　结束

• 把参数 4（X轴上的最大速度）的设定值改为"20，000"。在此情况下，特殊 D 必须是双字的，而且也必须使用 32 位指令。对于低 16 位，使用偶数编号的数据寄存器，高 16 位使用接下去的那个数据寄存器。指定低位设备为操作数

(2) 特殊辅助继电器清单（表 5-57）

① 用于写操作的特殊辅助继电器（指定输入）。在 FX2N-10GM 中，y 轴不能使用。

② 用于写操作的特殊辅助继电器（指定输入）。在 FX2N-10GM 中，y 轴不能使用（表 5-58）。

表 5-57　特殊辅助继电器清单

X轴	Y轴	子任务	属性	说　明	
M9000	M9016	M9112		单步模式命令	
M9001	M9017	M9113		开始命令	
M9002	M9018	M9114		停止命令	
M9003	M9019	—		m 码关闭命令	
M9004	M9020	—		机械回零命令	
M9005	M9021	—	R/W	FWD/JOG 正向/点动命令	当这些特殊 Ms 由一个主任务程序(同步 2 轴程序或 X/Y 轴程序)或子任务程序驱动时，它们的功能相当于定位单元的"输入端子命令"的替代命令
M9006	M9022	—		RVS/JOG 反向/点动命令	
M9007	M9023	M9115		错误复位	
M9008	M9024	—		回零轴控制	
M9009	M9025	—		未定义	
M9010	M9026	—		未定义	
M9011 M9012 M9013	M9027~ M9030	M9116~ M9125	—	未定义,但 M9118 的功能如表 5-56 所示	

续表

X轴	Y轴	子任务	属性	说 明	
M9014			W	16 位 FROM/TO 模式通用/文件寄存器	—
M9015		—		连续路径模式	FX2N-10GM 未定义
—	M9031	M9126	R/W	未定义	—
—	—	M9127		电池 LED 亮灯控制	FX2N-10GM 未定义
—	—	M9132			
—	—	M9133			
—	—	M9134			
—	—	M9135	—	未定义	—
M9036～M9040	M9041～M9045				
M9046,M9047					
M9160*1	—	—	W	在操作过程中以多步速度进行 m 码控制	FX2N-20GM 未定义

注：1. 属性 W：此特殊辅助继电器是只写的。

2. 属性 R/W：此特殊辅助继电器即可读又可写。当从一个外部输入端子给出一个命令输入时，该继电器开启。

3. *1 在 FX2N-20GM 中未定义。

4. 在同步 2 轴模式（仅存于 FX2N-20GM 中）中，即使只对 X 或 Y 轴发出单步模式命令、开始命令、停止命令或 m 码关闭命令，这些命令对两个轴都有效。

5. 命令输入用的特殊辅助继电器的开/关状态由定位单元里的 CPU 连续监控。

6. 在电源打开后，每个特殊辅助继电器都被初始化为关闭状态。

（3）特殊数据寄存器清单 特殊数据寄存器在 FX2N-10GM 中 y 轴不可用（表 5-59）。

表 5-58 特殊辅助继电器清单

X轴	Y轴	子任务	属性	说 明	
M9048	M9080	M9128		就绪/忙	
M9049	M9081	—		定位结束	
M9050	M9082	M9129		错误检测	
M9051	M9083			m 码开启信号*1	
M9052	M9084			m 码备用状态*1	
M9053	M9085	M9130		m00(m100)备用状态	
M9054	M9086	M9131	R	m02(m102)备用状态	这些特殊 Ms 根据定位单元的状态而打开/关闭
M9055	M9087	—		停止保持驱动备用状态	
M9056	M9088	M9132		进行中的自动执行*1（进行中的子任务操作）	
M9057	M9089			回零结束*2 在电源侦听和机械回零命令中清除	
M9058	M9090	—		未定义	

续表

X 轴	Y 轴	子任务	属性	说　明	
M9059	M9091	—		未定义	
M9060	M9092	M9118		操作错误 * 1	这些特殊 Ms 根据定位单元的状态而打开/关闭
M9061	M9093	M9133		零标志 * 1	
M9062	M9094	M9134		借位标志 * 1	
M9063	M9095	M9135		进位标志 * 1	
M9064	M9096	—		DOG 输入	
M9065	M9097	—		START 输入	
M9066	M9098	—	R	STOP 输入	
M9067	M9099	—		ZRN 输入	
M9068	M9100	—		FWD 输入	这些特殊 Ms 根据定位单元的开关状态而打开/关闭
M9069	M9101	—		RVS 输入	
M9070	M9102	—		未定义	
M9071	M9103	—		未定义	
M9072	M9104	—		SVRDY 输入	
M9073	M9105	—		SVEND 输入	
M9074～M9079	M9106～M9111	M9136～M9138		未定义	
—	—	M9139		独立 2 轴/同步 2 轴 * 3	
—	—	M9140		端子输入：MANU	这些特殊 Ms 根据定位单元中正在执行的程序、端子输入状态等而打开/关闭
—	—		R	未定义	
—	—	M9142		未定义	
—	—	M9143		电池电压低 * 3	
M9144	M9145	—	R/W	当前值建立标志 * 2（该标志在执行一次回零或绝对位置检测操作后设置，在电源切断后复位）	
M9146～M9159			—	未定义	
M9163	M9164	—	R/W	执行 INC 指令时考虑了 cod73～cod75 指令的校正数据	
M9165～M9175			—	未定义	

注：1. 属性 R：这个特殊辅助继电器是只读的，用户不能对它进行写入操作。

2. 属性 R/W：该特殊辅助继电器即可读又可写。可以通过 RST 指令关闭 M9144 和 M9145。

3. * 1：X 轴和 Y 轴在同步 2 轴操作中同时操作。

4. * 2：即使绝对位置检测结束后，回零结束标志（M9057 和 M9089）也不会开启。当你想用一个标志来表示绝对位置检测结束时，应该使用"当前值建立标志"（M9144 和 M9145）（返回到零点后当前值建立标志不会复位）。

5. * 3：在 FX2N-10GM 中未定义。

表 5-59 特殊数据寄存器清单

X轴		Y轴		子任务		属性		说 明
高位	低位	高位	低位	高位	低位	发送方向	指令形式	
—	D9000	—	D9010	—	—	R/W		程序号规范(参数30:3)*1
—	D9001	—	D9011	—	—		[S]	正执行的程序号*2
—	D9002	—	D9012	—	D9100	R		正在执行的行号*2
—	D9003	—	D9013	—	—			m码(二进制)*2
D9005	D9004	D9015	D9014	—	—	R/W	[D]	当前位置
D9007	D9006	D9017	D9016	—	—	—	—	未定义
D9009	D9008	D9019	D9018	—	—	—	—	未定义
—	—	—	—	—	D9020			存储器容量
—	—	—	—	—	D9021			存储器类型
—	—	—	—	—	D9022			电池电压*3
—	—	—	—	—	D9023			低电池电压检测电平初始值3.0V*3
—	—	—	—	—	D9024			检测到的瞬时电源中断数量*3
—	—	—	—	—	D9025	R	[S]	瞬时电源中断检测时间初值10ms*3
—	—	—	—	—	D9026			型号:5210(FX2N-20GM)或5310(FX2N-10GM)
—	—	—	—	—	D9027			版本
—	—	—	—	—	D9028	—	—	未定义
—	—	—	—	—	D9029	—	—	未定义
D9030 到 D9039		D9040 到 D9049		D9050~D9059		—	—	未定义
—	D9060	—	D9080	—	D9101			正在执行的步号*2
—	D9061	—	D9081	(D9103)	D9102		[S]	错误码*2
—	D9062	—	D9082	—	—			指令组A:当前cod状态*2
—	D9063	—	D9083	—	—	R		指令组D:当前cod状态*2
D9065	D9064	D9085	D9084	D9105	D9104		[D]	暂停时间设定值*2
D9067	D9066	D9087	D9086	D9107	D9106			暂停时间当前值*2
(D9069)	D9068	(D9089)	D9088	(D9109)	D9108		[S]	循环次数设定值*2
(D9071)	D9090	(D9091)	D9090	(D9111)	D9110			循环次数当前值*2
D9073	D9072	D9093	D9092	—	—	—	—	未定义
D9075	D9074	D9095	D9094	—	—	R	[D]	当前位置转成脉冲

续表

| X轴 | | Y轴 | | 子任务 | | 属性 | | 说　明 |
高位	低位	高位	低位	高位	低位	发送方向	指令形式	
(D9077)	D9076	(D9097)	D9096	(D9113)	D9112	R	[S]	发生操作错误的步号*2
D9079	D9078	D9099	D9098	D9114~D9119		—	—	未定义
D9121	D9120	D9123	D9122	—	—	R/W	[D]	X/Y轴补偿数据
D9125	D9124	—	—	—	—			圆弧中心点 i 补偿数据*3
—	—	D9127	D9126	—	—			圆弧中心点 j 补偿数据*3
从高位 D9129 到低位 D9028				—	—			圆弧半径 r 补偿数据*3
—	—	—	—	D9130~D9139		—	—	未定义
—	—	—	—	—	D9140		[S]	变址寄存器 V0
—	—	—	—	—	D9141			变址寄存器 V1
—	—	—	—	—	D9142			变址寄存器 V2
—	—	—	—	—	D9143			变址寄存器 V3
—	—	—	—	—	D9144			变址寄存器 V4
—	—	—	—	—	D9145			变址寄存器 V5
—	—	—	—	—	D9146	R/W		变址寄存器 V6
—	—	—	—	—	D9147			变址寄存器 V7
—	—	—	—	D9149	D9148		[D]	变址寄存器 Z0
—	—	—	—	D9151	D9150			变址寄存器 Z1
—	—	—	—	D9153	D9152			变址寄存器 Z2
—	—	—	—	D9155	D9154			变址寄存器 Z3
—	—	—	—	D9157	D9156			变址寄存器 Z4
—	—	—	—	D9159	D9158			变址寄存器 Z5
—	—	—	—	D9161	D9160			变址寄存器 Z6
—	—	—	—	D9163	D9162			变址寄存器 Z7
从 D9164~D9199						—	—	未定义

注：1. 属性 R：这个数据寄存器是只读的，用户不能对它进行写入操作。

2. 属性 R/W：这个数据寄存器即可读又可写。在读写数据时，对于 S 类的数据寄存器使用 16 位指令，对于 D 类的数据寄存器使用 32 位指令。

3. *1：在同步 2 轴模式（仅在 FX2N-20GM 下可用）下用于 X 轴的特殊 D 有效，而用于 Y 轴的特殊 D 被忽略。

4. *2：在同步 2 轴模式（仅在 FX2N-20GM 下可用）下用于 X 轴的特殊 D 和用于 Y 轴的特殊 D 中存储的数据相同。

5. *3：在 FX2N-10GM 中未定义。

6. 用于当前位置数据的特殊数据寄存器：特殊数据寄存器 D9005 与 D9004 和 D9015 与 D9014 储存了当前位置数据这些数据，乃基于参数 3 中设定的实际单位。

　　用户可以在定位单元就绪（在 AUTO 或 MANU 模式下）且它不是正在等待剩余距离驱动的时候，把数字数据写入这些数据寄存器中。在写入数据时应使用 32 位指令。

　　另一方面用来表示转换成脉冲形式的当前位置的特殊数据寄存器 D9075 与 D9074 和 D9095 与 D9094 是只读的，它们的数据随着存储在数据寄存器 D9005 与 D9004 和 D9015 与 D9014 的数据的改变而自动变化。

（4）用于参数的特殊数据寄存器（定位参数） 在 FX2N-10GM 中，y 轴不可用（表 5-60）。

表 5-60　特殊数据寄存器清单

X轴		Y轴		属性		说　明
高位	低位	高位	低位	发送方向	指令形式	
D9201	D9200	D9401	D9400			参数 0：单位体系
D9203	D9202	D9403	D9402			参数 1：电机每转一圈所发出的命令脉冲数量
D9205	D9204	D9405	D9404			参数 2：电机每转一圈的位移
D9207	D9206	D9407	D9406			参数 3：最小命令单元
D9209	D9208	D9409	D9408			参数 4：最大速度
D9211	D9210	D9411	D9410			参数 5：JOG 速度
D9213	D9212	D9413	D9412			参数 6：偏移速度
D9215	D9214	D9415	D9414			参数 7：间隙校正
D9217	D9216	D9417	D9416			参数 8：加速时间
D9219	D9218	D9419	D9418			参数 9：减速时间
D9221	D9220	D9421	D9420			参数 10：插补时间常量 *1
D9223	D9222	D9423	D9422			参数 11：脉冲输出格式
D9225	D9224	D9425	D9424			参数 12：旋转方向
D9227	D9226	D9427	D9426	R/W	[D]	参数 13：回零速度
D9229	D9228	D9429	D9428			参数 14：蠕动速度
D9231	D9230	D9431	D9430			参数 15：回零方向
D9233	D9232	D9233	D9432			参数 16：机械零点地址
D9235	D9234	D9435	D9434			参数 17：零点信号计数
D9237	D9236	D9437	D9436			参数 18：零点信号计数开始计时
D9239	D9238	D9439	D9438			参数 19：DOG 开关输入逻辑
D9241	D9240	D9441	D9440			参数 20：限位开关逻辑
D9243	D9242	D9443	D9442			参数 21：定位结束错误校验时间
D9245	D9244	D9445	D9444			参数 22：伺服就绪检测
D9247	D9246	D9447	D9446			参数 23：停止模式
D9249	D9248	D9449	D9448			参数 24：电气零点地址
D9251	D9250	D9451	D9450			参数 25：软件极限（高位）
D9253	D9252	D9453	D9452			参数 26：软件极限（低位）

注：1. 属性 R/W 这个数据寄存器即可读又可写在读写数据时使用 32 位指令 D

2. *1：虽然给 Y 轴分配了特殊 Ds（D9421，D9420），但只有用于 X 轴的特殊 Ds（D9221，D9220）有效，而用于 Y 轴的被忽略。

（5）用于参数的特殊数据寄存器（I/O 控制参数） 在 FX2N-10GM 中，y 轴不可用（表 5-61）。

表 5-61　特殊数据寄存器清单

X轴		Y轴		属性		说　　明
高位	低位	高位	低位	发送方向	指令形式	
D9261	D9260	D9461	D9460			参数 30：程序号规定方式 * 1
D9263	D9262	D9463	D9462			参数 31：DSW 分时读取的首输入号 * 1
D9265	D9264	D9465	D9464			参数 32：DSW 分时读取的首输出号 * 1
D9267	D9266	D9467	D9466			参数 33：DSW 读取时间间隔 * 1
D9269	D9268	D9469	D9468			参数 34：RDY 输出有效 * 1
D9271	D9270	D9471	D9470			参数 35：RDY 输出号 * 1
D9273	D9272	D9473	D9472			参数 36：m 码外部输出有效 * 1
D9275	D9274	D9475	D9474			参数 37：m 码外部输出号 * 1
D9277	D9276	D9477	D9476			参数 38：m 码关闭命令输入号 * 1
D9279	D9278	D9479	D9478			参数 39：手动脉冲发生器
D9281	D9280	D9481	D9480			参数 40：手动脉冲发生器生成的每脉冲倍增因子
D9283	D9282	D9483	D9482			参数 41：倍增结果的分裂率
D9285	D9284	D9485	D9484			参数 42：用于启动手动脉冲发生器的首输入号
D9287	D9286	D9487	D9486	R/W	[D]	参数 43：
D9289	D9288	D9489	D9488			参数 44：
D9291	D9290	D9491	D9490			参数 45：
D9293	D9292	D9493	D9492			参数 46：空
D9295	D9294	D9495	D9494			参数 47：
D9297	D9296	D9497	D9496			参数 48：
D9299	D9298	D9499	D9498			参数 49：
D9301	D9300	D9501	D9500			参数 50：ABS 接口
D9303	D9302	D9503	D9502	R * 2		参数 51：ABS 的首输入号
D9305	D9304	D9505	D9504			参数 52：ABS 控制的首输出号
D9307	D9306	D9507	D9506			参数 53：单步操作
D9309	D9308	D9509	D9508			参数 54：单步模式输入号
D9311	D9310	D9511	D9510	R/W		参数 55：空
D9313	D9312	D9513	D9512			参数 56：用于 FWD/RVS/ZRN 的通用输入声明

注：1. 属性 R/W 这个数据寄存器即可读又可写在读写数据时使用 32 位指令 D。

2. * 1：在同步 2 轴模式下 X 轴的设定值有效而 Y 轴的设定值无效。

3. * 2：D9300～D9305 和 D9500～D9505 被分配作为检测绝对位置的参数。由于绝对位置检测是在定位单元电源开启时执行的，因而不能通过特殊辅助继电器启动。若要执行绝对位置检测，可用一个定位用的外围单元来直接设定参数。

5.2.3.7　用 PLC 通信

　　当 FX2N-10GM/FX2N-20GM 定位单元被连接到 FX2N/FX2NC 系列可编程序控制器上后，就可以设定诸如位移操作、速度之类的定位数据，还可以监控当前位置。

　　(1) 概述　通过定位单元内部的缓冲存储器来使用可编程序控制器的 FROM/TO 指令就可以与可编程序控制器进行通信。

　　图 5-66 显示了可编程序控制器和定位单元之间的通信系统配置（参见第 1 点）。

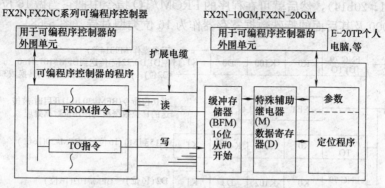

图 5-66 PLC 与定位单元间的通信系统配置

FROM 指令:把 BFM 中的内容读到可编程序控制器中。

TO 指令:把可编程序控制器中的内容写入 BFM 中。

当执行顺序程序中的 FROM 或 TO 指令时,就会在可编程序控制器和定位单元之间进行通信。这时定位单元可能处于 MANU 模式或 AUTO 模式下。

缓冲存储器与定位单元中的特殊 Ms 和特殊 Ds 互锁。当缓冲存储器中的内容改变时,特殊 Ms 和特殊 Ds 中的内容也会发生改变,定位单元自动在它们之间进行通信。

(2) 缓冲存储器

① 缓冲存储器的配置

a. 缓冲存储器号用 ♯ 表示,一个点由 16 位数据组成。

b. 定位单元里的如辅助继电器、I/O 继电器等之类的位设备和数据寄存器参数等之类的字设备被分配给缓冲存储器的 16 位数据。

c. 分配了位设备的缓冲存储器的每一位的操作都不同。

例如:BFM♯20,见图 5-67,图中显示了缓冲储存器 BFM ♯20。特殊辅助继电器 M9001 到 M9015 被分配给 BFM ♯20。例如 M9001(X 轴开始命令)被分配给 BFM ♯20 的第 1 位。当创建一个顺序程序以使该位被 TO 指令(写入缓冲存储器)开启后,就给出了开始命令。

图 5-67 缓冲存储器的配置

d. 分配了一个字设备的缓冲存储器用 16 位或 32 位来表示单个值。

例如 BFM♯9000:16 位数据二进制 D9000(程序号指定)。

D9000 分配给 BFM♯9000,可通过用 TO 指令把数据写入 BFM♯9000 来指定程序号。

对于字设备缓冲存储器编号和特殊数据寄存器的编号相等。

e. 缓冲存储器可以分为独立使用类型 16 位 [S] 和连续使用类型 32 位 [D] 两类。

对于当前位置之类的 32 位数据 FROM/TO 指令中应该加上 [D]。

若把连续使用类型的缓冲存储器作为 16 位类型看待时,应该开启特殊辅助继电器

M9014（BFM#20b14），然后就可在程序的 FROM/TO 指令中把它当做 16 位的来使用。但不能够把 D9000 及其后面的特殊数据寄存器作为 16 位类型对待（图 5-68）。

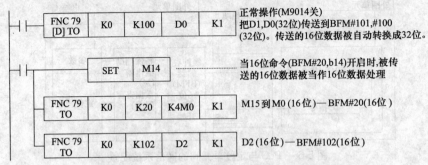

图 5-68　开启 M9014（BFM#20b14）的程序范例

② 缓冲存储器的分配。定位单元中的缓冲存储器、各种设备和参数按表 5-62 所示分配。在相对应的每对缓冲存储器和设备/参数中，存储的数据相同。

在 FX2N-10GM 中，没有使用与不支持的设备（如特殊辅助继电器、特殊数据寄存器和参数）相对应的缓冲存储器。

表 5-62　BFM 清单

BFM 号	被分配的设备	属　性		说　明
#0~#19	D9000~D9019	根据特殊数据寄存器的属性而变化（参考 5.2.3.6）		特殊数据寄存器被分配给缓冲存储器，这些缓冲存储器和 BFM#9000~#9019 相交迭
#20	M9015~M9000	R/W		
#21	M9031~M9016			
#22	M9047~M9032			
#23	M9063~M9048		[S]	特殊数据寄存器被分配给缓冲存储器
#24	M9079~M9064			
#25	M9095~M9080	R		
#26	M9111~M9096			
#27	M9127~M9112			
#28	M9143~M9128			
#29	M9159~M9144	R/W		
#30	M9175~M9160			
#31	未定义	—	—	—
#32	X07~X00	R	[S]	输入继电器被分配给缓冲存储器。但 X10~X357 没有被分配。
#33~#46	未定义			在 FX2N-10GM 中，X0~X3 和 X37~X377 被分配给缓冲存储器
#47	X377~X360	R	[S]	
#48	Y07~Y00	R/W	[S]	输出继电器被分配给缓冲存储器。但 Y10~Y67 没有被分配。
#49~#63	未定义	—	—	在 FX2N-10GM 中，Y0~Y5 被分配给缓冲存储器

续表

BFM 号	被分配的设备	属	性	说　明
♯64～♯95	M15～M0 与 M511～M496	R/W	[S]	通用辅助继电器被分配给缓冲存储器
♯96～♯99	未定义	—	—	
♯101，♯100～ ♯3999，♯3998	D101，D100～ D3999，D3998	R/W	[D]	通用数据寄存器被分配给缓冲存储器。 但 D0～D99 没有被分配
♯4001，♯4000～ ♯6999，♯6998	D4001，D4000～ D6999，D6998	R	[D]	文件寄存器被分配给缓冲存储器
♯7000～♯8999	未定义			
♯9000～♯9019	D9000～D9019	根据特殊数据 寄存器的属性而变化		特殊数据寄存器被分配给缓冲存储器，这些缓冲存 储器与 BFM♯0～♯19 交迭
♯9020～♯99119	D9020～D9119	根据特殊数据 寄存器的属性而变化		特殊数据寄存器被分配给缓冲存储器
♯9200～♯9339	D9200～D9339	R/W＊1	[D]	X 轴参数被分配给缓冲存储器
♯9400～♯9599	D9400～D9599	R/W＊1	[D]	Y 轴参数被分配给缓冲存储器

注：1. R：这个缓冲存储器是只读的，用户不能对它进行写入操作。

2. R/W：这个缓冲存储器即可读又可写。在读写数据时，对于 S 类的缓冲存储器使用 16 位指令，对于 D 类的缓冲存储器使用 32 位指令。

3. 对于字设备缓冲存储器编号和特殊数据寄存器的编号相等。

4. ＊1：D9300～D9305 和 D9500～D9505 被分配作为检测绝对位置的参数。绝对位置检测在定位单元电源开启时执行，故缓冲存储器不能用来启动绝对位置检测，但可以被读取。

用一个定位用的外围单元来设定检测绝对位置的参数。记住当在 FX2N-10GM 中使用以后将说明的表方法时，也要求应用定位用的外围单元。

5. 传送到 ♯32 及以后的缓冲存储器的传送指令所需执行时间约是常规执行时间的两倍。

6. 文件寄存器（♯4000～♯6999）只对 [D] FROM 指令有效，[D] TO 指令不会被执行。

（3）程序范例

① 指定程序号。缓冲存储器号♯0 或♯9000：同步 2 轴，X 轴（FX2N-10GM）

$\qquad\qquad\qquad$♯10 或♯9010：Y 轴

当用一个可编程序控制器来指定程序时，把参数 30（程序号指定方式）设为 3（图 5-69）。

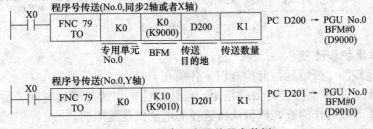

图 5-69　指定程序号的程序范例

把要执行的程序号写入 D200 和 D201。

程序号可以用除 D200 和 D201 以外的数据寄存器或者 K 常量直接指定。

② 操作命令开始/停止。从可编程序控制器发出各种操作命令（图 5-70）。

缓冲存储器号 BFM♯20（同步 2 轴，X 轴）、♯21（Y 轴）和♯27（了任务）的每个位的分配情况如图 5-70。

b15	b14	… …	b8	b7	b6	b5	b4	b3	b2	b1	b0
连续路径	16位命令		回零	错误复位	RVS	FWD	零点返回命令	m模式关闭	停止	开始	单步

图 5-70 缓冲存储器每个位的功能分配

BFM♯20 和♯21 的 b13 到 b9 都没有定义，♯27（子任务）只有 b0、b1、b2 和 b7 定义了。

③ 程序范例见图 5-71。

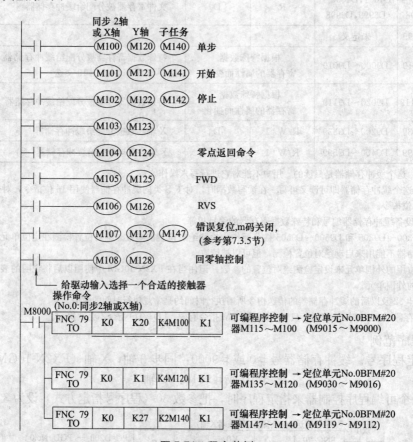

图 5-71 程序范例

5.2.3.8 操作维护和检验

（1）开始运行前 开始运行前检查以下各项。

① 系统设计。对定位装置的负载扭矩、负载惯性、加速与减速时间、运行速度、停机精度、运行频率等项目作检查，以确认所选择的电动机是适用的。

② 初期检验（电源关闭）。电源接线端子的连接错误、直流输入线与交流电源线相接触、输出接线间短路等均会造成定位装置的严重损坏。在接通电源之前，确认电源线及接地线的连接均正确，输入/输出线的接线均正确。

按照下列步骤测量定位装置的耐电压和绝缘电阻：

a. 断开定位装置的全部输入/输出接线和电源接线。

b. 定位装置不与其它任何装置相连时，用一根跳线连接除接地端子以外的所有端子。

c. 测量跳线与接地端子之间的电压和电阻。

耐电压：500VAC，1min（FX2N-10GM，FX2N-20GM）。

绝缘电阻：用500VDC程序检测，≥5MΩ。

（2）程序检验（开启电源并将定位装置设定在MANU模式） 用外围单元编写一个程序（去掉FX2N-20GM中EEPROM的写保护开关）。然后，读该程序并检查看其编写是否正确，用外围单元的程序检验功能检查程序和参数。

仔细阅读使用手册，充分确认安全性，然后执行返回到MANU/AUTO模式的零点、点动操作、步进操作或自动运行，操作错误会损坏定位装置或引发事故。

（3）增量/绝对驱动法 为定出定位装置的位移量或旋转角可选用绝对驱动或增量驱动法，绝对驱动法指示从基准点起的位置，而增量驱动法指示从当前位置起的移动距离。

① 绝对驱动法。定出从基准点零点起的距离。

程序范例：

O x00

cod00（DRV）

x1000；

cod00（DRV）

x2500；

cod00（DRV）

x1500

m02（END）

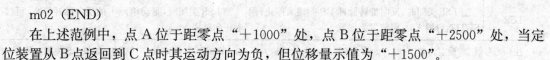

在上述范例中，点A位于距零点"＋1000"处，点B位于距零点"＋2500"处，当定位装置从B点返回到C点时其运动方向为负，但位移量示值为"＋1500"。

② 增量驱动法。定出从当前位置起的移动距离。

程序范例：

O x00

cod91（INC）

cod00（DRV）

x1000；

cod00DRV

x1500；

cod00（DRV）

x-1000

m02（END）

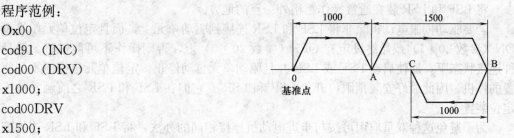

范例中显示出与绝对驱动法相当的运行状况，此时点A位于距初始位置"＋1000"处，点B位于距A点（基准点）"＋1500"（增量位移）处，点C位于距B点（基准点）"－1000"处。

③ 驱动方法规范。在定位程序中输入"cod90（ABS）"，即选用绝对驱动法；输入"cod91（INC）"，即选用增量驱动法。不作任何指定时自动选择绝对驱动法。

（4）电动机旋转方向 电机的旋转方向通过连接定位单元与驱动单元的方法和设定参数12与参数15来决定（表5-63）。

电动机旋转方向和定位装置的移动方向取决于正向旋转脉冲，而正向旋转脉冲取决于连接到驱动单元的方法和定位装置的规范。

表 5-63　电动机旋转方向

参数 12	旋转方向设定"0"	旋转方向设定"1"
当前值	用正向旋转脉冲(FP)增大 用反向旋转脉冲(RP)减小	用正向旋转脉冲 FP(增大) 用反向旋转脉冲 RP(减小)
指令运行	+x 和+y 指令产生正向旋转脉冲 FP -x 和-y 指令产生反向旋转脉冲 RP	+x 和+y 指令产生反向旋转脉冲 FP -x 和-y 指令产生正向旋转脉冲 RP
FWD 输入 JOG+输入	产生正向旋转脉冲 FP	产生反向旋转脉冲 RP
RVS 输入 JOG-输入	产生反向旋转脉冲 RP	产生正向旋转脉冲 FP
返零方向	当参数 15 设定为"0"时,即产生正向旋转脉冲(FP) 当参数 15 设定为"1"时,即产生反向旋转脉冲(RP)	当参数 15 设定为"0"时,即产生反向旋转脉冲(RP) 当参数 15 设定为"1"时,即产生正向旋转脉冲(FP)

（5）限位开关连接　见表 5-64。

表 5-64　限位开关的连接

型　号	对步进电动机	对伺服电动机
LS 连接	连接到定位单元 驱动单元始终接通	连接到驱动单元 定位单元置始终接通(参见后述注释)
LSF	当 LSF 关闭时,正向旋转脉冲 FP 的输入停止,用 RVS 操作输入时,可能发生回避	当 LSF 关闭时,驱动单元中的正向脉冲停止,可接收反向脉冲
LSR	当 LSF 关闭时,反向旋转脉冲 RP 的输入停止;用 FWD 运行输入时,可能发生回避	当 LSR 关闭时,驱动单元中的反向脉冲停止,可接收正向脉冲

注：当参数 20 设定为"0"时，如果 LS 开启，则脉冲输入停止；当参数 20 设定为"1"时，如果 LS 关闭，则脉冲输入停止。

将 LSF 和 LSR 装在通常操作箱稍外一点的地方。

若要驱动伺服电动机除非将 LSF 和 LSR 连接到驱动单元上，而且定位单元始终设定在 ON（参数 20：1）或始终设定在 OFF（参数 20：0）上，否则操作不可能进行。但是在这种连接状态下，即使启动 LSF 或 LSR 并且驱动单元自动停止，定位单元也探测不到驱动装置的停机。因此最好安装预限位开关 LSF′和 LSR′，它们在 LSF 和 LSR 之前触发被连接到定位装置上。

为了避免这种双重应用可按与步进电动机连接相同的办法，将 LSF 和 LSR 连接到定位单元上，并且将驱动单元始终设定在"ON"上。

5.2.3.9　定位程序

这里介绍用往复运动常量定位（FX2N-10GM 或 FX2N-20GM）的程序范例［图 5-72（a）］。

（1）控制要求

① 用定位装置将工件从左工作台移到右工作台，用一个电磁铁向上和向下移动工件。

② 定位装置仅在第一次靠启动命令返回零点。

③ 下移工件的电磁铁 Y0 接通，下限位开关 X0 接通时，夹紧电磁铁 Y1 接通夹住工件。

④ 在过了等待夹紧时间 1.5s 后，下移电磁铁 Y0 断开，定位装置向上移动。

⑤ 当上限位开关 X1 接通时，定位装置移向右工作台。

⑥ 当定位装置移动到达右工作台时，下移电磁铁 Y0 接通。

⑦ 当下限位开关 X0 接通时，夹紧电磁铁 Y1 断开，夹头松开放下工件。

⑧ 在过了等待夹头松开时间 1.5s 后，下移电磁铁 Y0 断开，定位装置向上移动。

⑨ 当上限位开关 X1 接通时，定位装置返回到左工作台。

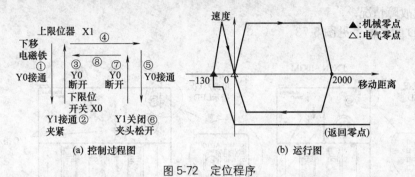

(a) 控制过程图　　　　(b) 运行图

图 5-72　定位程序

（2）运行图　见图 5-72（b）。

（3）程序

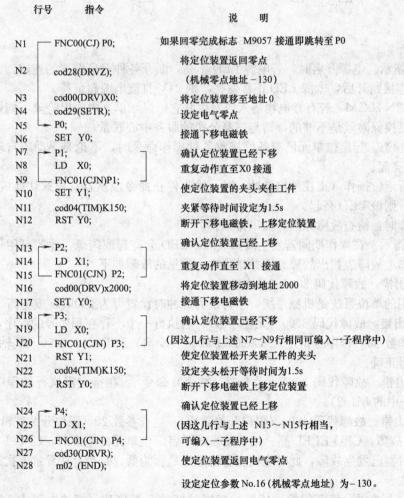

行号	指令	说　明
N1	FNC00(CJ) P0;	如果回零完成标志 M9057 接通即跳转至 P0
N2	cod28(DRVZ);	将定位装置返回零点
		（机械零点地址 −130）
N3	cod00(DRV)X0;	将定位装置移至地址 0
N4	cod29(SETR);	设定电气零点
N5	P0;	
N6	SET Y0;	接通下移电磁铁
N7	P1;	确认定位装置已经下移
N8	LD X0;	重复动作直至 X0 接通
N9	FNC01(CJN)P1;	
N10	SET Y1;	使定位装置的夹头夹住工件
N11	cod04(TIM)K150;	夹紧等待时间设定为 1.5s
N12	RST Y0;	断开下移电磁铁，上移定位装置
N13	P2;	确认定位装置已经上移
N14	LD X1;	重复动作直至 X1 接通
N15	FNC01(CJN) P2;	
N16	cod00(DRV)x2000;	将定位装置移动到地址 2000
N17	SET Y0;	接通下移电磁铁
N18	P3;	确认定位装置已经下移
N19	LD X0;	
N20	FNC01(CJN) P3;	（因这几行与上述 N7～N9 行相同可编入一子程序中）
N21	RST Y1;	使定位装置松开夹紧工件的夹头
N22	cod04(TIM)K150;	设定夹头松开等待时间为 1.5s
N23	RST Y0;	断开下移电磁铁上移定位装置
N24	P4;	确认定位装置已经上移
N25	LD X1;	（因这几行与上述 N13～N15 行相当，
N26	FNC01(CJN) P4;	可编入一子程序中）
N27	cod30(DRVR);	使定位装置返回电气零点
N28	m02 (END);	

设定定位参数 No.16（机械零点地址）为 −130。

5.2.3.10　故障诊断

在初次出现故障时，检查电源供电电压是否正常、定位单元或 I/O 单元的端子螺丝是否松动、接头接触是否不良。

（1）根据 LED 的显示作故障诊断　可通过检查定位单元上各种 LED 发光二极管的显示状态来查找故障情况。

① LED 的名称　见图 5-73。

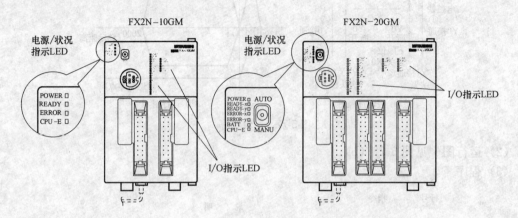

图 5-73　LED 的名称

② 电源指示。电源开启时，若电源 LED 不亮，断开各种 I/O 装置的连接。

若 I/O 连接断开后，电源 LED 正常发亮，则 24V 直流电源超负荷。

对于 FX2N-20GM，若有导电物落入或发生其它错误，单元内的保险丝可能爆断。遇到这种情况仅更换保险丝是不够的，请与三菱公司的服务中心联系。

③ 准备状态。当定位单元已准备好接收各种操作命令时，不论是手动或自动模式，准备 LED 均会亮起。

正在执行定位操作（正在输出脉冲）时：输入停止命令或从自动模式切换成手动模式，使操作停止，则该 LED 亮起。

发生故障时：检查故障原因并加以排除。

④ 故障指示。在操作期间若发生故障故障，LED 会亮起或闪烁，此时可用外围设备读故障代码，参考故障表找出故障原因并排除它。常见的故障如下。

a. 参数出错。故障代码 2004（最大速度）

若所采用的单位系统是机械系统，当转换为脉冲时设置可为 200kHz 或更高。

b. 程序出错。故障代码 3000（无程序号）：若执行一个不存在程序号的程序，即出现该故障，监控参数 30（程序号指定）、D9261/D9260（X 轴）和 D9461/9460（Y 轴），以确保指定的程序号正确。

c. 程序出错。故障代码 3001［无 m02（结束）命令］：在指定需执行的程序结尾没有 m02（子任务中的 M102）。

d. 外部出错。故障代码 4004（限位开关激活）：检查参数 20（限位开关逻辑）。

e. CPU 故障。CPU-ELED 亮：用手动模式开启定位单元的电源时，CPU-ELED 亮起，说明监视计时器已发生故障，此时应检查电池电压是否为低、是否存在异常干扰源或有外来导体杂物存在。

请用 2mm² 或更大截面积的导体进行越短越好的 3 级接地（接地电阻 100Ω 或更小），见图 5-74。

f. 电池电压故障。电池电压 LED 亮起（FX2N-20GM）：若电池电压低，则开启电源时电池电压 LED 靠 5V 电源供电：特殊辅助继电器 M9143 被激活。在检测到电池电偏低后大约一个月后，电池电压 LED 亮起，程序（当使用 RAM 存储器时）和各种靠电池支持的存储器备份在发生断电时就不能被保存。必须立即更换电池。

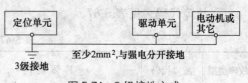

图 5-74 3 级接地方式

说明：特殊继电器 M9127 被驱动时，即使电池电压低，该 LED 也不会亮起。专用辅助继电器 M9143 仍处于激活状态。

特殊数据寄存器设定数值时数据寄存器的内容可能变得不稳定，并且当电池电压变低时设定值会变化：即使使用 EEPROM 作为程序存储器亦如此。务必注意。

FX2N-10GM 是无电池型的产品，并且装有 EEPROM 存储器。

⑤ I/O 指示。若输入开关接通和断开时，I/O 指示 LED 不闪烁，可检查定位单元的输入接线。特别应检查输入开关的连接是否可靠，输入开关是否因其与另一线路并接等原因，而不能关闭。若输出指示 LED 闪烁而负载不能接通或断开，应检查输出接线。

特别是定位单元的输出晶体管可能因负载短路或超载而损坏。

⑥ 脉冲输出指示。脉冲输出指示 LED（FP 和 RP）在正常工作状态（当脉冲输出时）下看起来发光暗淡，这是因为这些 LED 实际上正在以高频闪烁。

（2）故障代码表 当发生表 5-65 所列的故障时，在定位单元前面板上的 ERROR-X 或 ERROR-YLED 会亮起。

① 故障确认。可用 E-20TP 示教面板或 FX-PCS-KIT/GM 个人电脑软件或通过使用下表所列的特殊辅助继电器 M 和特殊数据寄存器 D 对故障进行监控来确认故障代码。

若连接有 FX2N（C）系列 PLC，可用 FROM 指令读 BFM，从可 PLC 中来检查故障代码。

表 5-65 故障的确认一览表

项 目	故障检测		故障代码	
	特殊 M	BFM	特殊 D	BFM
X 轴	M9050	#23b3	D9061	#9061
Y 轴	M9082	#25b2	D9081	#9081
子任务	M9129	#28b1	D9102	#9102
操作	当检测到故障时接通		存储故障代码	

② 故障复位方法。可以通过消除出错起因来使故障复位并执行如下操作（表 5-66）。

a. 使用 E-20TP、个人电脑软件等外围设备执行出错复位操作（详见相关手册）。

b. 将工作模式设为手动并发出停止命令（通过接通输入端子 [STOP] 或特殊 M）。

c. 接通下表所示的特殊 M 或 BFM。

表 5-66 故障复位方法一览表

项 目	故 障 检 测	
	特殊 M	BFM
X 轴	M9007	#20b7
Y 轴①	M9023	#21b7
子任务	M9115	#27b3

① FX2N-10GM 中未定义 Y 轴。

③ 故障代码表见表 5-67。

表 5-67 故障代码表

故障类型	故障代码	具 体 表 现	复 位	同步 2轴模式	独立 2轴模式
无故障	0000	无故障	—	—	—
系统参数	1100~1111	若 100~111 中的任一参数设定不正确即显示相应故障代码 1100~1111	确保被认为出错的参数设定在设定范围内	全局故障	全局故障
参数设定出错	2000~2056	若 0~24 中定位参数或 30~56 的 I/O 控制参数设定不当,显示相应故障代码		局部故障	局部故障
程序出错	3000	程序号不存在。当启动命令用自动模式给出时指定的程序号不存在	改变程序号或编制程序	全局故障	局部故障
	3001	程序中无"m02(END)"在规定程序的结尾处无 m02(END)命令	程序结尾添加"m02(END)"		
	3003	当设定值超过 32 位时设定值寄存器溢出	改设定值不超过 32 位的值	局部故障	
	3004	设定值无效。当输入值不在设定范围内	改设定值至设定范围内		
	3005	命令型式无效。当不能省略的设定移动距离和速度被省略或输入了另一个轴的设定值	确认每条指令后的程序型式		
	3006	缺少 CALL(调用)和 JUMP(跳转)指令的标号	给跳转目的地和调用的标号编号		
	3007	调用命令无效嵌套超过 15 层或调用与 RET 标号不符	调整嵌套至≤15 层,尤其确认层数	全局故障	
	3008	重复指令故障嵌套层超过 15 或与 RET 的标号不符			
	3009	O. N. P 数有问题规定了在设定范围之外的 O. N. P 数	确认是否有相同的数		
	3010	轴的设定同时存在相对 2 个独立轴与同步程序的轴	统一程序		全局故障
外部故障(LED 闪烁)	4002	伺服结束故障,未从电机放大器接到定位完成信号	检查参数 21 及接线	局部故障	局部故障
	4003	伺服准备故障,未从电机放大器接到准备完成信号	检查参数 22 及接线		
	4004	限位开关激活	检查参数 20、限位逻辑、接线		
	4006	ABS 数据传输出错	确认参数 50~52 及接线		

续表

故障类型	故障代码	具 体 表 现	复 位	同步2轴模式	独立2轴模式
严重故障	9000	存储器出错	若关闭电源后再开启而该故障仍出现,需修理	全局故障	全局故障
	9001	和校验出错			
	9002	监视计时器出错(CPU-ELED亮起)			
	9003	硬件出错			

全面性故障:即使仅 X 或 Y 轴发生故障,故障指示仍是对 2 个轴而言的,且两轴都停止。

局部性故障:故障指示仅对曾发生过故障的轴而言,在同步 2 轴运行期间,2 轴同时停止。在独立 2 轴轴运行时,仅曾经发生过故障的轴停止。

◄◄◄ 5.2.4 FX2N-20GM 位置控制单元

定位单元 FX2N-20GM(以下统称定位单元)是输出脉冲序列的专用单元。定位单元允许用户使用步进电机或伺服电机并通过驱动单元来控制定位。

(1) 控制轴数目(控制轴数目表示控制电机的个数) 一个 FX2N-20GM 能控制两根轴,它具有线性/圆弧插补功能。

(2) 定位语言 定位单元配有一种专用定位语言(cod 指令)和顺序语言(基本指令与应用指令)。

(3) 手动脉冲发生器 当连上一个通用手动脉冲发生器(集电极开路型)后,手动进给有效。

(4) 绝对位置(ABS)检测 当连接上一个带有绝对位置(ABS)检测功能的伺服放大器后,每次启动时的回零点可被保存下来。

(5) 连接的 PLC 当连上一个 FX2N/2NC 系列 PLC 时,定位数据可被读/写。

当连接一个 FX2NC 系列 PLC 时,需要一个 FX2NC-CNV-IF。

定位单元也可不需要任何 PLC 而单独运行。

5.2.4.1 外形与连接

(1) 外形 见图 5-75。

(2) 手动/自动选择开关 见图 5-76。写程序或设定参数时选择手动(MANU)模式,此时定位程序和子任务程序停止。在自动操作状态下,当开关从 AUTO 切换到 MANU 时,定位单元执行当前定位操作,然后等待结束(END)指令。

(3) 安装使用注意事项

① 在开始安装和连线前,确保切断所有外部电源供电。如果电源没有被切断,可能使用户触电或部件被损坏。

② 部件不能安装在过量或导电的灰尘、腐蚀或易燃的气体、湿气或雨水、过度热量、常规的冲击或过量的震动等环境条件的场所中。

③ 在安装过程中,切割、修整导线时,特别注意不要让碎片落入部件中。当安装结束时,移去保护纸带,以避免部件过热。

④ 确保安装部件和模块尽可能地远离高压线、高压设备和电力设备。

⑤ 勿将输入信号和输出信号置于同一多芯电缆中传输,也不要共享同一根导线。

⑥ 不要把 I/O 信号线置丁电力线附近或使它们共享同一根导线管,低压线应可靠地与高压线隔离开或进行绝缘。

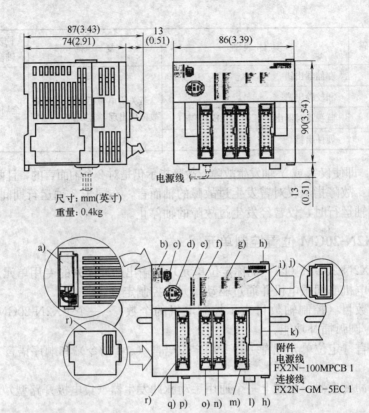

尺寸: mm(英寸)
重量: 0.4kg

图 5-75　FX2N-20GM 外形图

a) 电池（参见第 11 部分）；b) 运行指示 LED；c) 手动/自动开关；d) 编程工具连接器；e) 通用 I/O 显示；
f) 设备输入显示；g) x 轴状态显示；h) 锁定到 FX2N-20GM 的固定扩展模块；i) y 轴状态显示；
j) FX2N-20GM 扩展模块连接器；k) PLC 扩展模块连接器；l) 用于 DIN 轨道安装的挂钩；
m) y 轴电机放大器的连接器：CON4；n) x 轴电机放大器的连接器：CON3；o) 输入设备连接器：CON2；
p) 电源连接器；q) 通用 I/O 连接器：CON1；r) 存储板连接器

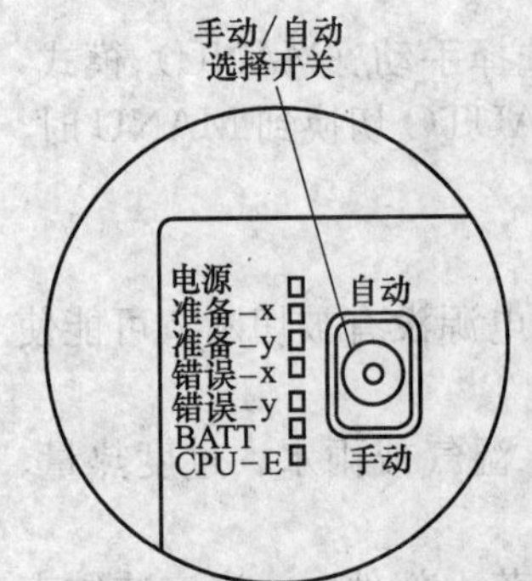

手动/自动
选择开关

电源
准备-x　自动
准备-y
错误-x
错误-y
BATT
CPU-E　手动

图 5-76　手动/自动选择开关

⑦ 当 I/O 信号线具有较长的一段距离时，必须考虑电压降和噪声干扰。

（4）与 PLC 主单元连接　见图 5-77。

① 用 PLC 连接电缆 FX2N-GM-5EC 或 FX2N-GM-65EC 来连接 PLC 主单元和定位单元。FX2N-GM-65ECFX2N-GM-65EC。

② FX2N 系列 PLC 最多能连接 8 个定位单元，FX2NC 系列 PLC 最多能连接 4 个定位单元。

③ 当连接定位单元到 FX2NC 系列 PLC 时，需要 FX2NC-CNV-IF 接口。

④ 在一个系统中仅能使用一条扩展电缆 FX2N-GM-65EC（650mm）。

⑤ 连接到连接器上的扩展模块、扩展单元、专用模块/单元被看作 PLC 主单元的扩展单元。

⑥ 当扩展 I/O 点到 FX2N-20GM 时把它们连接到 FX2N-20GM 右部提供的扩展连接器上。

⑦ 可靠地连接电缆（如扩展电缆）和存储卡盒到规定的连接器。不良接触可导致故障。

⑧ 先关掉电源后连接/断开电缆（如扩展电缆）。若在电源打开时操作，单元可能出

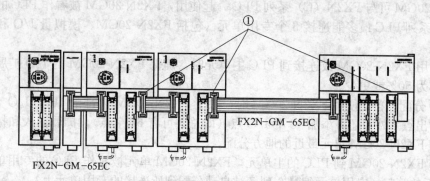

图 5-77　FX2N-20GM 与 PLC 主单元连接图

故障。

（5）系统配置和 I/O 分配

① 系统配置见图 5-78。图中括号（）内显示的 I/O 分配表示 FX2N-10GM 中的 I/O 点。

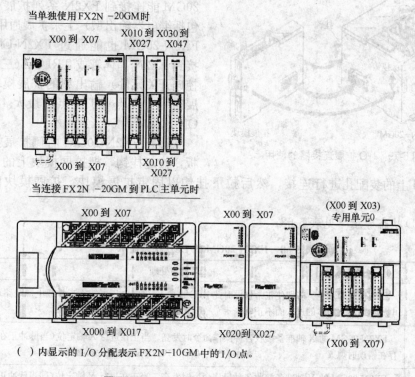

（　）内显示的 I/O 分配表示 FX2N-10GM 中的 I/O 点。

图 5-78　PLC 主单元与各扩展单元连接图

FX2N-20GM 配有电源、CPU、操作系统输入、机械系统输出和 I/O 驱动单元，它也能独立运行。FX2N-20GM 配有 8 个输入点（X00～X07）和 8 个输出点（Y00～Y07）作为通用用途。它们能连接到外部 I/O 设备上，若 I/O 点不足，FX2N 系列 PLC 的扩展模块（不包括继电器输出型）作为 FX2N-20GM 的扩充连于其上。

FX2N-20GM 可通过 FX2NC-CNV-IF 连接到晶体管输出型或 RRIAC（三端双向可控硅开关元件）输出型 FX2NC 系列 PLC 上。FX2N-20GM 不能连接到 FX2N 系列 PLC 的扩展模块或 FX2N 系列的继电器输出型扩展模块上。

FX2N-20GM 可与 FX2N（C）系列 PLC 一起使用，FX2N-20GM 被看作 PLC 的专用单元。FX2N 系列 PLC 最多能连接 8 个专用单元（包括 FX2N-20GM、模拟量 I/O 和高速计数器）。

单独使用 FX2N-20GM 或连接到 PLC 主单元时，确保 FX2N-20GM 的 I/O 扩展区的同步 ON 比率为 50% 或更少。

② I/O 分配。独立使用 FX2N-20GM 时，除了 FX2N-20GM 内部的 16 个 I/O 点（8 输入点和 8 输出点）外，还可添加 48 个 I/O 点（即总共可有 64 个点），扩展输入和扩展输出独立地从离 FX2N-20GM 单元最近的地方分配。

当连接 FX2N-20GM 到 PLC 的主单元，FX2N-20GM 单元被看作 PLC 的专用单元，从离 PLC 最近的算起，专用单元编号 0 到 7 被自动分配到所连接的专用单元上。

FX2N-20GM 中的通用 I/O 点与 PLC 中的 I/O 点相隔离，并如同 FX2N-10GM 中的 I/O 点一样控制（一个 PLC 可占 8 个 I/O 点）。PLC 中 I/O 点的分配细节参见 FX2N 系列硬件手册。

③ I/O 扩展连接器见图 5-79。FX2N-20GM 能连接到 FX2N 系列扩展模块（不包括继电器输出型）上来扩展通用 I/O 点。FX2N-20GM 也能通过 FX2N-CNV-IF 连接到 FX2N 晶体管或 TRIAC（三端双向可控硅开关元件）输出型的扩展模块上来扩展通用 I/O 点（扩展点数最大 48），同步 ON 比率应为 50% 或更小。

移开 FX2N-20GM 右侧扩展连接器盖板，拉起挂钩，把扩展模块上的卡爪塞进

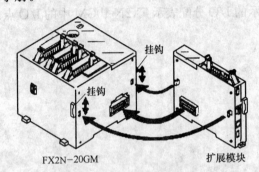

挂钩

挂钩

FX2N-20GM

扩展模块

图 5-79 I/O 扩展连接器的使用

FX2N-20GM 上的装配孔进行连接，然后拉下挂钩以固定扩展模块。扩展模块间相连亦如此。

（6）LED 状态显示 见表 5-68。

表 5-68 FX2N-20GM 的 LED 状态显示

LED	现象与处理
电源	正常供电时发亮。若即使正常供电时此 LED 也熄灭，供电电压可能不正常或电源线路可能由于导电异物或其它物体的进入而不正常
准备-X	FX2N-20GM 的 X 轴准备接收各种操作命令时发亮。当正在进行 X 轴定位（当脉冲正在输出时）或存在错误时熄灭
准备-Y	FX2N-20GM 的 Y 轴准备接收各种操作命令时发亮。当正在进行 Y 轴定位（即当脉冲正在输出时）或存在错误时熄灭
错误-X	在 X 轴定位操作中存在错误时发亮或闪烁，用户可在外部单元上读出错误代码，以检查错误内容
错误-Y	在 Y 轴定位操作中存在错误时发亮或闪烁。用户可在外部单元上读出错误代码，以检查错误内容
电池（BATT）	如果在电池电压低时打开电源，此 LED 发亮
CPU-E	发生监视计时器错误时发亮（原因为导电异物的侵入或非正常噪声）

（7）I/O 连接器 见图 5-80。

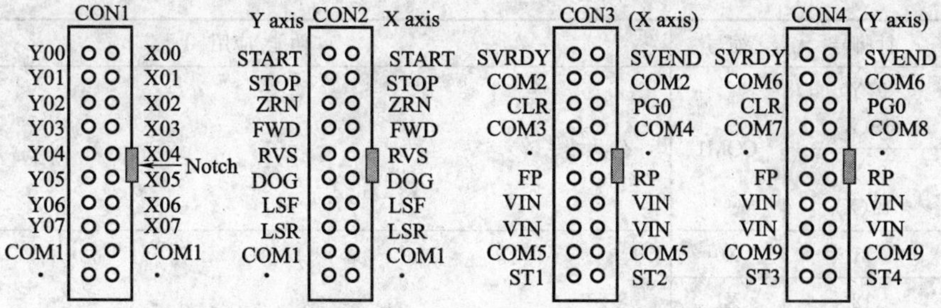

```
        CON1              Y axis  CON2  X axis        CON3 (X axis)          CON4 (Y axis)
Y00 ○ ○ X00      START ○ ○ START   SVRDY ○ ○ SVEND   SVRDY ○ ○ SVEND
Y01 ○ ○ X01      STOP  ○ ○ STOP    COM2  ○ ○ COM2    COM6  ○ ○ COM6
Y02 ○ ○ X02      ZRN   ○ ○ ZRN     CLR   ○ ○ PG0     CLR   ○ ○ PG0
Y03 ○ ○ X03      FWD   ○ ○ FWD     COM3  ○ ○ COM4    COM7  ○ ○ COM8
Y04 ○ ○ X04 Notch RVS  ○ ○ RVS      ·    ○ ○  ·       ·    ○ ○  ·
Y05 ○ ○ X05      DOG   ○ ○ DOG     FP    ○ ○ RP      FP    ○ ○ RP
Y06 ○ ○ X06      LSF   ○ ○ LSF     VIN   ○ ○ VIN     VIN   ○ ○ VIN
Y07 ○ ○ X07      LSR   ○ ○ LSR     VIN   ○ ○ VIN     VIN   ○ ○ VIN
COM1 ○ ○ COM1    COM1  ○ ○ COM1    COM5  ○ ○ COM5    COM9  ○ ○ COM9
     ○ ○  ·       ·    ○ ○         ST1   ○ ○ ST2     ST3   ○ ○ ST4
```

图 5-80　FX2N-20GM 的 I/O 连接器

图中所有具有相同名称的端子内部连通（如 COM1-COM1、VIN-VIN 等）。

注意不要连接●端子。连线信息参见《FX2N-10GM 和 FX2N-20GM 硬件编程手册》。

用户自己制作一根 I/O 电缆时，电缆连接器上▲被看作针脚号 20，注意▲和凹槽的位置。

用一根 2mm² 或以上导线对定位单元的接地端子实行 3 级接地，勿与电力系统公共接地。连接器信号见表 5-69。

表 5-69　FX2N-20GM 的连接器信号

连接器	针脚号	缩写	功能/应用
CON2	* 1 1(Y) 11(X)	START	自动操作开始输入 在自动模式的准备状态(当脉冲没输出时)下,当 START 信号从 ON 变为 OFF 时,开始命令被设置且运行开始。此信号被停止命令 m00 或 m02 复位
	2(Y) 12(X)	STOP	停止输入 当停止信号从 OFF 变为 ON 时,停止命令被设置且操作停止。STOP 信号的优先级高于 START、FWD 和 RVS 信号。停止操作根据参数 23 的设置(0~7)不同而不同
	3(Y) 13(X)	ZRN	机械回零开始输入(手动) ZRN 信号从 OFF 变为 ON 时,回零命令被设置,机器开始回零点。回零结束或发出停止命令时,ZRN 信号复位
	4(Y) 14(X)	FWD	正向旋转输入(手动) 当 FWD 信号变为 ON 时,定位单元发出一个最小命令单元的前向脉冲。当 FWD 信号保持 ON 状态 0.1s 以上,定位单元发出持续的前向脉冲
	5(Y) 15(X)	RVS	反向旋转输入(手动) 当 RVS 信号变为 ON 时,定位单元发出一个最小命令单元的反向脉冲。当 FWD 信号保持 ON 状态 0.1s 以上,定位单元发出持续的反向脉冲
	6(Y) 16(X)	DOG	DOG(近点信号)输入
	7(Y) 17(X)	LSF	正向旋转行程结束
	8(Y) 18(X)	LSR	反向旋转行程结束

续表

连接器	针脚号	缩写	功能/应用
CON2	9(Y) 19(X)	COM1	公共端子
	9(Y) 19(X)		
CON1	11	X0	通用输入 通过参数,这些针脚可被分配给数字开关的输入、m 代码、OFF 命令、手动脉冲发生器、绝对位置(ABS)检测数据、步进模式等。当被一个参数设置的 STEP 输入打开时就选择了步进模式,程序的执行根据开始命令的 OFF/ON 继续到下一行。直到当前行命令结束,步进操作才无效
	12	X1	
	13	X2	
	14	X3	
	15	X4	
	16	X5	
	17	X6	
	18	X7	
	5	Y1	通用输出 通过参数,这些针脚可被分配到数字开关数字变换的输出、准备信号、m 代码、绝对位置(ABS)检测控制信号等
	1	Y2	
	2	Y3	
	3	Y4	
	4	Y5	
	6	Y6	
	7	Y7	
	8	Y8	
CON3 CON4	1	SVRDY	从伺服放大器接收 READY 信号,表明操作准备已经完成
CON3	2,12	COM2	SVRDY 和 SVEND 信号(X 轴)的公共端
CON3 CON4	3	CLR	输出偏差计数器清除信号
CON3	4	COM3	CLR 信号(X 轴)公共端
CON3 CON4	6	FP	正向旋转脉冲输出
	7,8,17,18	VIN	FP 和 RP 的电源输入(5V,24V)
CON3 CON4	9,19	COM5	FP 和 RP 信号(X 轴)公共端
	10	ST1	当连接 PG0 到 5V 电源上时的短路信号 ST1
CON3 CON4	11	SVEND	从伺服放大器接收 INP(定位完成)信号
	13	PG0	接收零点信号
CON3	14	COM4	PG0(X 轴)公共端
CON3 CON4	16	RP	反向旋转脉冲输出
CON3	20	ST2	当连接 PG0 到 5V 电源上时的短路信号 ST2

续表

连接器	针脚号	缩写	功能/应用
CON4	2,12	COM6	SVRDY 和 SVEND 信号(Y 轴)的公共端
	4	COM7	COM7CLR 信号(Y 轴)的公共端
	9	COM9	FP 和 RP 信号(Y 轴)公共端
	10	ST3	当连接 PG0 到 5V 电源上时的短路信号 ST3 和 ST4
	14	COM8	PG0 信号 Y 轴公共端
	20	ST4	当连接 PG0 到 5V 电源上时的短路信号 ST3 和 ST4

* 在表中 (X) 表示 X 轴的分配,(Y) 表示 Y 轴的分配。

CON1I/O: 指定的连接器,CON2: I/O 指定的连接器。

CON3: 连接驱动单元 (X 轴) 的连接器,CON4: 连接驱动单元 (Y) 轴的连接器。

针脚编号列中对两个或更多针脚号的描述(如 COM1、COM2 和 VIN)表明这些针脚是内部连通的。

当 FX2N-20GM 进行同步 2 轴操作时,步进模式命令、开始命令、停止命令和 m 代码 OFF 命令对两个轴都有效,即使以上命令只作用于 X 或 Y 轴。

5.2.4.2 规格

(1) 电源规格(表 5-70)

表 5-70 FX2N-20GM 的电源规格

项 目	内 容
电源	24VDC,−15%～+10%
容许电源失效时间	如果瞬时电源故障时间为 5ms 或更短运行将继续
电力消耗	10W
保险丝	125VAC,1A

(2) 主要规格(表 5-71)

表 5-71 FX2N-20GM 的主要规格

项 目	内 容
环境温度	0～55℃(运行)−20～70℃(存储)
环境湿度	35%～85%,无冷凝(运行),35%～90%(存储)
抗振性	符合 JISC0040。10～57Hz:0.035mm 幅度的一半。57～150Hz:4.9m/s² 加速。X、Y、Z 的扫描次数:10 次(每一方向 80min)
抗冲击性	符合 JISC0041。147m/s² 加速,作用时间:11ms,X、Y、Z 方向各 3 次
抗噪性	1000Vp-p,1μs。30～100Hz,用噪声模拟器测试
绝缘承载电压	500VAC>1min。在所有的点、端子和地之间测试
绝缘电阻	5M>500V DC。在所有的点、端子和地之间测试
接地	3 级(100Ω 或更小)
大气条件	环境条件为无腐蚀性气体,灰尘为最少

(3) 性能规格(表 5-72)

表 5-72　FX2N-20GM 的性能规格

项　目		内　容
控制轴数目		两轴(两轴或两根独立同步轴)
应用 PLC		FX2N 和 FX2NC 系列 PLC 的母线连接。所占的 I/O 点数目为 8 点,连接 FX2NC 系列 PLC 时需要 FX2NC-CNV-IF
程序存储器		内置 RAM(7.8K 步),可选存储器板:FX2NC-EEPROM-16(7.8K 步),不能使用带有时钟功能的存储器板
电池		带有内置 FX2NC-32BL 型锂电池,大约 3 年的长寿命(1 年质保)
定位单元		命令单位:mm,deg,inch,pls(相对/绝对) 最大命令值＋999,999(当间接规定时为 32 位)
累积地址		－2,147,483,648 到 2,147,483,647 脉冲
速度指令		最大 200kHz,153,000cm/min(200kHz 或更小)。自动梯形模式加速/减速(插补驱动为 100kHz 或更小)
零点回归		手动操作或自动操作,DOG 信号机械零点回归(提供 DOG 搜索功能),通过电气启动点设置可进行自动电气零点回归
绝对定位检测		采用具有 ABS 检测功能的 MR-J2 和 MR-H 型伺服电动机时,可进行绝对位置检测
控制输入		操作系统:FWD(手动正转)、RVS(手动反转)、ZRN(机械零点回归)、START(自动开始)STOP、手动脉冲发生器(最大 2kHz)、单步操作输入(依赖参数设定) 机械系统:DOG(近点信号)、LSF(正向旋转极限)、LSR(反向旋转极限) 中断:4 点 伺服系统:SVRDY(伺服准备)、SVEND(伺服结束)、PG0(零点信号) 一般用途:主体有 X0～X7,使用扩展模块可使 X10～X67 为输入(最大点数 48 点)
控制输出		伺服系统:FP(正向旋转脉冲)、RP(反向旋转脉冲)、CLR(清除计数器) 一般用途:主体有 Y0～Y7,使用扩展模块可使 Y10～Y67 为输入(最大点数 48 点)
控制方法		编程方法:程序通过专用编程工具写入 FX2N-20GM 就可进行定位操作
程序号		000～099(两轴同步),0x00～0x99 和 0y00～0y99(两独立轴),0100(子任务程序)12 种系统设置,27 种定位设置,19 种 I/O 控制设置
指令	定位	Cod 编号系统(通过指令 cods 使用),19 种
	顺序	LD、LDI、AND、ANI、OR、ORI、ANB、ORB、SET、RST 和 NOP
	应用	30 种 FNC 指令
参数		12 种系统设置,27 种定位设置,19 种 I/O 控制设置 可通过特殊数据寄存器来更改程序设置(系统设置除外)
Mcods		m00:程序停止(WAIT) m02:定位程序结束 m01 和 m03～m99:可任意使用(AFTER 模式和 WITH 模式) m100(WAIT)和 m102(END):被子任务程序使用
软元件		输入:X0～X67,X372～X377,输出:Y0～Y67,辅助继电器:M0～M99(通用),M100～M511(通用和电池备用区)*,M9000～M9175(专用)*,指针:P0～P255,数据寄存器:D0～D99(通用)(16位),D100～D3999(通用和电池备用区)*(16 位),D4000～D6999(文件寄存器和锁存继电器)*,D9000～D9599(专用),变址寄存器:V0～V7(16 位),Z0～Z7(32 位)
自我诊断		参数错误、程序错误和外部错误,可通过显示和错误码来诊断

注:* 为电池备份区。使用的文件寄存器数目应在参数 m101 中设置。

（4）输入规格与作用计时（表 5-73、表 5-74）

表 5-73　FX2N-20GM 的输入规格

项　目		从通用设备输入	从驱动单元输入
输入信号名称	组 1	START、STOP、ZRN、FWD、RVS、LSF、LSR	SVRDY、SVEND
	组 2	DOG	PG0[①]
	组 3	通用输入：X00～X07	—
	组 4	手动脉冲发生器 中断输入：X00～X07	—
输出电路配置			
电路绝缘		通过光耦合器	通过光耦合器
运行指示		当输入是 ON 时 LED 点亮	当输入是 ON 时 LED 点亮
信号电压		24VDC±10%（内部电源）	5～24VDC±10%
输入电流		7mA/24VDC	7mA/24VDC，PG0（11.5mA/24VDC）
输入 ON 电流		4.5mA 或更小	0.7mA 或更大，PG0（1.5mA 或更大）
输入 OFF 电流		1.5mA 或更小	0.3mA 或更小，PG0（1.5mA 或更小）
信号格式		接点输入或 NPN 集电极开路晶体管输入	
响应时间	组 1	大约 3ms	大约 3ms
	组 2	大约 0.5ms	大约 50μs
	组 3	大约 3ms[②]	—
	组 4	大约 2kHz[②]	—
I/O 同时转为 ON 的比率		50%或更少	

① 在使用步进电机的情况下，短接端子 ST1 和 ST2 电阻从 3.3kΩ 改为 1kΩ。

② 定位单元根据参数和程序自动地调整目标（通用输入，手动脉冲发生器输入或中断输入），并自动改变滤波器常数（仅在 FX2N-20GM 中有中断输入）。手动脉冲发生器的最大响应频率是 2kHz。

表 5-74　FX2N-20GM 每一信号的作用计时

输入信号	手动模式		自动模式	
	电动机停止	电动机运行	电动机停止	电动机运行
SVRDY	驱动前	持续监控	驱动前	持续监控
SVEND	驱动后	—	驱动后	—
PG0	—	近点 DOG 触发后	—	近点 DOG 触发后
DOG	零点回归驱动前	零点回归驱动中	零点回归驱动前	零点回归驱动中

输入信号	手动模式		自动模式	
	电动机停止	电动机运行	电动机停止	电动机运行
START	—	—	准备状态中	—
STOP	持续监控			
ZRN	持续监控	—	END 步后的待机中	—
RWD,RVS (JOG+,JOG-)	持续监控		在 END 步后的待机中	
LSFLSR	驱动前	持续监控	驱动前	持续监控
X00 到 X07	当手动脉冲发生器正在运行时		在 END 步后的待机期间,当手动脉冲发生器正在运行时	在 INT、SINT、DINT 指令的执行过程中
通用输入	—		当相应的指令正在执行时	
通过参数设定的输入	—		持续监控	

注：用于命令输入的专用辅助继电器在 AUTO 模式下也是被持续监控的。

(5) 输出规格（表 5-75）

表 5-75　FX2N-20GM 的输出规格

项　目	通用输出	驱动输出
信号名称	Y00～Y07	FP、RP、CLR
输出电路配置	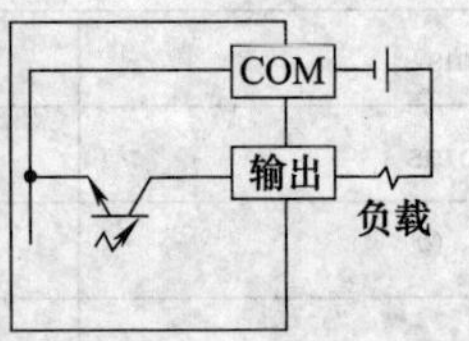	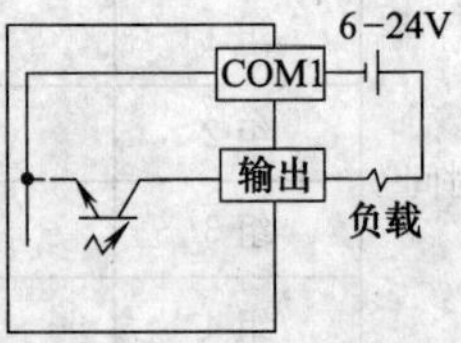
电路绝缘	通过光耦合器	
运行指示	输出 ON 时 LED 亮	
外部电源	5 到 24VDC±10%	
负载电流	50mA 或更小	20mA 或更小
开路漏电流	0.1mA/24VDC 或更小	
输出 ON 电压	最大 0.5V(CLR 最大 1.5V)	
响应时间	OFF→ON 和 ON→OFF 最大都为 0.2ms	脉冲输出 FPRP 最大 200kHz，CLR 信号的脉冲输出宽度约 20ms
I/O 同时转为 ON 的比率	50% 或更小，FX2N-20GM	

脉冲输出波形：以下形式的脉冲波形输出到驱动单元，用户可以不用参数来设置脉冲输出波形，脉冲输出波形根据实际的频率自动变换。

① 在插补驱动指令的情况下（FX2N-20GM）。当发出一个同步两轴驱动指令 cod01/02/03/31 时，运行频率为 1Hz～100kHz 情况下得到以下波形。

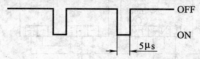

② 在其它驱动指令下

当 FX2N-20GM 的运行频率为 200～101kHz 时，ON 周期被固定为 2.5μs。

当 FX2N-20GM 的运行频率为 100kHz～1Hz 时，ON/OFF 比率为 50%/50%。

5.2.4.3 连线

完成连线后，推荐在写程序前通过 JOG（点动）操作来检查连线。此时设定定位单元到 MANU 模式，JOG 速度由参数 5 的设置来决定。

（1）电源连线

① 单独使用定位单元时见图 5-81。

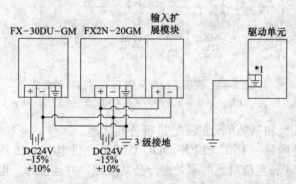

图 5-81 FX2N-20GM 单独使用定位单元时的电源连线

注：*1 每一驱动单元中的名字是不同的，如⏚、FG、PE。

在定位单元的⏚处和驱动单元的⏚处进行公共接地。

当从另一电源处向 FX-30DU-GM 输送电力时，在 FX-30DU-GM 的⏚处和定位单元的⏚处进行公共接地，并连接电源上的 24－。

确保在开始安装和连线前切断所有的外部电源供应。如果电源没有被切断，安装人员可能触电，设备可能受到损坏。

连接 FX2N-10GM/20GM 的电源线到本手册提到的专用连接器上。如果 AC 电源连接到 DCI/O 端子或 DC 电力端子上，PLC 可能被烧坏。

不要把外部单元电缆连接到 FX2N-10GM 的备用端子上。如此连线可能损坏设备。

在定位单元的接地端子处用 2mm² 或更粗的电气导线进行 3 级接地，但不要与强电力系统进行公共接地。

不要在带电时触摸任何端子。否则，可能遭到电击，设备也有可能受到损害。

首先关掉电源，然后开始清洁或紧固端子。若带电进行清洁或紧固操作，可能遭到电击。

正确连接 FX2N 10GM 中存储器备份用的电池，不要对此电池进行充电、分解、加热、短路操作或把它投入火中。以上的操作可能造成爆炸或着火。

② 连接定位单元到 PLC 时见图 5-82。

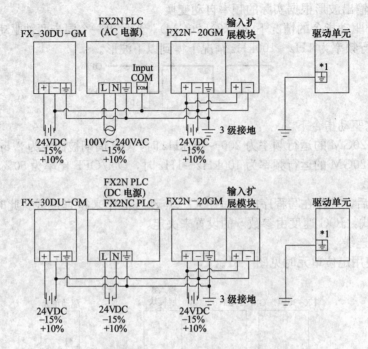

图 5-82　连接定位单元到 PLC 时的电源连线

注：*1 每一驱动单元中的名字是不同的如□、FG、PE。

在定位单元的□处和驱动单元的□处进行公共接地。

当从另一电源处向每一 PLC 和 FX-30DU-GM 单独供电时，在 PLC 的□处进行公共接地。在 FX-30DU-GM 和定位单元的□处进行公共接地，并连接每一电源上的 24－。同时连接 AC 型 PLC 的输入公共端子或连接 DC 型 PLC 上的 24－。

确保在开始安装和连线前切断所有的外部电源供应。否则，安装人员可能触电，设备可能受到损坏。

当使用可编程控制器时，参见可编程控制器的硬件手册并进行正确地连线。

若 FX2N-10GM 的 24VDC 不是由可编程控制器提供的，参见前页的当 FX2N-10GM 独立运行时，FX-10GM 后连接的扩展模块数。

不要在带电时触摸任何端子。若带电触摸端子，可能遭到电击，设备也有可能受到损害。

务必关掉电源后才清洁或紧固端子。否则，若带电进行清洁或紧固可能遭到电击。

(2) I/O 接线

① 输入接线见图 5-83。

a. 输入电路。当输入端子和 COM 端子与无电压触点或 NPN 集电极开路晶体管相连时输入被打开，两个或更多的输入 COM 端子在 PLC 内部连接。

b. 运行指示。当输入打开时输入指示 LED 点亮。

c. 电路绝缘。输入的主电路和次电路由光耦合器绝缘，在次电路处提供了一个 C-R 滤波器，用来防止由于输入触点振颤或输入线噪声造成的故障。

d. 输入灵敏度。定位单元的输入电流是 24VDC、7mA，但为了更可靠地打开定位单元，输入电流应大于等于 4.5mA。为更可靠关闭定位单元，输入电流应小于等于 1.5mA。

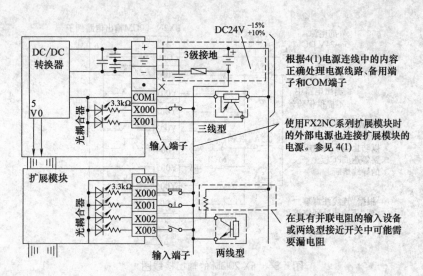

图 5-83　FX-20GM 的输入接线图

因此，若在输入触点（用来阻碍完全 ON）处有串联二极管或电阻，或在输入触点（用来阻碍完全 OFF）处有并联电阻或漏电流，应慎重选择输入设备。

e. DC 输入设备的选择。定位单元的输入电流是 24VDC、7mA，选择适合于此微弱电流的小型输入设备。

f. 在 PLC 外安装安全电路。这可使外部电源出现异常或 PLC 出现故障，整个系统亦能适当运行。若安全电路装在 PLC 内部，故障或错误的输出可能引发事故。

ⅰ. 确保在 PLC 外建立紧急停止电路、保护电路、用于正反转之类反向操作的互锁电路、用于保护机器不因超上/下极限而损坏的互锁电路等。

ⅱ. 在定位单元的 CPU 自我诊断电路检测到异常（如监视计时器错误等）时，所有的输出关闭。当在 I/O 控制区中发生了 PLC 的 CPU 检测不到的异常时输出控制可能失效。设计外部电路和结构，以便整个系统在上述情况下能适当工作。

ⅲ. 当在输出单元的继电器、晶体管三端双向可控硅开关元件 TRIAC 等中发生故障时输出可能保持 ON 或 OFF。对于可能造成严重事故的输出信号，设计外部电路和结构以便整个系统仍能适当工作。

ⅳ. 确保安装和连线前切断所有相的外部电源。若电源没有切断，安装人员可能触电，单元也可能发生故障。

ⅴ. GM 单元的所有通用输入被作为漏型输入来配置。

ⅵ. 勿在带电时触摸任何端子，若带电触摸端子可能遭到电击、设备也可能受到损害。

ⅶ. 务必关掉电源后才清洁或紧固端子。若带电进行清洁或紧固操作，可能遭到电击。

② 输出接线见图 5-84。

a. 定位单元中用 COM1 作为输入和输出公共端。

b. 成对的输入（如正向/反向旋转）触点，若同时置 ON 可能产生危险，故在定位单元内部程序互锁的基础上还应提供外部互锁，以确保它们不能同时为 ON。

c. 确保安装和连线前已切断所有相的外部电源。否则安装人员可能触电、单元也可能产生故障。

d. 勿在带电时触摸任何端子，否则可能遭到电击、设备也有可能受到损害。

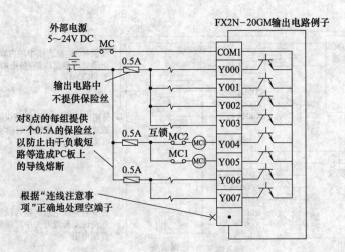

图 5-84　FX-20GM 的输出接线图

　　e. 确保关掉电源后才清洁或紧固端子，否则可能遭到电击。

　　f. 定位单元的输出端子位于一个 16 点的连接器中，该连接器带有输入和输出。驱动负载的电源必须为 5～30VDC 的平稳电源。

　　g. 电路绝缘：定位单元的内部电路与输出晶体管之间用一个光耦合器来进行光隔离。另外，每个公共模块与其它部分隔离开来。

　　h. 运行指示：驱动光耦合器时 LED 点亮，输出晶体管被置为 ON。

　　i. 开路漏电流：漏电流不超过 0.1mA。

　　③ 操作输入连线见图 5-85。

　　④ 手动脉冲发生器连线见图 5-86。

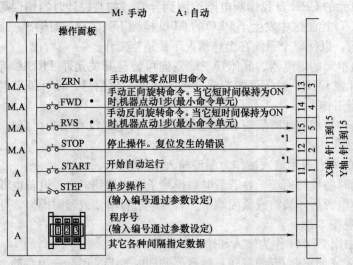

图 5-85　FX-20GM 的操作输入连线图

图中：*1 在同步 2 轴操作中，连接 X 轴或 Y 轴。

*2 在自动模式下，当 MANU 输入是 OFF 时，输入端子 [ZRN]、
[FWD] 和 [RVS] 能作为通用输入使用。

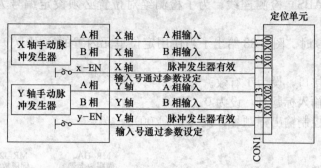

图 5-86 FX-20GM 的手动脉冲发生器连线图

使用手动脉冲发生器需要进行参数设定。

参数 39：手动脉冲发生器，设为 1 表示单脉冲发生器，设为 2 表示双脉冲发生器。

参数 40：放大率，根据需要设定（1～255）。参数 41：分度，根据需要设定（0～7）。

参数 42：输入使能，一个手动脉冲发生器能在 FX2N-20GM 的 X 轴或 Y 轴上改变。

⑤ 驱动系统/机械系统 I/O 连线见图 5-87。

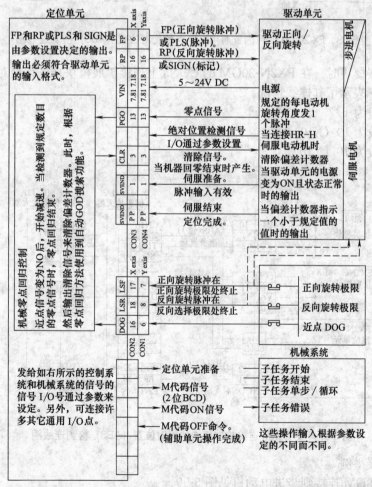

图 5-87 FX-20GM 的驱动系统/机械系统 I/O 连线图

⑥ 绝对位置（ABS）检测连线。为了检测绝对位置必须设定编号为 50、51 和 52 的参数。

a. 使用通用 I/O 时。图 5-88 给出了当使用定位单元内置的通用 I/O 点时的连线例子。其参数设置如下。

参数 50：ABS 接口，设为 1 有效。

参数 51：ABS 输入标题号，设为 0（X00）。

参数 52：ABS 控制输出标题号，设为 0（Y00）。

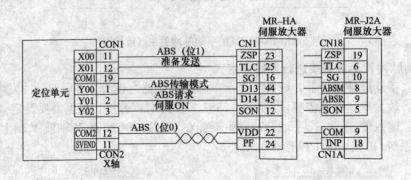

图 5-88　FX-20GM 使用内置通用 I/O 点的绝对位置（ABS）检测连线图

b. 连接扩展模块时。在 FX2N-20GM 的 CON5 上连接扩展模块来进行绝对位置检测时，图 5-89 中的例子表示了其连线情况。

参数 50：设为 1。

参数 51：设为 10（X10）。

参数 52：设为 10（Y10）。

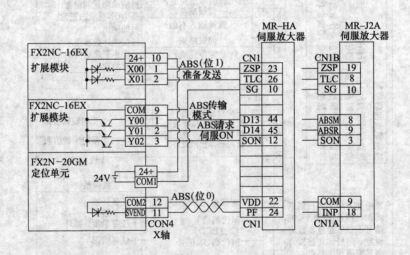

图 5-89　FX-20GM 连接扩展模块的绝对位置（ABS）检测连线图

⑦ I/O 连接举例

a. FX2N-20GM 连接到步进电动机见图 5-90。

b. FX2N-20GM 连接到 MR-J2 伺服电动机见图 5-91。

注意
*1 当连接 PG0 到 5V电源时，短接ST1和ST2。
*2 当不提供原点传感器时，零点信号计数(参数17)
必须设为"0"。
*3 当参数 22 被设为"1"(伺服准备检查无效) 且
参数21被设为"0"(伺服结束检查无效)时，不
需要SVRDY和SVEND信号的连线。

手动	自动	
	Y轴	X轴
ZRN	X372	X375
FWD	X373	X376
RVS	X374	X377

表: X00 到 X03 分配

手动脉冲发生器	中断输入
x–A	A	72–x
x–B	B	72–x
y–A	EN	72–y
y–B	x/y	72–y
x–FN		71–x
y–EN		71–y
		31

EN 和 x/y 条目是例子。

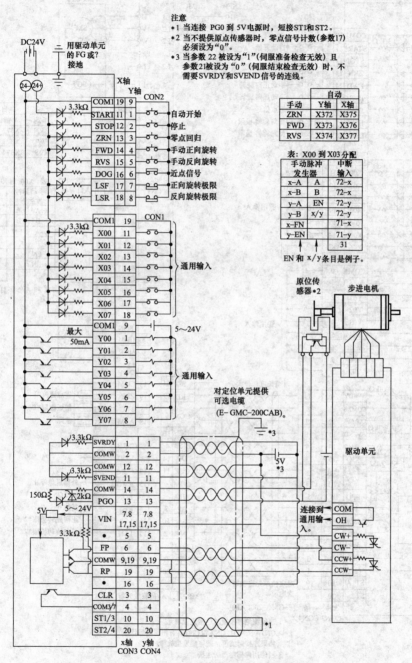

图 5-90　FX2N-20GM 连接到步进电动机

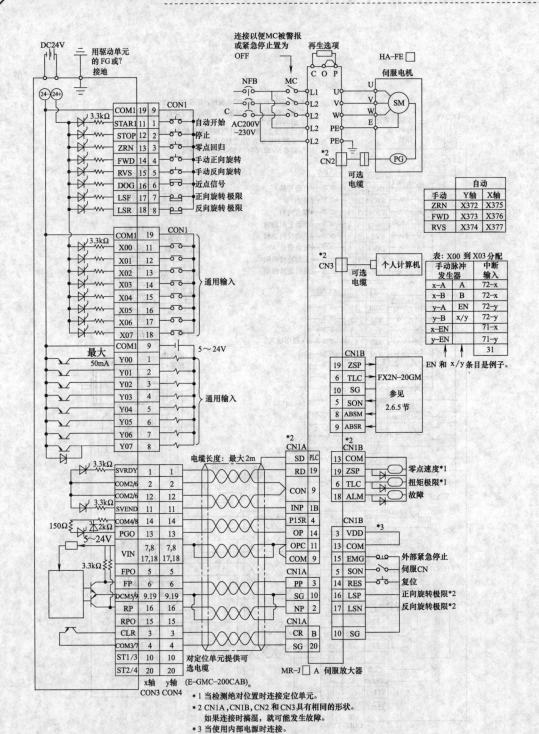

图 5-91 FX2N-20GM 连接 MR-J2 伺服电动机

温馨提示：

有关 FX2N-20GM 其余内容参见前一节 FX2N-10GM 相应内容。

5.3 通信与网络功能模块

5.3.1 PLC通信基础

5.3.1.1 数据通信基础

（1）串行数据传送和并行数据传送

① 串行数据传送。传送时所有数据是按位（bit）进行的。只需要一根或两根传送线，适合长距离数据传送，PLC网络传送数据的方式绝大多数为串行方式。

② 并行数据传送。传送时所有数据位是同时进行的，以字或字节为单位传送。传输速度快，但通信线路多、成本高，适合近距离数据传送。计算机或PLC内部数据处理、存储一般都是并行的。

（2）异步传送与同步传送

① 异步传送。异步传送也称为起止传送。它在发送字符时，要先发送起始位，然后才是字符本身，最后是停止位。字符之后还可以加入奇偶校验位。

异步传送较为简单，但要增加传送位，将影响传输速率。异步传送是靠起始位和波特率来保持同步的。

② 同步传送。同步传送要在传送数据的同时，也传递时钟同步信号，并始终按照给定的时刻采集数据。

同步方式传送数据虽然提高了数据的传输速率，但对通信系统要求较高。

PLC网络多采用异步方式传送数据。

（3）单工通信、半双工通信和全双工通信

① 单工通信。在通信线路上，数据只可按一个固定的方向传送而不能进行相反方向传送的通信方式。例如广播、遥控通信。

② 半双工通信。数据可以双向传输，但不能同时进行，任一时刻只许一个方向传输主信息的通信方式。

③ 全双工通信。可同时双向传输数据的通信方式。

（4）通信传输介质 目前常用的传输介质主要有（带屏蔽）双绞线、同轴电缆和光缆等。

① 双绞线。双绞线是将两根绝缘导线扭绞在一起，一对线可以作为一条通信线路。双绞线的成本较低，安装简单。常用的RS-485就多用双绞线实现通信连接。

② 同轴电缆。同轴电缆由中心导体、电介质绝缘层、外屏蔽导体以及绝缘层组成。同轴电缆的传输速率高，传输距离远，成本较双绞线高。

③ 光缆。光缆是一种传导光波的光纤介质。由纤芯、包层和护套三部分组成。光缆尺寸小、重量轻、传输速率及传输距离比同轴电缆好，但是成本较高、安装需要专门的设备。

目前，双绞线和同轴电缆在PLC通信中广泛得到应用。

5.3.1.2 串行通信接口标准

（1）RS-232 RS-232串行通信接口标准规定了终端和通信设备之间信息的交换方式和功能。

PLC与上位机的通信就是通过RS-232串行通信接口完成的。RS-232接口采用按串行方式进行单端发送、单端接收，传送距离较近（最大传送距离为15米），数据传送速率低，抗干扰能力较差。

（2）RS-422 RS-422接口采用两对平衡差分信号线，以全双工的方式传送数据。通信速率可以达到 10Mb/s，最大传送距离为 1200m，抗干扰能力强，适合远距离传送数据。

（3）RS-485　RS-485 是 RS-422 的变形，RS-485 为半双工，只有一对平衡差分信号线，能够以最少的信号线完成远距离的通信任务，因此，在 PLC 的控制网络中广泛应用。

5.3.1.3　工业控制网络基础

（1）工业控制网络结构　PLC 网络结构可分为总线型、环型和星型等三种基本形式，其结构如图 5-92 所示。

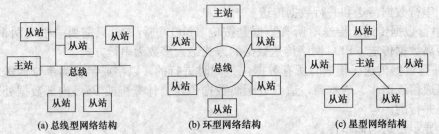

图 5-92　PLC 网络结构示意图

① 总线型网络。总线结构网络利用总线连接所有的站点，所有的站点对总线有同等的访问权，总线结构网络，以其结构简单、可靠性高、易于扩展，响应速度快，被广泛应用。

② 环型网络。环型网络的结构特点是各个结点通过环路接口首尾相连，形成环型，各个结点均可以请求发送信息。环型网络结构简单，某个结点发生故障时可以自动旁路，保证其他部分正常工作，系统的可靠性较高。

③ 星型网络。星型网络以中央结点为中心，网络中的任两个结点不能直接进行通信，数据传送必须经过中央结点的控制。星型网络建网较容易，便于程序的集中开发和资源共享，但是上位机的负荷较重，一旦发生故障，整个通信系统将瘫痪。

（2）通信协议

① 通用协议。国际标准化组织提出了如图 5-93 所示的开放系统互联的参考模型 OSI，它详细描述了软件功能的 7 个层次。

模型的最低层是物理层，实际通信就是在物理层通过互相连接的媒体进行通信的，常用的串行接口标准 RS-232、RS-422 和 RS-485 等就属于物理层。

② 公司专用协议。公司专用协议一般用于物理层、数据链路层和应用层。通过公司专用协议传送的数据是过程数据和控制命令，信息短，传送速度快，实用性较强。

图 5-93　OSI 参考模型

FX2N 系列 PLC 与计算机的通信就是采用公司专用协议。

5.3.1.4　FX2N 系列 PLC 通信器件与形式

（1）FX2N 系列 PLC 的通信器件　PLC 组网主要通过 RS-232、RS-422 和 RS-485 等通信接口进行通信。若通信的设备具有相同类型的接口，则可直接通过适配的电缆连接并实现通信；若通信设备间的接口不同，则需通过一定的硬件设备进行接口类型的转换。

三菱接口类型或转换接口类型的器件主要有两种基本的型式：一种是功能扩展板，这是没有外壳的电路板，可打开基本单元的外壳后装入机箱中。另一种则是有独立机箱的扩展模块。

（2）FX2N 系列 PLC 的通信形式

① PLC间的并行通信。FX2N系列PLC可通过以下两种连接方式实现两台同系列PLC间的并行通信。两台PLC之间的最大有效距离为50m。通过FX2N-485-BD内置通信板和专用的通信电缆。通过FX2N-CNV-BD内置通信板、FX0N-485ADP适配器和专用的通信电缆。

② PC与PLC之间的通信

a. 通信系统的连接

ⅰ. 采用RS-485接口的通信系统。一台PC最多可以连接16台PLC。

如图5-94所示是采用FX2N-485-BD内置通信板和FX-485PC-IF，将一台通用计算机与3台FX2N系列PLC连接通信示意图。

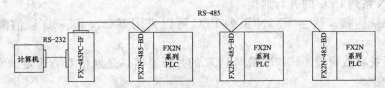

图5-94　计算机与3台FX2N系列PLC连接通信示意图

ⅱ. 采用RS-232接口的通信系统。FX2N系列PLC之间采用FX2N-232-BD内置通信板进行连接（最大有效距离为15m）或者采用FX2N-CNV-B和FX0N-232ADP特殊功能模块进行连接。而计算机与PLC之间采用FX2N-232-BD内置通信板外部接口通过专用的通信电缆直接连接。

b. 通信的配置。线路连接后，PC与多台PLC通信时，要设置站号、通信格式，通信要经过连接的建立、数据的传送和连接的释放三个过程。

PLC的参数设置是通过通信接口寄存器及参数寄存器（特殊辅助寄存器，如表5-76、表5-77所示）设置的。

表 5-76　通信接口寄存器

元件号	功　能
M8126	ON时,表示全体
M8127	ON时,表示握手
M8128	ON时,通信出错
M8129	ON时,字/位切换

表 5-77　通信参数寄存器

元件号	功　能
D8120	通信格式
D8121	站号设置
D8127	数据头内容
D8128	数据长度
D8129	数据网通信暂停值

c. 通信格式。通信格式决定了计算机连接和无协议通信（RS指令）之间的通信设置（包括数据通信长度、奇偶校验和波特率等）。

通信格式可用PLC特殊数据寄存器D8120来设置。根据所接的外部设备来设置D8120。当修改了D8120的设置后，应关掉PLC的电源重新启动，否则设置无效。

（3）无协议通信

① 串行通信。FX2N系列PLC与PC之间可以通过RS指令（图5-95）实现串行通信，该指令用于串行数据的发送和接收。其中［S·］指定传输缓冲区的首地址；m指定传输信息长度；［D·］指定接收缓冲区的首地址；n指定接收数据长度，即接收信息的最大长度。

② 特殊功能模块FX2N-232-IF实现的通信。FX2N系列PLC与PC之间采用特殊功能模块FX2N-232-IF连接时，通过通用指令FROM/TO指令也可以实现串行通信。

（4）N∶N网络　PLC与PLC之间的通信称为同位通信。最多可以有8台PLC构成N∶N网络。

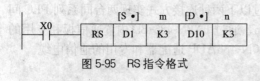

图 5-95　RS 指令格式

在采用 RS-485 接口的 N：N 网络中，可通过两种方法连接到网络中。

① FX2N 系列 PLC 之间采用 FX2N-485-BD 内置通信板和专用的通信电缆进行连接（最大有效距离为 50m）。

② FX2N 系列 PLC 之间采用 FX2N-CNV-BD 和 FX0N-485ADP 特殊功能模块和专用的通信电缆进行连接（最大有效距离为 500m）。

5.3.1.5　FX2N 系列 PLC 通信配置

（1）FX2N 系列 PLC 的并行通信

① 通信系统连接。两台 FX2N 系列 PLC 可以采用 FX2N-485-BD 通信模块进行并行通信。

② 通信系统参数设置。FX2N 系列 PLC 的并行通信，是通信双方规定的专用存储单元机外读取的通信。

a. 功能元件和数据。并行通信中，有关特殊辅助继电器和寄存器的功能，此处略。

b. 并行通信模式的设置与连接。FX2N 系列 PLC 采用标准并行通信时，特殊辅助继电器 M8162＝OFF。当采用高速并行通信时，特殊辅助继电器 M8162＝ON，此时使用的相关通信元件只有 4 个。

（2）N：N 网络

① N：N 网络的构成。N：N 网络中 PLC 与 PLC 之间可采用 FX2N-485-BD 内置通信板和专用的通信电缆进行连接。通过简单的数据便可以连接 2～8 台 PLC，系统的连接框图如图 5-96 所示。

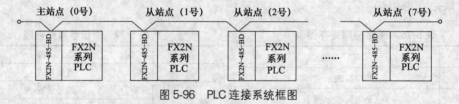

图 5-96　PLC 连接系统框图

在各站之间，位元件和字元件被自动连接，通过分配到本站上的元件，可以知道其他站的 ON/OFF 状态以及数据寄存器的数值。

应注意：连接时 PLC 内部各特殊辅助继电器不能作其它用途。这种连接方式适用于生产线的分布控制和集中管理等场合。

② N：N 网络系统的重要参数。

在 N：N 网络中，只有对通信数据元件进行正确的设置，才能保证网络的可靠运行。N：N 网络通信中相关的标志与对应的特殊辅助继电器功能如表 5-78 所示。

表 5-78　N：N 网络的特殊辅助继电器功能说明

特殊辅助继电器	功能	说明	影响站点	特性
M8038	网络参数设置	设置 N：N 网络参数时为 ON	主站、从站	只读
M8183	主站通信错误	♯0 主站点发生错误时为 ON	从站	只读
M8184～M8190	从站通信错误	♯1～7 从站点发生错误时为 ON	主站、从站	只读
M8191	数据通信	与其他站点通信时为 ON	主站、从站	只读

在 CPU 出错或程序有错或在停止状态下，对每一个站点产生的通信错误数目不能计数。PLC 内部特殊辅助继电器 M8184～M8190 与从站号 1～7 一一对应。PLC 特殊数据寄存器的编号与功能，此处略。

③ N∶N 网络

a. 站号的设置。D8176 为本站的站号设置数据寄存器。若 D8176＝0，此站为主站点；若 D8176＝1～7，表示从站号。

b. 从站数的设置。D8177 为设置从站点总数的数据寄存器。将数值 1～7 写入从站 D8177 中，每一个数值对应从站的数量。若不设定，默认值为 7（即 7 个从站）。

c. 数据更新范围的设置。将数值 0～2 写入到主站的数据寄存器 D8178 中，每一个数值对应一种更新范围的模式，若不设定，默认值为 0（即模式 0）。各种模式下位元件和字元件数量见表 5-79。

表 5-79 通信数据更新范围的模式

通信元件类型	模式 0	模式 1	模式 2
位元件(M)	0 点	32 点	64 点
字元件(D)	4 个	4 个	32 个

d. 通信重复次数的设置。D8179 为通信重复次数数据寄存器，可设定 0～10 数值，默认值为 3。当主站向从站发出通信信号，如果在规定的重复次数内没有完成连接，则网络发出通信错误信号。

e. 通信超时值的设置

D8180 为通信重复次数数据寄存器，通信超时是主站点与从站点之间通信延迟等待时间，设定范围为 5～55，默认值为 5（每 1 单位为 10ms）。

5.3.1.6 两台 PLC 间的通信控制实例

(1) 控制要求 用两台 FX2N 系列 PLC 通过 RS-485 通信模块连接成一个 N∶N 网络结构，第一台为主站，第二台为从站。

按下主站的按钮 SB01，与从站连接的指示灯 HL0 点亮，松开 SB01，HL0 熄灭。

按下从站的按钮 SB11，与主站连接的指示灯 HL1 点亮，松开 SB11，HL1 熄灭。

主站中数据寄存器 D100（K5）作为从站计数器 C1 的计数初值。主站的按钮 SB02 为从站计数器 C1 的复位按钮。从站按钮 SB12 为计数器 C1 的计数信号输入，当 SB12 输入 5 次时，计数器 C1 的输出触点控制主站上的 HL2 点亮。

主站检测到没有与从站建立好通信时，HL3 指示灯亮；从站没有检测到与主站建立好通信时，HL4 指示灯亮。

(2) 硬件选择 按控制要求，选择 FX2N-16MR-001 作为主机，通信的硬件采用 FX2N-485-BD 模块，直接安装到 PLC 的基本单元上。用 2 芯的屏蔽双绞线进行连接。

由于本项目的控制比较简单，输出控制为指示灯，可将主电路及控制电路合在一起进行设计。硬件的材料见表 5-80。

表 5-80 硬件材料表

序号	符号	设备名称	型 号	数量
1	PLC	可编程控制器	FX2N-16MR-001	2
2	QF	断路器	DZ47-D25/3P	2
3	FU	熔断器	RT18-32/6A	2
4	COMM	通信模块	FX2N-485-BD	1
5	SB	按钮	LA39-11	4
6	HL	指示灯	AD16-22C	6

（3）I/O地址分配　根据控制要求，PLC通信的I/O地址分配见表5-81。

表 5-81　I/O 分配表

类　别		电 气 元 件	PLC 软元件	功　能
主站	输入(I)	按钮 SB01	X0	主机指示从机
		按钮 SB02	X1	计数器复位
	输出(O)	指示灯 HL1	Y0	指示灯
		指示灯 HL2	Y1	指示灯
		指示灯 HL3	Y7	指示灯
从站	输入(I)	按钮 SB11	X0	从机指示主机
		按钮 SB12	X1	计数器输入
	输出(O)	指示灯 HL0	Y0	指示灯
		指示灯 HL4	Y1	指示灯
		指示灯 HL5	Y7	指示灯

（4）梯形图程序　主站的控制程序如图 5-97 所示；从站的控制程序如图 5-98 所示。

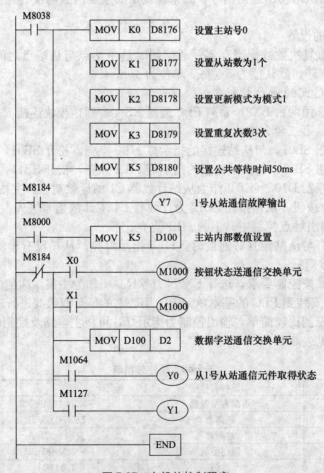

图 5-97　主机的控制程序

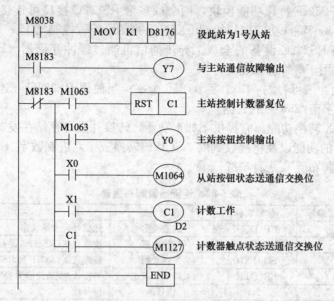

图 5-98 1号从站的控制程序

M8038—[MOV K1 D8176]	设此站为1号从站
M8183—(Y7)	与主站通信故障输出
M8183 M1063—[RST C1]	主站控制计数器复位
M1063—(Y0)	主站按钮控制输出
X0—(M1064)	从站按钮状态送通信交换位
X1—(C1) D2	计数工作
C1—(M1127)	计数器触点状态送通信交换位
[END]	

◀◀◀ 5.3.2 FX2N-232IF 通信模块

（1）外形 FX2N-232IF RS232C 通信模块的外形及其尺寸见图 5-99。

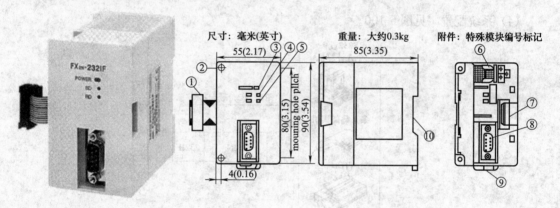

①扩展电缆 ②安装孔 2-4.5 (0.18)

③电源 LED：当 5VDC 由主单元提供而且 24V DC 电源有外端子提供时，它亮起。

④SD LED：当数据发送到连接到 232IF 上的 RS232C 设备时，它亮起。

⑤RD LED：当接收到从连接到 232IF 上的 RS232C 设备传来的数据时，它亮起。

⑥端子螺钉［M3（12″）］ ⑦下一步扩展连接器

⑧RS232 连接器（9 针 SB 连接器：#4-40unc 英寸螺钉端子）

⑨DIN 导轨钩 ⑩DIN 导轨安装槽［35（1.38″）］

图 5-99 FX2N-232IF 外形尺寸图

（2）功能

① 接口模块 FX2N-232IF 连接到 FX2N 可编程控制器，以实现与其它 RS232C 接口的全双工串行通信，如与个人电脑、条形码阅读机和打印机等。

② 通过 FX2N-232IF 特殊功能模块，两个或多个 RS232C 接口可连接到 FX2N 可编程控制器，最多可有 8 个特殊功能模块加到 FX2N 系列的可编程控制器上。

③ 无协议通信 RS232C 设备的全双工异步通信可通过缓冲存储器（BFM）进行指定。FROM/TO 指令可用于缓冲存储器。

④ 发送接收缓冲区可容纳 512 个字节/256 个字；当使用 RS232C 互连接模式时，也可以接收到超过 512 字节/256 字的数据。

⑤ ASCII/HEX 转换功能。它提供了如下功能，转换并发送存储在发送缓冲区内的十六进制数据（0～F）的功能以及将接收到的 ASCII 码转换成十六进制数字（0～F）功能。

（3）连接器管脚布置　见表 5-82。

表 5-82　连接器管脚布置表

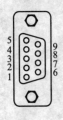

管脚编号	信号名称	意　义	功　能
1	CD(DCD)	载波检测	此信号只表示状态
2	RD(RXD)	接收数据	接收数据(RS232C 设备到 232IF)
3	SD(TXD)	发送数据	发送数据(232IF 到 RS232C 设备)
4	ER(DTR)	数据端子就绪	当接收/发送使能为 ON 时,它为 ON。
5	SG	信号地	信号地
6	DR(DSR)	数据设定就绪	此信号只表示状态
7	RS(RTS)	请求发送〈清空接收〉	当发送命令为 ON 时,它为 ON〈当 232IF 为接收使能时,它为 ON〉
8	CS(CTS)	清空发送	当 RS232C 设备处于接收就绪时,它为 ON
9	CI(RI)	呼叫指示	此信号只表示状态

（4）系统配置　见图 5-100。

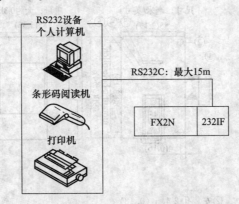

图 5-100　FX2N-232IF 系统配置示意图

（5）连线

① 与 PLC 的连接见图 5-101。

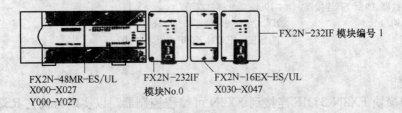

图 5-101　FX2N-232IF 与 PLC 的连接图

FX2N-232IF 可直接连接到 FX2N 可编程控制器的基本单元或其它扩展单元/模块的右侧。每个扩展单元/模块都分配一个序号，它从离主单元最近的单元开始计数，并以 No. 0，No. 2…No. 7 的方式进行编号。理论上共用 8 个特殊单元/模块可连接。但是，由 PLC 提供的 5VDC 电源的容量有限。FX2N-232IF 中 5VDC 电源的电流消耗 40mA。应确保包括其它特殊功能模块在内，对 5VDC 电源的总电流消耗不超过电源所能提供的电流值。

② 电源布线见图 5-102。

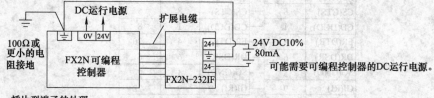

插片型端子的处理
6.2mm (0.24″)
6.2mm (0.24″)

使用如左图所示尺寸的插片型端子。确保端子的拧矩为0.5到0.8N(5到8gf.cm)可靠地拧紧每个端子以免发生故障。

图 5-102　FX2N-232IF 的电源布线图

③ 通信连线见图 5-103。

1) 与对方设备端子的连接(当不使用控制线时)
BFM#0通信格式：b9=0，b8=0，无控制线

232IF端		RS232C设备端		
信号名称	管脚编号	信号名称	9-脚D-SUB	25-脚D-SUB
SD(TXD)	3	SD(TXD)	3	2
RD(RXD)	2	RD(RXD)	2	3
SG(GND)	5	SG(GND)	5	7

2) 与对方设备端子的连接(当使用控制线时)
使用十字型电缆，BFM#0通信格式：b9=0，b8=1标准RS232C模式

232IF端		RS232C设备端		
信号名称	管脚编号	信号名称	9-脚D-SUB	25-脚D-SUB
SD(TXD)	3	SD(TXD)	3	2
RD(RXD)	2	RD(RXD)	2	3
RS(RTS)	7	RS(RTS)	7	4
CS(CTS)	8	CS(CTS)	8	5
CD(DCD)	1	CD(DCD)	1	8
ER(DTR)	4	ER(DTR)	4	20
DR(DSR)	6	DR(DSR)	6	6
SG(GND)	5	SG(GND)	5	7

3) 使用串行十字型电缆，
BFM#0通信格式：b9=1，b8=1，RS232C 互连连接模式

232IF端		RS232C设备端		
信号名称	管脚编号	信号名称	9-脚D-SUB	25-脚D-SUB
SD(TXD)	3	SD(TXD)	3	2
RD(RXD)	2	RD(RXD)	2	3
RS(RTS)	7	RS(RTS)	7	4
CS(CTS)	8	CS(CTS)	8	5
ER(DTR)	4	ER(DTR)	4	20
DR(DSR)	6	DR(DSR)	6	6
SG(GND)	6	SG(GND)	5	7

图 5-103

4) 与对方调制解调器的连接(控制线是必需的)

使用直线电缆, BFM#0通信格式: b9=0, b8=1, 标准RS232C模式

232IF端		RS232C设备端		
信号名称	管脚编号	信号名称	9-脚D-SUB	25-脚D-SUB
SD(TXD)	3	SD(TXD)	3	2
RD(RXD)	2	RD(RXD)	2	3
RS(RTS)	7	RS(RTS)	7	4
CS(CTS)	8	CS(CTS)	8	5
CD(DCD)	1	CD(DCD)	1	8
ER(DTR)	4	ER(DTR)	4	20
DR(DSR)	6	DR(DSR)	6	6
SG(GND)	5	SG(GND)	5	7
GI(RI)	9	GI(RI)	9	22

图 5-103　FX2N-232IF 的通信连线图

(6) 特性

① 一般特性见表 5-83。

表 5-83　FX2N-232IF 一般特性表

除耐压外的一般特性	与主单元的一般特性相同
耐压	500V AC,1min(在所有外端子与地端子之间)

② 电源特性见表 5-84。

表 5-84　FX2N-232IF 电源特性表

由可编程控制器提供的内部电源	5V DC 40mA
外部电源	24V DC ± 10% 80mA

③ 指标见表 5-85。

表 5-85　FX2N-232IF 指标一览表

项　目	内　容
传输标准	遵照 RS232C
传输距离	最大 15m
连接数目	1∶1
连接器	9 脚 D-SUB
连接器管脚布置	1:CD(DCD)　2:RD(RXD)　3:SD(TXD)　4:ER(DTR) 5:SG　6:DR(DSR)　7:RS(RTS)　8:CS(CTS)　9:CI(RI)
指示(LED)	POWER, SD, RC
通信方法	全双工异步无协议
波特率	300, 600, 1200, 2400, 4800, 9600, 19200
隔离	光耦合
占用的 I/O 点数目	占用可编程控制总线 8 个点(可作为输入或输出)
使用的可编程控制器	FX2N 系列
与可编程控制器的通信	FROM/TO 指令

（7）诊断

① 检查 FX2N-232IF 的电源 LED 状态。

当它亮起时，驱动电源正确提供。若它熄灭，应正确提供驱动电源。

② 检查 FX2N-232IF 的 SD LED 和 RD LED 的状态。当接收到数据，且 RD LED 没有亮起，或当数据发送出去，且 SD LED 没有亮起时，安装和布线正确。当数据接受到，且 RD LED RD LED 亮起，或当数据发送出去，且 SD LED 亮起时，安装和布线正确。

③ 确保 FX2N-232IF 的通信设置（BFM♯0）与外部设备相同。否则，应根据要求校正。

④ 验证数据发送/接收设备的状态。例如，在开始向对方设备发送数据前，确保对方设备已经接收就绪。

⑤ 不使用停止符时，检查发送数据容量是否等于接收数据容量。若发送数据可改变时，使用停止符。

⑥ 确保外部设备正确操作。

⑦ 检查发送数据是否等于接收数据。若不同，使之相同。

第6章 FX2N 系列产品的编程软件

↘ 6.1 FX-GP /WIN-C 编程软件

三菱公司的 SWOPC-FXGP/WIN-C 编程软件可用于对 FX0S/FX0N、FX1N/FX1S、FX2 和 FX2N 系列三菱 PLC 编程以及监控 PLC 中软元件的实时状态。它占用的存储空间少，安装后不到 2MB，其功能强大、使用方便且界面和帮助文件均已汉化，可在 Windows 3.1 及 Windows 95 以上版本下运行。

◀◀◀ 6.1.1 软件安装与操作界面

（1）软件安装　三菱 FX 系列 PLC 编程软件 FX-WIN-C 的软件环境：中文 Windows XP。英文版的 XP 会出现无法正确显示中文字符的情况，无法正常安装软件。

① 解压文件：FXGPWINV330（中文版）.rar，解压后进入目录 DISK1，运行 SET-UP32.EXE。见图 6-1。

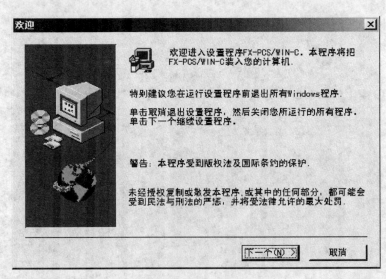

图 6-1　软件解压开始安装

② 点击［下一个（N）］按钮，出现如下画面：见图 6-2。
③ 点击［下一个（N）］按钮，出现如下画面：见图 6-3。
④ 点击［下一个（N）］按钮，出现图 6-4 所示画面。
⑤ 点击［下一个（N）］按钮，出现图 6-5 所示画面。

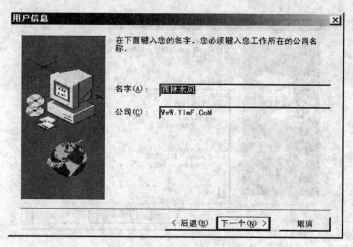

图 6-2　软件安装过程中"名称、公司"的填入

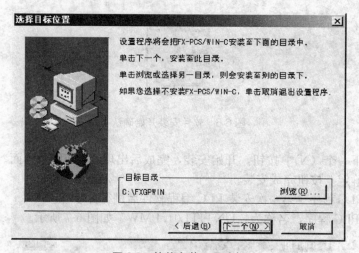

图 6-3　软件安装目录选择

图 6-4　软件安装文件夹选择

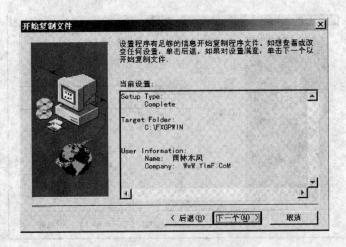

图 6-5 软件安装过程中安装信息确认

图 6-6 软件安装开始确认

⑥ 点击［下一个（N）］按钮，开始安装，完成后出现图 6-6 所示画面。
⑦ 点击［确定］按钮完成安装。
（2）打开 PLC 程序 第一次安装 PLC 编程软件后进行此步骤。
① 解压出 PLC 程序，名称为：UNTITL01. PMW。如图 6-7 所示。

图 6-7 软件安装后解压 PLC 程序的名称确认

② 鼠标右键点击此文件，选择［打开方式］→［选择程序］：见图 6-8。
③ 出现图 6-9 画面，点击［浏览（B）…］按钮。

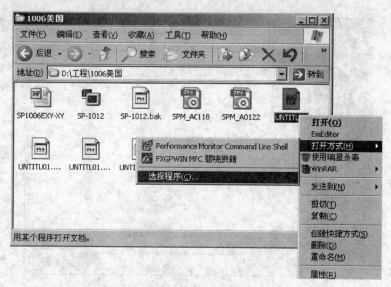

图 6-8 程序打开方式选择

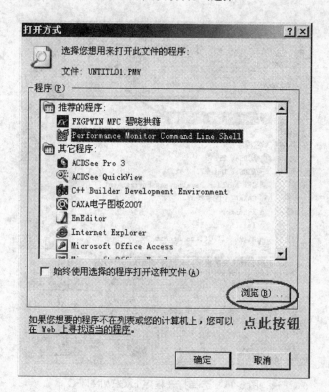

图 6-9 浏览要选择打开的程序

④ 指向 C 盘的 FXGPWIN 目录，选择 FXGPWIN. EXE：见图 6-10。

⑤ 点击 [打开（O）] 按钮：见图 6-11。

⑥ 点击 [确定] 按钮，出现图 6-12 画面。

⑦ 点击 [（O）确认] 按钮，出现 PLC 程序界面。如图 6-13 所示。

⑧ 程序界面打开后图标变成深蓝色：如图 6-14 所示。

图 6-10 选择打开程序 FXGPWIN. EXE

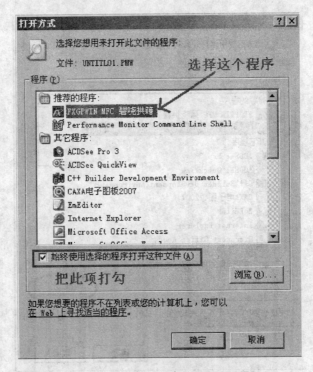

图 6-11 选择打开程序 FXGPWIN MFC

（3）核对 PLC 程序

① 注意：在设备完全断电的情况下进行接拆线工作。

② 接线：将型号为三菱 SC-09 的 PLC 编程线的 9 孔端接计算机的 9 针 COM1 口，8 针圆口的端口接到 PLC 主机（需拔掉从 PLC 到触摸屏的线，核对程序或待 PLC 断电后再接回去）。

③ 接线后把 PLC 上电打开 PLC 程序，点击菜单 ［PLC］→［传送（T）］→［核对（V）］，

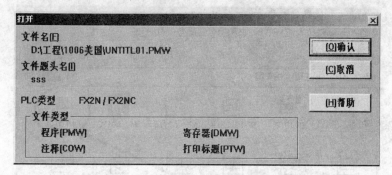

图 6-12 选择打开的程序展示界面

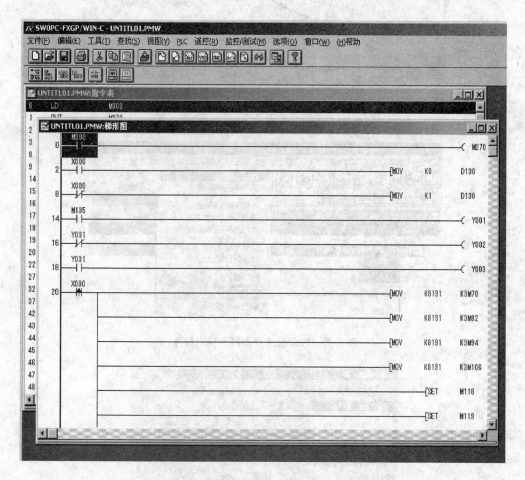

图 6-13 PLC 程序界面

开始核对程序（图 6-15）。

④ 核对程序后如果出现如下画面，说明 PLC 内部的程序与计算机 PC 里的程序不一致。如图 6-16 所示。

◀◀◀ 6.1.2 梯形图程序的编辑

① 打开 FXGP-WIN-C 编程软件，将 PLC 置于 STOP 状态。点击工具栏"新文件"按

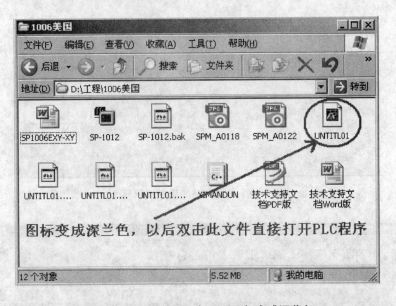

图 6-14　PLC 程序界面打开后图标变成深蓝色

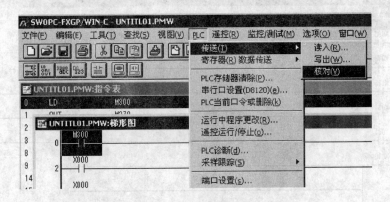

图 6-15　PLC 程序界面打开核对程序

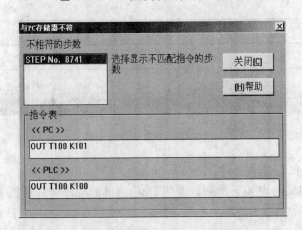

图 6-16　程序核对出错界面

钮，选择 PLC 类型建立一个新文件。如图 6-17、图 6-18 所示。

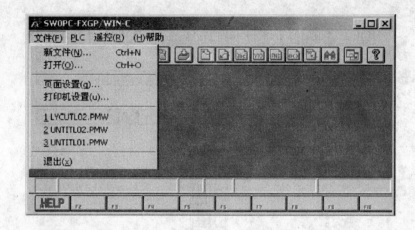

图 6-17　打开新文件界面

图 6-18　编制程序界面

② 选择"视图"菜单下的"工具栏"、"状态栏"、"功能键"和"功能图"子菜单，如图 6-19 所示。

③ 以图 6-20 输入梯形图。

④ 梯形图中对元件的选择：既可通过以上"功能键"和"功能图"子菜单完成，也可用"工具"菜单（如图 6-21 所示）完成。

菜单下的"触点"子菜单提供对输入元件的选用，"线圈"和"功能"子菜单提供了对输出继电器、中间继电器、定时器和计数器等软元件的选用。"连线"子菜单除了用于梯形图中各连线外，还可以通过 Del 键删除连接线。"全部清除"子菜单用于清除所有编程内容。

⑤ "编辑"菜单的使用。"编辑"菜单如图 6-22 所示。"剪切"、"撤消键入"、"粘贴"、"复制"和"删除"子菜单操作和普通软件一样，这里不作介绍。其余各子菜单是对各连接线、软元件等的操作。

⑥ 编程语言的转换。当梯形图程序编写后，通过视图菜单下梯形图、指令表和 SFC（功能逻辑图）子菜单进行三种编程语言的转换。

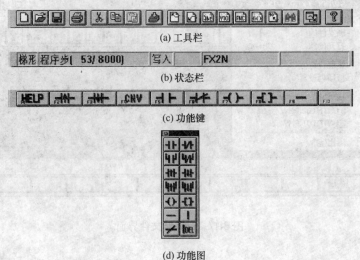

(a) 工具栏

(b) 状态栏

(c) 功能键

(d) 功能图

图 6-19 "视图"菜单界面

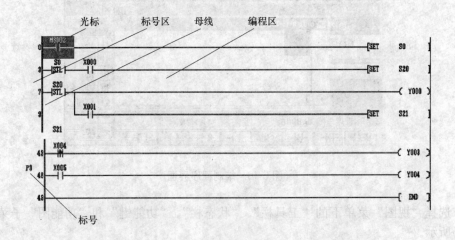

图 6-20 梯形图编辑方式

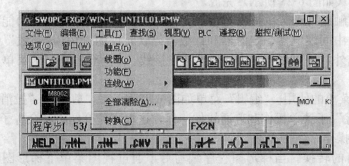

图 6-21 工具栏菜单界面

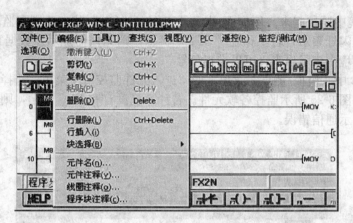

图 6-22 "编辑" 菜单界面

◄◄◄ 6.1.3 在线监控与诊断

（1）梯形图的修改 梯形图输入的过程中，难免要修改，下面说明梯形图的修改方法。

① 元件的修改：在元件的位置上双击，就会弹出相应的对话框重新输入。

② 连线的修改：横线的删除是把光标移到需要删除的位置按"Del"键，竖线的删除是要把光标移到需要删除的位置的右端，点击功能图中的按钮。

（2）梯形图的转换与写入 完成梯形图后还要点击按钮来转换梯形图，若梯形图无错误，则灰色区域恢复成白色。有错误则出现有错误对话框。

最后把梯形图写入到 PLC 主机中，方法是执行【PLC】—【传送】—【写入】菜单命令。在对话框中，设定好起始步与终止步，并按"确定"按钮，稍等片刻，写入操作即可完成。

（3）软元件的监控和强制执行 在 FX-GP/WIN-C 操作环境中，监控各软元件的状态和强制执行输出。这些功能在"监控/测试"菜单中完成，其界面如图 6-23 所示。

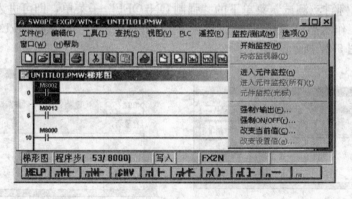

图 6-23 "监控/测试" 菜单界面

① PLC 的强制运行和强制停止。打开"PLC"菜单下"遥控运行/停止"子菜单，出现子菜单界面，如图 6-24 所示。选择"运行"单选框后，按"确认"键，PLC 被强制运行。选择"中止"单选框后，按"确认"键，PLC 被强制停止。

② 软元件监控。软元件的状态、数据可以在 FX-GP/

图 6-24 "运行/中止" 菜单界面

WIN-C 编程环境中监控起来。例如 Y 软元件工作在 "ON" 状态，则在监控环境中以绿色高亮方框，并且闪烁表示；若工作在 "OFF" 状态，则无任何显示。数据寄存器 D 中的数据也可在监控环境中表示出来，可以带正负号。

打开图 6-23 中 "监控/测试" 菜单下的 "进入元件监控" 子菜单，选择好所要监控软元件，即可进入如图 6-25 所示监控各软元件。若计算机没有和 PLC 通信，则无法反映监控元件的状态，则显示通信错误。

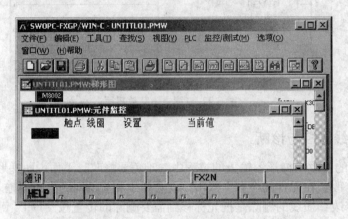

图 6-25　监控软元件功能界面

③ Y 输出软元件强制执行。考虑调试、维修设备等工作方便，FX-GP/WIN-C 程序提供了强制执行 Y 输出状态的功能。打开图 6-23 中 "监控/测试" 菜单下的 "强制 Y 输出" 子菜单，即可进入图 6-26 所示的监控环境。选择好 Y 软元件，就可对其强制执行，并在左下角方框中显示其状态，PLC 对应的 Y 软元件灯将根据选择状态亮或灭。

④ 其他软元件的强制执行。各输入等软元件的状态也可通过 FX-GP/WIN-C 程序设定，打开图 6-23 中 "监控/测试" 菜单下的 "强制 ON/OFF" 子菜单，即可进入此强制执行环境设定软元件的工作状态。选择 X2 软元件，并置 SET 状态，按确认键，PLC 的 X2 软元件指示灯将亮。如图 6-27 所示。

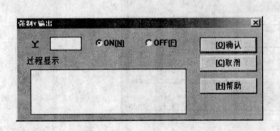

图 6-26　强制执行 Y 输出界面

图 6-27　输入元件置位界面

↘ 6.2　GX Developer 编程软件

GX Developer 编程软件为用户开发、编辑和控制自己的应用程序提供了良好的编程环境。为了能快捷高效地开发应用程序，GX Developer 软件提供了三种程序编辑器，GX Developer 软件还提供了在线帮助系统，以便获取所需要的信息。

◄◄◄ 6.2.1　软件安装、设置与操作界面

将编程软件 GX Developer7.0 根据软件安装的提示安装到计算机上，然后用编程线将计算机和实验装置连接到一起。

（1）系统需求　GX Developer 既可以在 PC 机上运行，也可以在 MITSUBISHI 公司的编程器上运行。PC 机或编程器的最小配置如下：Windows95、Windows98、Windows2000、Windows Me、Windows NT4.0 或 Windows XP 以上。

（2）软件 GX Developer 安装　未安装过本软件的系统中安装时请先安装 F：\ GX80 \ \ GX-Developer8.26C \ SW8D5C-GPPW-C \ GX80 \ SETUP.EXE，双击 SETUP 按照页面提示单击"下一步"安装即可，重新启动计算机即可使用。

（3）GX Developer 的设置与操作界面　GX Developer 的基本使用方法与一般基于 Windows 操作系统的软件类似，在这里只介绍一些用户常用的对 PLC 操作的几点用法。

① 工程菜单见图 6-28。

在软件菜单里的工程菜单下选择改变 PLC 类型，即根据要求改变 PLC 类型。

a. 在读取其他格式的文件选项下可以将 FXGP-WIN-C 编写的程序转化成 GX 工程。

b. 在写入其他格式的文件选项下可以将用本软件在编写的程序工程转化为 FX 工程。

② 在线菜单见图 6-29。

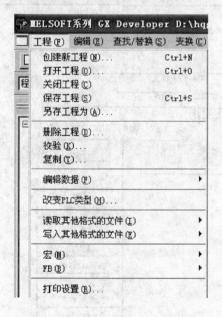

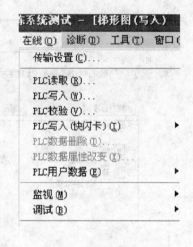

图 6-28　GX Developer 的工程菜单　　　图 6-29　GX Developer 的在线菜单

a. 在传输设置中可以改变计算机与 PLC 通信的参数。见图 6-30。

b. 选择 PLC 读取、PLC 写入、PLC 校验可以对 PLC 进行程序上传、下载、比较操作。见图 6-31。

c. 选择不同的数据可对不同的文件进行操作。

d. 选择监视选项（按 F3）可以对 PLC 状态实行实时监视。

e. 选择调试选项可完成对 PLC 软元件测试，强制输入输出和程序执行模式变化等操作。

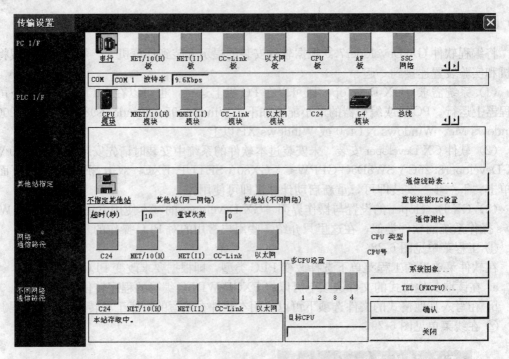

图 6-30　GX Developer 的通信参数设置

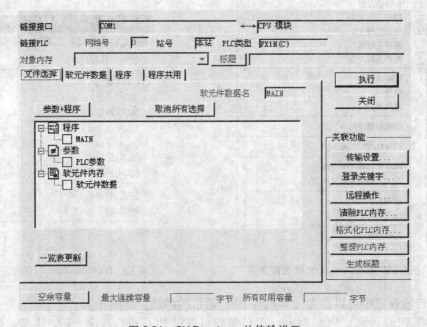

图 6-31　GX Developer 的传输设置

◀◀◀ 6.2.2　梯形图编辑

（1）编程软件打开与设置

① 双击 GX Developer 图标，进入图 6-32 所示界面。

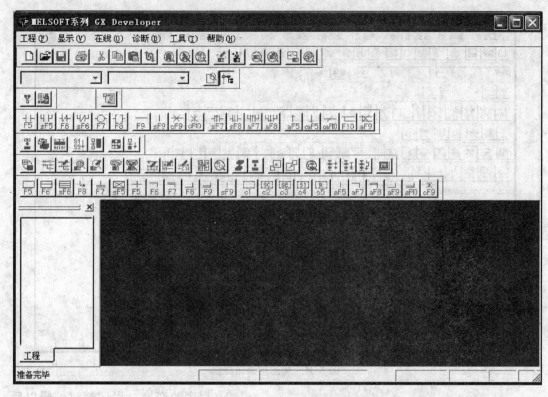

图 6-32　GX Developer 的程序界面

②单击"工程"，选择"创建新工程"，弹出图 6-33 所示对话框，在"PLC 系列"下拉选项中选择"FX CPU"，"PLC 类型"中选择"FX2N"，"程序类型"选择"梯形图逻辑"。在"设置工程名"一项前打钩，可以输入工程要保存到的路径。

③点击"确定"后，进入梯形图编辑界面，如图 6-34 所示。

当梯形图内的光标为蓝边空心框时为写入模式，可以进行梯形图的编辑，当光标为蓝边实心框时为读出模式，只能进行读取、查找等操作，可以通过选择"编辑"中的"读出模式"或"写入模式"进行切换。

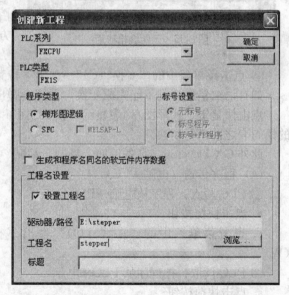

图 6-33　GX Developer 的工程创建界面

（2）梯形图的编辑　可以选择工具栏中的元件快捷图标，也可以点击"编辑"，选择"梯形图标记"中的元件项，也可以使用快捷键 F5～F10，shift＋F5～F10，或者在想要输入元件的位置双击鼠标左键，弹出图 6-35 所示对话框，在下拉列表中选择元件符号，编辑栏中输入元件名，按确定将元件添加到光标位置。

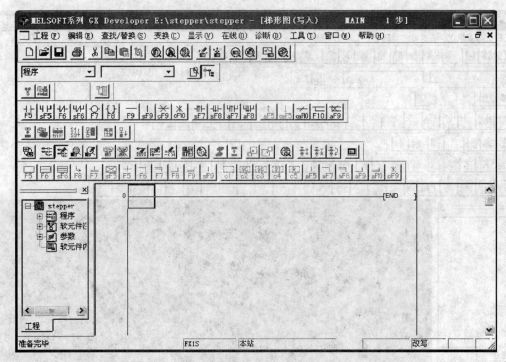

图 6-34　梯形图编辑界面

图 6-35　元件编辑界面

（3）程序的变换　程序通过编辑以后，电脑界面的底色是灰色的，要通过转换变成白色才能传给 PLC 或进行仿真运行。转换方法：

① 直接敲击功能键"F4"即可。

② 点击菜单条中的"变换（C)"→弹出下拉菜单→在下拉菜单中点击"变换"即可。

如有语法错误，则不能完成变换，系统会弹出消息框提示。

点击快捷键"梯形图/列表显示切换"（图 6-36 中红框标记）可以在梯形图程序与相应的语句表之前进行切换。

此外 GX Developer 具备返回、复制、粘贴、行插入、行删除等常用操作。

（4）程序传送（电脑-PLC）

① PLC 写入：程序从电脑→PLC。

a. 点击快捷按钮。

b. 点击菜单条中的"在线（O)"弹出下拉菜单，在下拉菜单中点击"PLC 写入（W)"。

② PLC 读取：把程序从 PLC→电脑。

a. 点击快捷按钮。

b. 点击菜单条中的"在线（O)"弹出下拉菜单，在下拉菜单中点击"PLC 读取（R)"。

◀◀◀ 6.2.3　顺序功能图 SFC 的编辑

（1）SFC 程序的运行规则　从初始步开始执行，当每步的转换条件成立时，由当前步转为执行下一步，在遇到 END 时结束所有步的运行。

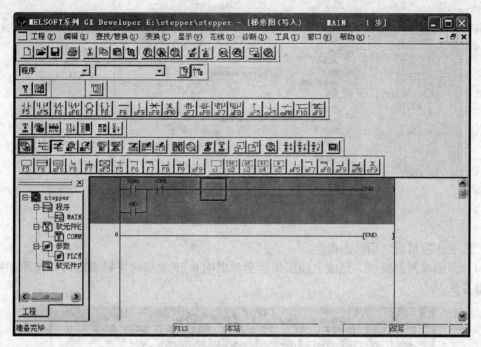

图 6-36 程序变换前的灰色界面

（2）打开 GX Developer 编程软件 启动单击"工程"菜单，点击创建新工程菜单项或点击新建工程按钮。见图 6-37。

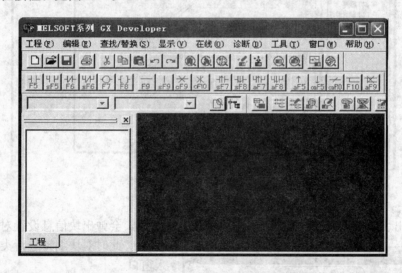

图 6-37 GX Developer 编程软件窗口

（3）新工程设置 弹出的创建新工程对话框见图 6-38，对三菱系列的 CPU 和 PLC 进行选择，以符合对应系列的编程代码，否则容易出错。需做如下几个项目的选择和输入。

① 在 PLC 系列下拉列表框中选择 FX CPU；

② 在 PLC 类型下拉列表框中选择 FX2N（C）；

③ 在程序类型项中选择 SFC；

④ 在工程设置项中设置好工程名和保存路径。

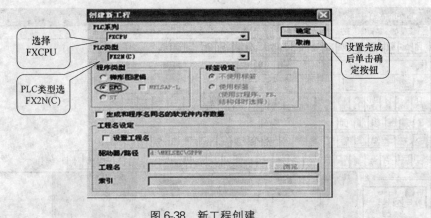

图 6-38 新工程创建

完成上述项目后之后点击确定。

（4）调出块列表窗口 完成上述工作后会弹出图 6-39 所示的块列表窗口。按图中所示，双击第零块。

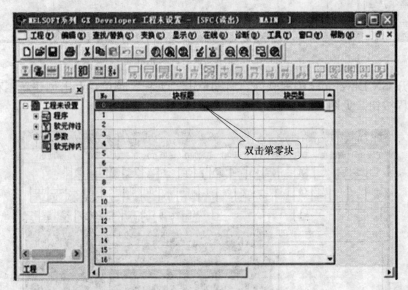

图 6-39 块列表窗口

（5）调出块信息设置对话框 双击第零块或其它块后，会弹出块信息设置对话框（见图

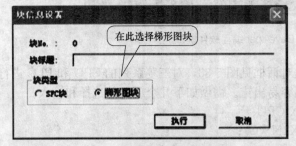

图 6-40 块信息设置对话框

6-40）。此时对块编辑进行类型选择的进入窗口。

（6）块编辑类型选择 块编辑类型选择有 SFC 块和梯形图块两种选择。

在 SFC 编程理论中我们学到，SFC 程序由初始状态开始，故初始状态必须激活，而激活的方法是利用一段梯形图程序，且这一段梯形图程序必须放在 SFC 程序的开头。需要注意在以后的

SFC 编程中，初始状态的激活都需由放在 SFC 程序的第一部分（即第零块）的一段梯形图程序来执行。所以，在这里应点击梯形图块，在块标题栏中填写该块的标题，也可不填。

（7）初始步激活梯形图编辑　点击执行按钮弹出梯形图编辑窗口图 6-41，在右边梯形图编辑窗口输入初始状态的梯形图。

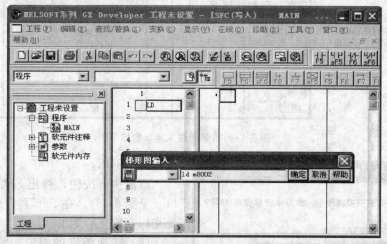

图 6-41　初始步激活编辑窗口

在编程理论中曾学到，初始状态的激活一般采用辅助继电器 M8002 来完成，也可以采用其它触点方式来完成，本例中利用 PLC 的辅助继电器 M8002 的上电脉冲使初始状态生效。

在梯形图编辑窗口中单击第零行输入初始化梯形图，如图 6-42 所示，输入完成单击"变换"菜单选择"变换"项或按 F4 快捷键，完成梯形图的变换。

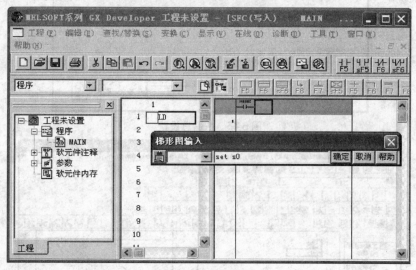

图 6-42　梯形图编辑窗口

需注意，在 SFC 程序的编制过程中每一个状态中的梯形图编制完成后必须进行变换，才能进行下一步工作，否则弹出出错信息，如图 6-44 所示。

（8）调出第一块　在完成了程序的第零块（梯形图块）编辑以后，双击工程数据列表窗口中的"程序"/"MAIN"（见图 6-43），返回块列表窗口见图 6-39。双击第一块，在弹出的块信息设置对话框中块类型一栏中选择 SFC（见图 6-45），在块标题中可以填入相应的标题

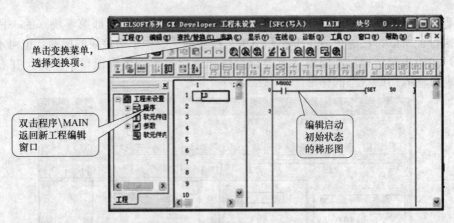

图 6-43   梯形图输入完毕窗口

图 6-44   弹出的出错信息窗口

或什么也不填。

点击执行按钮，弹出 SFC 程序编辑窗口（见图 6-46）。在 SFC 程序编辑窗口中 1 处光标变成空心矩形。

（9）转换条件的编辑   SFC 程序中的每一个状态或转移条件都是以 SFC 符号的形式出现在程序中，每一种 SFC 符号都对应有图标和图标号，现在输入使状态发生转移的条件。

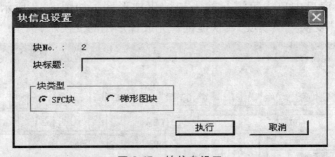

图 6-45   块信息设置

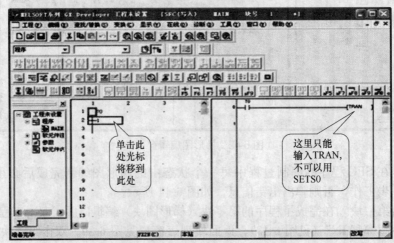

图 6-46   SFC 程序编辑窗口

在 SFC 程序编辑窗口将光标移到第一个转移条件符号处（如图 6-46 所标注）并单击，在右侧将出现梯形图编辑窗口，在此窗口中输入使状态转移的梯形图。从图窗口中可以看出，T0 触点驱动的不是线圈，而是 TRAN 符号，其含义表示转移（Transfer），这一点应注意。

在 SFC 程序中，所有的转移都用 TRAN 表示，不能采用 SET＋S□语句表示，否则将出错。

对转换条件梯形图的编辑，可按 PLC 编程的要求，按上面的叙述完成。需注意的是，每编辑完一个条件后应按 F4 快捷键转换，转换后梯形图则由原来的灰色变成亮白色，完成转换后再看 SFC 程序编辑窗口中 1 处前面的问号（?）消失了。

（10）通用状态的编辑　在左侧的 SFC 程序编辑窗口中把光标下移到方向线底端，按工具栏中的工具按钮 █ 或单击 F5 快捷键弹出步序输入设置对话框。

输入步序标号后点击确定，这时光标将自动向下移动，此时，可看到步序图标号前面有一个问号（?），这表明此步现在还没进行梯形图编辑，同时右边的梯形图编辑窗口呈现为灰色也表明为不可编辑状态，见图 6-47。

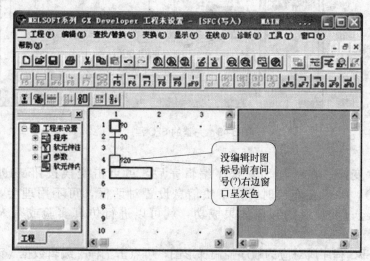

图 6-47　未进行编辑的状态步

下面对通用工序步进行梯形图编程。将光标移到步序号符号处，在步符号上单击后右边的窗口将变成可编辑状态，现在，可在此梯形图编辑窗口中输入梯形图。需注意，此处的梯形图是指程序运行到此工序步时所要驱动哪些输出线圈，在本例中，现在所要获得的通用工序步 20 是驱动输出线圈 Y0 及时间继电器 T0 线圈。

用相同的方法把控制系统一个周期内所有的通用状态编辑完毕。

说明：在通用状态编辑过程中，每编辑完一个通用步后，不需要再操作"程序"/"MAIN"而返回到块列表窗口（见图 6-42）再次执行块列表编辑，而是在一个初始状态下，直接进行 SFC 图形编辑。

（11）系统循环或周期性的工作编辑　SFC 程序在执行过程中，无一例外的会出现返回或跳转的编辑问题，这是执行周期性的循环所必需的。要在 SFC 程序中出现跳转符号，需用 █ 或（JUMP）指令加目标号进行设计。

现在进行返回初始状态编辑，如图 6-48 所示。输入方法是：把光标移到方向线的最下端，按 F8 快捷键或者点击

图 6-48　跳转符号输入

🔳按钮，在弹出的对话框中填入要跳转到的目标的步序号，然后单击确定按钮。

说明：如果在程序中有选择分支也要用"JUMP＋标号"来表示。

当输入完跳转符号后，在SFC编辑窗口中我们将会看到，在有跳转返回指向的步序符号方框图中多出一个小黑点儿，这说明此工序步是跳转返回的目标步，这为我们阅读SFC程序也提供了方便，参见图6-49。

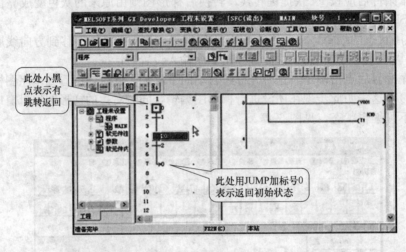

图 6-49　完整的 SFC 程序

（12）程序变换　在所有 SFC 程序编辑完后，可点击变换按钮🔳进行 SFC 程序的变换（编译），如果在变换时弹出了块信息设置对话框，可不用理会，直接点击执行按钮即可。经过变换后的程序如果成功，就可以进行仿真实验或写入 PLC 进行调试了。

若要观看 SFC 程序所对应的顺序控制梯形图，可点击工程\编辑数据\改变程序类型，进行数据改变（见图 6-50）。执行改后，可看到由 SFC 程序变换成的梯形图程序，见图6-51。

图 6-50　数据变换

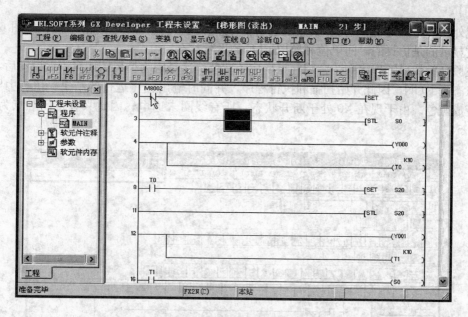

图 6-51　转化后的梯形图

 小结

　　以上介绍了单序列的 SFC 程序的编制方法，通过学习，了解了 SFC 程序中状态符号的输入方法。需要强调的两点：
　　（1）在 SFC 程序中仍然需要进行梯形图的设计；
　　（2）SFC 程序中所有的状态转移需用 TRAN 表示。

◀◀◀ 6.2.4　在线监控与仿真

　　（1）梯形图逻辑测试　编辑完成后，点击"工具"，选择"梯形图逻辑测试启动"，等待模拟写入 PLC 完成后，弹出一个标题为"LADDER LOGIC TEST TOOL"的对话框，如图 6-52 所示，该对话框用来模拟 PLC 实物的运行界面。

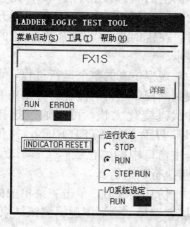

图 6-52　梯形图逻辑测试界面

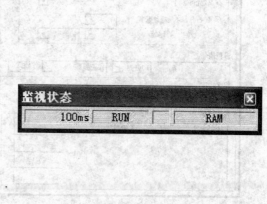

图 6-53　监视状态

此外在 GX Developer 的右上角还会弹出一个标题为监视状态的消息框，如图 6-53 所示，它显示的是仿真的时间单位和模拟 PLC 的运行状态。

在原来的梯形图程序中，常闭触点变成了蓝色，这是因为梯形图逻辑测试启动后，系统默认状态是 RUN，因此开始扫描和执行程序，并同时输出程序运行的结果。仿真中导通的元件变成蓝色。由于现在 X0 处于断开状态，所有线圈未通电，因此只有常闭触点为蓝色。见图 6-54。

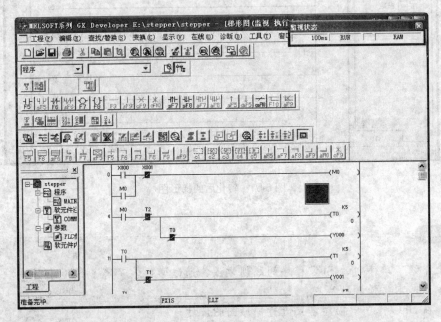

图 6-54　梯形图逻辑测试启动常闭触点变成蓝色的界面

图 6-55　软元件测试界面

（2）在线监控与仿真　如果选择 X0 并右击，在弹出选项中选择"软元件测试"，弹出对话框图 6-55。

点击"强制 ON"，并将模拟 PLC 界面上的状态设置为 RUN，则程序开始运行，M0 变为 ON，定时器开始计时，在定时器的下方还有已计的时间显示。

观察仿真的整个运行过程，可以大致判断程序运行的流程。如果仿真中元件状态变化太快，可以通过选择模拟 PLC 界面上的 STEP RUN，并依次点击主窗口中的"在线"，"调试"下的"步执行"来仿真。

仿真完成后，单击主菜单中的"工具"，选择"梯形图逻辑测试结束"，退出仿真。

6.3 FX-20P-E 型手持编程器

FX-20P-E 手持编程器用于 FX 系列 PLC 的编程。FX-20P-E 简易编程器由液晶显示屏、ROM 写入器接口、存储器卡盒的接口及由功能键、指令键、元件符号键、数字键等键盘组成。

编程器配有专用电缆与 PLC 主机连接。主机的系列不同，电缆型号也不同。编程器还有系统存储卡盒，用于存放系统软件。其它如 ROM 写入器模拟和 PLC 存储器卡盒等为选用件。

◀◀◀ 6.3.1 编程器的功能

（1）操作方式 FX-20P-E 手持编程器（Handy Programming Panel，简称 HPP）用于 FX 系列 PLC 的编程。X-20P-E 型手持编程器有联机（ON-LINE）和脱机（OFFLINE）两种操作方式。

开机显示 PROGRAM MODEM：ONLINE（PLC）联机或 OFFLINE（HPP）脱机的选择（图 6-56）。

```
PROGRAM        MODE
■ ONLINE      (PC)
  OFFLINE     (HPP)
```

图 6-56 编程器上电
后显示的内容

（2）离线方式的功能 FX-20P-E 编程器（HPP）本身有内置的 RAM 存储器，它具有下述功能。

① 在 OFF LINE 状态下，HPP 的键盘所键入的程序，只被写入 HPP 本身的 RAM 内，而非写入 PLC 主机的 RAM。

② PLC 主机的 RAM 若已输入了程序，就可以独立执行已有的程序，而不需 HPP。此时不管主机在 RUN 或 STOP 状态下，均可通过 HPP 来写入、修改、删除、插入程序，只是它无法自行执行程序的动作。

③ HPP 本身 RAM 中的程序是由 HPP 内置的大电容器来供电，它离开主机后程序只可保存 3 天（须与主机连接超过一小时），3 天后程序自然消失。

④ HPP 内置的 RAM 可与 PLC 主机的 RAM 存储盒的 8KB RAM/EPROM/EEPROM 相互传输程序，也可传输至 HPP 附加的 ROM 写入器内。

（3）工作方式 FX-20P-E 型编程器上电后，其 LED 屏幕上显示的内容如图 6-56 所示。其中闪烁的符号 "■" 指明编程器目前所处的工作方式。可供选择的工作方式共有 7 种。

① OFFLINE MODE：进入脱机编程方式。

② PROGRAM CHCEK：程序检查。

③ DATA TRANSFER：数据传送。

④ PARAMETER：对 PLC 的用户程序存储器容量进行设置，还可以对各种具有断电保持功能的软元件的范围以及文件寄存器的数量进行设置。

⑤ XYM. NO. CONV.：修改 X、Y、M 的元件号。

⑥ BUZZER LEVEL：蜂鸣器的音量调节。

⑦ LATCH CLEAR：复位有断电保持功能的软元件。

◀◀◀ 6.3.2 编程器的组成与面板布置

（1）编程器的组成

① 可编程控制器主机面板图如图 6-57 所示。上半部分 X1~X13 为输入器件的插孔，并

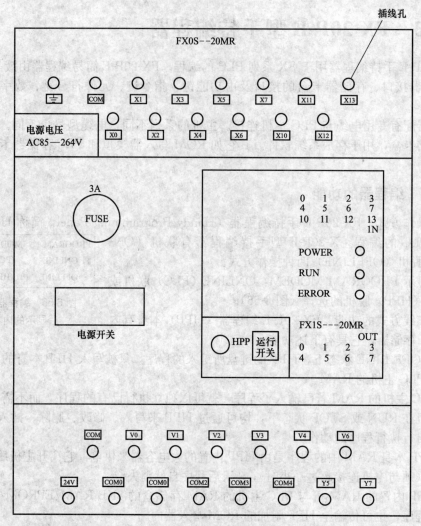

图 6-57　控制器主机面板图

且还有 0～7、10～13 十二个指示灯显示输入状况，Y0～Y7 为输出设备插孔，也有 0～7 八个指示灯显示输出状况。POWER 为电源指示灯，RUN 为运行指示灯，ERROR 红色闪烁时为错误显示。FUSE 为电源保险，保险下面为电源开关。可编程控制器一般为 24V 直流电源，有时用 220V 交流电源（如异步电动机的线圈作为输出设备时）。

②编程元件。Fx0s-20MR 编程元件的编号范围与功能说明如下表所示。

元件名称	代表字母	编号范围	功能说明
输入继电器	X	X0～X12 共 12 点	接受外部输入设备的信号
输出继电器	Y	Y0～Y7 共 8 点	输出程序执行结果并驱动外部设备
辅助继电器	M	M0～M511	在程序内部使用,不能提供外部输出
定时器	T	T0～T55	延时定时继电器,触点在程序内部使用
计数器	C	C0～C15	减法计数继电器,触点在程序内部使用
数据寄存器	D	D0～D31	数据处理用的数值存储元件

（2）编程器面板布置（图6-58）

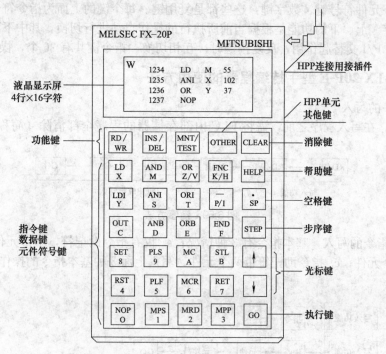

图6-58　FX-20P-E型编程器面板布置图

① 显示区（LED显示屏）。FX-20P-E简易编程器的液晶显示屏，能同时显示4行，每行16个字符。

液晶显示屏左上角的黑三角提示符是功能方式说明，其意义如下：

R（Read）——读出　　　　　　　　　W（Write）——写入

I（Insert）——插入　　　　　　　　　D（Delete）——删除

M（Monitor）——监视　　　　　　　T（Test）——测试

② 键区：键盘由35个按键组成，包括功能键、指令键、元件符号键和数字键等。

FX-20P-E简易编程器的操作面板上的各键的作用说明如下：

功能键：三个。［RD/WR］：读出/写入键；［INS/DEL］：插入/删除键；［MNT/TEST］：监视/测试键。三个都是复用键，交替起作用，按第一次选择键左上方表示功能，按第二次则选择右下方表示的功能。

执行键［GO］：此键用于指令的确认、执行、显示画面和检索。

清除键［CLEAR］：如果在按键前按此键，则清除键的数据。该键也可以用来清除显示屏上的错误信息或恢复原来的画面。

其它键［OTHER］：在任何状态下按此键，将显示方式项目菜单。安装ROM写入模块时，在脱机方式项目菜单上进行项目选择。

帮助键［HELP］：显示应用指令一览表。在监视时，进行十进制数和十六进制数的转换。

空格键［SP］：在输入时，用此键指定元件号和常数。

步序键［STEP］：设定步序号时按此键。

光标键［↑］、［↓］：两个，用该键移动光标和提示符，指定元件前一个或后一个地址号的元件，作行滚动。

指令键、元件符号键、数字键：这些都是复用键。每个键的上面为指令符号，下面为元件符号或数字。上、下的功能是根据当前所执行的操作自动进行切换，其中下面的元件符号 Z/V、K/H、P/I 交替起作用，反复按键时，互相切换。指令键共有 26 个，操作方便直观。

◀◀◀ 6.3.3　FX-20P-E 型手持编程器的使用方法

（1）程序的写入

① 清零。在写入程序之前，需将 PLC 内部存储器的程序全部清除（简称清零）。如图 6-59 所示。

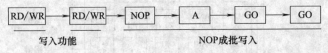

图 6-59　清零方法

② 基本指令的写入。基本指令有 3 种情况：a. 仅有指令助记符，不带元件；b. 有指令助记符和一个元件；c. 指令助记符带两个元件。写入上面 3 种基本指令的操作框图如图 6-60 所示。

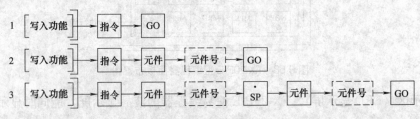

图 6-60　基本指令的写入方法

③ 功能指令的写入。写入功能指令时，按 FNC 键后再输入功能指令编号。

输入功能指令号有两种方法：a. 直接输入指令号；b. 借助于 HELP 键的功能，在所显示的指令一览表上检索指令编号后再输入。功能指令写入的操作方法如图 6-61 所示。

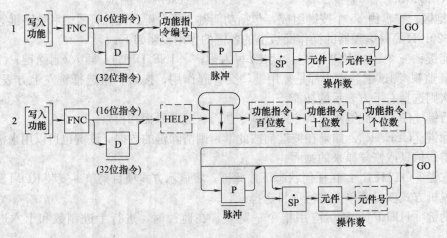

图 6-61　功能指令写入的操作方法

（2）程序的修改、插入、删除

① 程序的修改。若要在指令输入过程中对程序修改，可按图 6-62 所示的操作方法

进行。

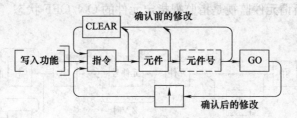

图 6-62　修改程序的操作方法

② 程序的插入。根据步序号读出程序，并在指定位置插入指令或指针。其操作方法见图 6-63。

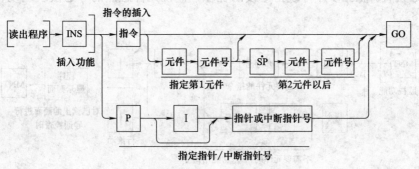

图 6-63　程序插入的操作方法

③ 程序的删除。删除程序分为逐条删除、指定范围删除和全部 NOP 指令的删除三种方式。

a. 逐条删除。读出程序，并逐条删除光标指定的指令或指针，操作方法如图 6-64 所示。

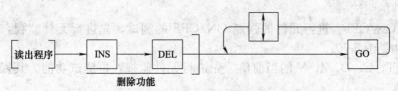

图 6-64　程序逐条删除的操作方法

b. 指定范围的删除。从指定的起始步序号到终止步序号之间的程序成批删除的操作方法见图 6-65。

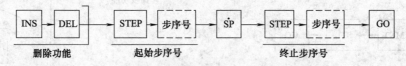

图 6-65　指定范围删除的操作方法

c. 全部 NOP 指令的删除。将程序中所有的 NOP 一起删除的操作方法如图 6-66 所示。

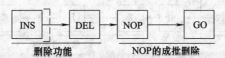

图 6-66　全部 NOP 指令删除的操作方法

（3）元件的监视

① 元件监视。所谓元件监视是指监视指定元件的 ON/OFF 状态、设定值及当前值。操作方法见图 6-67。

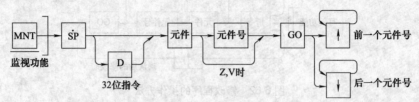

图 6-67　元件监视的操作方法

② 导通检查。根据步序号或指令读出程序，监视元件触点的导通及线圈动作。操作方法见图 6-68。

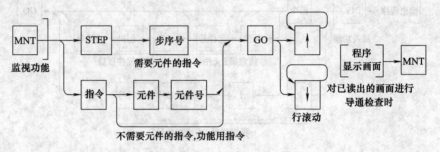

图 6-68　导通检查的操作方法

③ 动作状态的监视。利用步进指令监视状态继电器 S 的动作状态（状态号最多为 8 点）。操作方法见图 6-69。

（4）元件的测试

① 强制 ON/OFF。进行元件的强制 ON/OFF 的测试，先进行元件监视，然后测试功能。操作方法见图 6-70。

② 修改 T、C、D、Z、V 的当前值。先进行元件监视，再测试功能。其操作方法如图 6-71 所示。

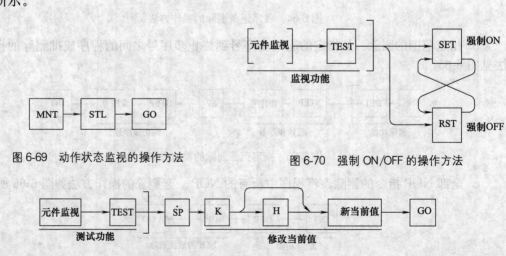

图 6-69　动作状态监视的操作方法　　　　图 6-70　强制 ON/OFF 的操作方法

图 6-71　修改软元件当前值的操作方法

③ 修改 T、C 设定值。元件监视或导通检查后，转到测试功能，可修改 T、C 的设定值。操作方法如图 6-72。

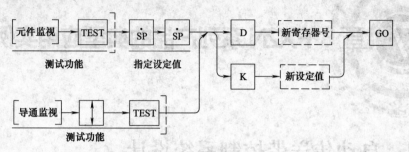

图 6-72 修改软元件设定值的操作方法

（5）离线方式

① 离线时工作方式选择。在离线方式下，按 OTHER 键即进入工作方式选择的操作，可供选择的工作方式共有 7 种，其中 PROGRAM CHECK、PARAMETER、XYM..NO.CONV.、BUZEER LEVEL 与 ON LINE 相同，但在 OFF LINE 时它只对 HPP 内的 RAM 有效。

② HPP←→FX 主机间的传输（OFFLINE MODE）。HPP 会自动判别存储器的型号，而出现下列 4 种存储模式的画面。

a. 主机未装存储卡盒时

HPP→FX-RAM：将 HPP 内的 RAM 传输至 FX 主机的 RAM；

HPP←FX-RAM：将 FX 主机的 RAM 传输至 HPP 的 RAM；

HPP：FX-RAM：执行两者的程序比较。

b. 主机加装 8KB RAM（CSRAM）存储卡盒时

HPP→FX CSRAM：将 HPP 内的 RAM 传输至 FX 主机的 CSRAM；

HPP←FX CSRAM：将 FX 主机的 CSRAM 传输至 HPP 的 RAM；

HPP-FX CSRAM：执行两者的程序比较。

c. 主机安装 EEPROM 存储卡盒时

HPP→FX EEPROM：将 HPP 内的 RAM 传输至 FX 主机的 EEPROM；

HPP←FX EEPROM：将 FX 主机的 EEPROM 传输至 HPP 的 RAM；

HPP-FX EEPROM：执行两者的程序比较。

d. 主机安装 EPROM 时：同 c.。

将光标移至欲执行的项目，按 GO 即可传输，并出现传输中 EXECUTING，传输终了再出现（COMPLETED）。

第 7 章 FX2N系列产品的典型应用实例分析

7.1 自动传送带控制系统设计

7.1.1 控制系统控制要求分析

(1) 控制要求

① 按下启动按钮 SB1，电机 M1、M2 运转，驱动传送带 1、2 移动。按下停止按钮 SB2，电动机停止转动，输送带停止。输送带控制示意图见图 7-1。

② 工件到达转运点 A，SQ1 使输送带 1 停止，气压缸 1 自动动作，将工件送上输送带 2。气缸采用自动复位型，当 SQ2 检测到气压缸 A 到达限定位置时，气压缸 A 自动复位。

③ 工件到达转运点 B，SQ3 使输送带 2 停止，气压缸 B 自动动作，将工件送上搬运车。当 SQ4 检测到气缸 B 到达限定位置时，气压缸 B 自动复位。

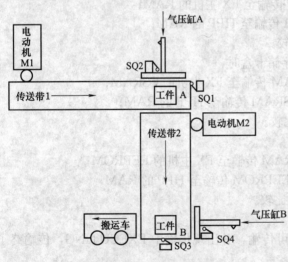

图 7-1 输送带控制示意图

(2) 控制要求分析　电动机 M1 和电动机 M2 的启动与停止分别用 PLC 的软组件 M10 和 M11 的通与断来控制。当按下启动按钮 SB1 时，M10 与 M11 导通，将 SB1 的常开触点与 M10 和 M11 的输出线圈串起来，因为是按钮启动，所以再将 M1 与 M2 自锁，使其保持导通；当按下停止按钮 SB2 时，M10 和 M11 都断开，将 SB2 的常闭触点串入其中，从而实现电动机 M1 与电动机 M2 的停止转动。

当工件到达 A 点时，输送带 1 停止，气压缸 A 动作，将限位开关 SQ1 的常闭触点串入线圈 M10 的前面，限位开关 SQ1 的常开触点驱动气压缸 A 动作，并将其自锁；当到达限位开关 SQ2 时，气压缸 A 复位，因此在气压缸 A 线圈前串入限位开关 SQ2 的常闭触点，从而实现气缸 A 的动作与复位。

当工件到达 B 点时，输送带 2 停止，气压缸 B 动作，将限位开关 SQ3 的常闭触点串入线圈 M11 的前面，限位开关 SQ3 的常开触点驱动气压缸 B 动作，并将其自锁；当到达限位开关 SQ4 时，气压缸 B 复位，因此在气压缸 B 线圈前串入限位开关 SQ4 的常闭触点，从而实现气压缸 B 的动作与复位。

应用 M10 常开触点驱动电动机 M1 和输送带 1 的指示灯 HL1，使用 M11 的常开触点驱动电动机 M2 和输送带 2 的指示灯 HL2。

◀◀◀ 7.1.2 控制系统硬件和软件设计

（1）I/O 分配 见表 7-1。

表 7-1 自动传送带 PLC 控制系统 I/O 分配表

输入软元	输入设备	输出软元	输出设备
X000	启动按钮 SB1	Y000	电动机 M1
X001	运输带 1 限位开关 SQ1	Y001	气压缸 1
X002	气压缸 A 限位开关 SQ2	Y002	电动机 M2
X003	运输带 2 限位开关 SQ3	Y003	气压缸 2
X004	气压缸 B 限位开关 SQ4	Y004	输送带 A 工作指示灯
X005	停止按钮 SB2	Y005	输送带 B 工作指示灯

（2）I/O 接线图 I/O 接线图如图 7-2 所示。图中 KM1、KM2 分别为电动机 M1 和电动机 M2 的控制接触器。KM3 和 KM4 分别为气压缸 1 和气压缸 2 动作与复位的接触器。HL1、HL2 分别为输送带 1 和输送带 2 的工作指示灯。

（3）程序梯形图 见图 7-3。

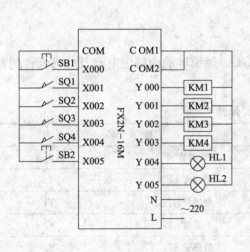
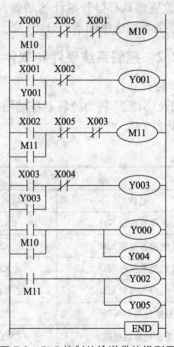

图 7-2 自动传送带 PLC 控制系统 I/O 接线图　　图 7-3 PLC 控制的输送带的梯形图

↘ 7.2 智力抢答器控制系统设计

◀◀◀ 7.2.1 控制系统控制要求分析

（1）设计内容 设计供 4 名选手（或代表队）参加抢答的带触摸屏智力抢答器的 PLC 控制系统。

（2）控制要求

① 主持人的控制（"开始"和"复位"控制）、抢答指示和得分统计牌在触摸屏（GOT）画面上设置。而抢答器的抢答按钮、"开始"指示灯、违例报警器、LED 数码管则属于 PLC 的 I/O（输入输出）设备。

② 比赛的 4 个选手（或代表队）分别用 4 个按钮 SB1～SB4 表示。每桌上设有一个抢答按钮，按钮的编号与选手的编号对应，也分别为 SB1～SB4。

③ 抢答器具有数据锁存功能和显示功能。抢答开始后，若有选手按下抢答按钮，选手编号立即锁存，并在 LED 数码管上显示该编号，同时封锁输入编码电路，禁止其他选手抢答。优先抢答选手的编号一直保持到主持人将系统复位为止。

④ 抢答器具有定时抢答的功能。在主持人按下"开始"按钮后，电源指示灯亮，定时器开始计时，参赛选手在设定时间（15S）内抢答，则抢答有效，编号显示器将显示选手的编号，并保持到主持人将系统复位为止。

⑤ 抢答器具有禁止抢答的功能。若定时抢答时间过去还没有选手抢答时，本次抢答无效。此时封锁输入信号，禁止选手超时后抢答。

⑥ 抢答器具有警示功能。若主持人未按下"开始"抢答按钮，有人抢答，则算作违例，此时显示其组号，并使扬声器发出报警声响提示。

⑦ 抢答器具有得分累计的功能。在主持人按下加分键后，则正确的答题选手被加 10 分，错误的答题选手则不得分。

◀◀◀ 7.2.2　控制系统硬件和软件设计

（1）硬件设计

① I/O 分配。智力抢答器控制用的 PLC 的 I/O、触摸屏的内部继电器及外部元件的对应关系见表 7-2。

表 7-2　I/O 分配表

输入		输出	
名称	输入点	名称	输出点
1 组抢答按钮 SB1	X1	数码管 a 段	Y0
2 组抢答按钮 SB2	X2	数码管 b 段	Y1
3 组抢答按钮 SB3	X3	数码管 c 段	Y2
4 组抢答按钮 SB4	X4	数码管 d 段	Y3
开始抢答触摸键	M10	数码管 e 段	Y4
重新抢答触摸键	M11	数码管 f 段	Y5
主持人加分触摸键	M12	数码管 g 段	Y6
清零触摸彩键	M13	电源指示灯	Y10
		报警蜂鸣器	Y11
		得分累计寄存器	D11～D14
		触摸屏字串指示	M1～M4

② 抢答器的译码显示。抢答器显示电路的作用是发出抢答位置信号，显示抢答人（或队）的编号。译码显示就是以各抢答位置信号为输入信号，按表 7-3 所示的七段码显示译码

表译码输出，驱动七段数码管指示抢答者的编号。

表 7-3　七段码译码表

输入	Y7	Y6	Y5	Y4	Y3	Y2	Y1	Y0	数码显示
X1	0	0	0	0	0	1	1	0	1
X2	0	1	0	1	1	0	1	1	2
X3	0	1	0	0	1	1	1	1	3
X4	0	1	1	0	0	1	1	0	4

从表 7-3 可以看出：要使数码管显示 1，必须使 Y1、Y2 有输出信号，只要使 K2Y0 字元件中 Y1、Y2 两位为 1，而其他六位为 0 即可。十进制数 K6 化为二进制数是 $1 \times 2^1 + 1 \times 2^2$，即 K6 的 BIN 码正好满足要求。数码管显示 2、3、4 原理与此相同。

③ I/O 接线图。用三菱 FX2N-32MR 型可编程序控制器实现抢答控制系统的输入/输出接线，图 7-4 中方框表示 PLC，PLC 输入接口接抢答按钮，输出端口接抢答器模拟板。

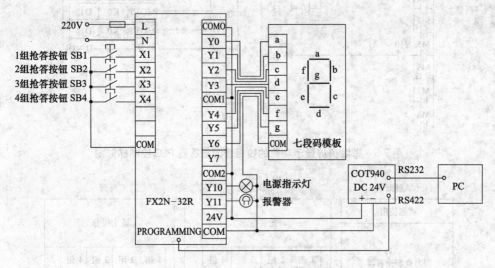

图 7-4　智力抢答器的 I/O 接线图

(2) 软件设计

① 程序梯形图。程序梯形图如图 7-5 所示，采用传送指令实现抢答控制，应用加法运算指令实现对分数的累计及实现输入开关对输出数码段显示控制，能减少程序步数，使程序容易理解掌握。

② 触摸屏画面设置。触摸屏画面如图 7-6 所示。各画面的编号、画面中的图形部件的设置及其对应于 PLC 存储器的地址均标于图中。A 画面为上电时即进入的画面，按 A 画面右下角的"进入"键进入 B 画面。B 画面是抢答工作的主画面，主持人按下开始键后开始一轮抢答，有人在 15s 内抢得时，显示其红底组号，直到答题完毕主持人按下复位按钮键，组号为黄底方可重新抢答。15s 内无人抢答，抢答无效。C 画面是得分统计牌，当主持人按下"下页"键，进入 C 画面，主持人按下加分键，给正确的答题选手加 10 分。

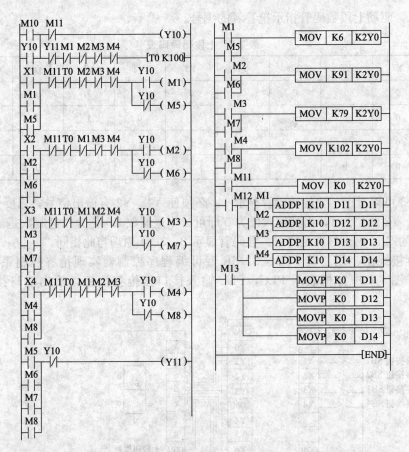

图 7-5　带触摸屏显示功能的四组智力抢答器 PLC 控制梯形图

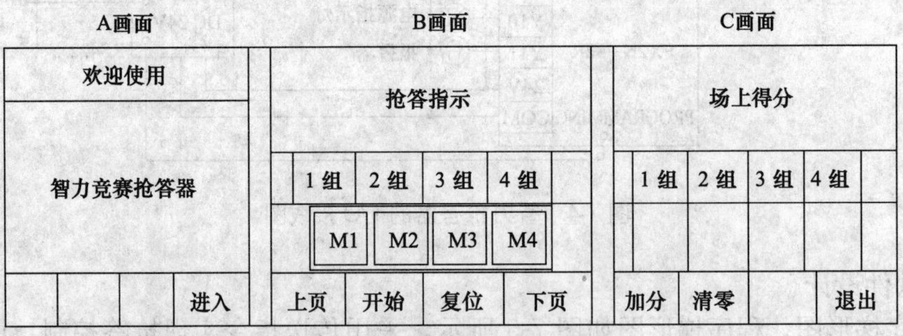

| A画面 | B画面 | C画面 |

欢迎使用 / 抢答指示 / 场上得分

"进入"触摸键,切至B画面;"退出"触摸键,切至A画面。

图 7-6　智力抢答器的触摸屏画面

↘ 7.3　自动开关门系统设计

　　自动开关门系统现已应用于大型公司、科研所、机关、大学等保密性较强的单位。由于继电器控制的自动门系统存在不少缺陷而被逐步淘汰,下面介绍三菱 PLC 控制的自动开关门系统。

◀◀◀ 7.3.1 控制系统控制要求分析

（1）自动开关门控制系统的组成　自动门控制装置由门外光电探测开关 K1、门内光电探测开关 K2、开门到位限位开关 K3、关门到限位开关 K4、开门执行机构 KM1（使直流电动机正转）、关门执行机构 KM2（使直流电动机反转）等部件组成。

（2）控制要求

① 有人从外向内或从内向外通过光电检测开关 K1 或 K2 时，开门执行机构 KM1 动作，电动机正转，到达开门限位开关 K3 位置时，电动机自动停止运行。

② 自动开关门在开门限制位置停留 8s 后，自动进入关门过程，关门执行机构 KM2 动作，电动机反转，到达关门限位开关 K4 位置时，电动机自动停止运行。

③ 关门过程中，若有人从内向外或从外向内通过光电检测开关 K2 或 K1 时，必须立即停止关门，且自动进入开门过程。

④ 若在自动开关门打开后的 8s 等待时间内，有人从内向外或从外向内通过光电检测开关 K2 或 K1 时，务必重新等待 8s 以后方可再自动进入关门程序，以确保人员安全进出。

⑤ 考虑自动开关门在出现故障或维修时应用自动控制困难，故增加手动开门和手动关门开关。

◀◀◀ 7.3.2 控制系统硬件和软件设计

（1）I/O 分配（表 7-4）

表 7-4　自动开关门 PLC 控制系统 I/O 分配表

	输　入		输　出
X1	门外光检测电开关 K1	Y0	电动机正转接触器 KM1
X2	门内光检测电开关 K2	Y1	电动机反转接触器 KM2
X3	开门限位电子开关 K3	Y2	紧急停车制动电磁抱闸
X4	关门限位电子开关 K4		
X5	过载保护热继电器 FR		
X6	紧急停车开关		
X7	启动/停止选择开关		
X10	手动开门按钮 SB1		
X11	手动关门按钮 SB2		

（2）工作流程（图 7-7）

（3）梯形图（图 7-8～图 7-10）

（4）程序分析

① 首先合上启动选择开关使 X7 闭合，若外检测开关或内检测开关有信号时 X1 或 X2 闭合。由于开门限位开关 X3 是常闭的，所以 Y0 线圈通电，由原理分析可知光电检测开关的触发方式是脉冲触发故需自锁。当 Y0 线圈通电时 Y0 触点闭合，此时电动机正转带动自动开关门移动，执行开门动作。

② 自动开关门完全打开时，开门限位开关 X3 打开，Y0 线圈断电，电动机停止运行。

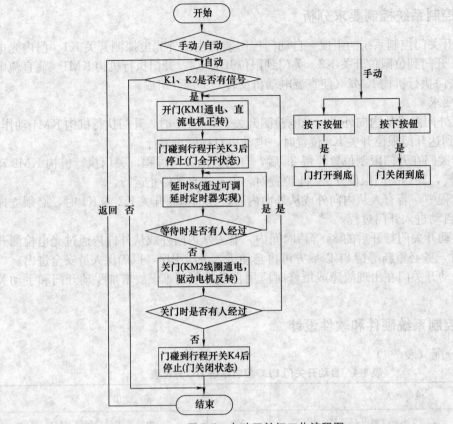

图 7-7　自动开关门工作流程图

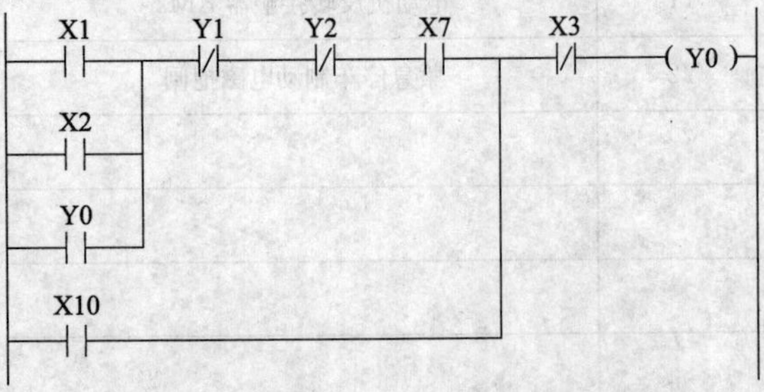

图 7-8　自动开关门开门控制的梯形图 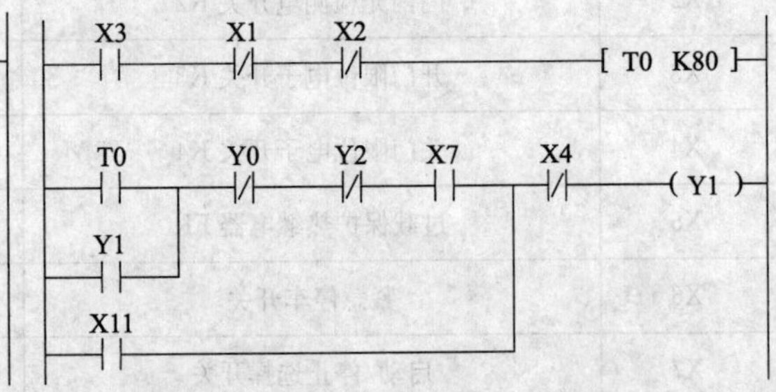　　　　图 7-9　自动开关门关门控制的梯形图

③ 自动开关门停止时，由于开门限位开关的常闭触点变成断开，故使常开触点闭合，延时 8s。若此时外检测开关或内检测开关 X1 或 X2 有信号，则使 T0 重新延时。

④ 8s 延时结束后 T0 线圈通电，关门限位开关关闭，所以 Y1 通电并自锁，电机反转，执行关门动作。

⑤ 在关门过程中，若外检测开关或内检测开关 X1 或 X2 有信号又使 Y0 通电，由于在关门过程中 Y0 触点常闭，此时打开并中断关门过程，转向开门过程。

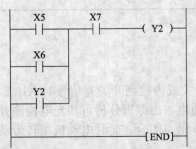

图 7-10　自动开关门制动控制的梯形图

⑥ 为保证安全，在开或关门控制过程中，设置过载保护和紧急停车。

⑦ 考虑到自动开关门若出现故障时，使用自动控制系统不合适，故设置手动开门和手动关门。

7.4 水塔水位控制系统设计

7.4.1 控制系统控制要求分析

水塔水位控制装置如图 7-11 所示。当水池水位低于下限液位开关 S4，S4 此时为 ON，电磁阀打开，开始往水池里注水，当 4s 以后，若水池水位没有超过水池下限液位开关时，则系统发出报警。若系统正常，此时水池下限液位开关 S4 为 OFF，表示水位高于下限水位。当水位高于上限水位，则 S3 为 ON，电磁阀关闭。

当水塔水位低于水塔下限水位时，则水塔下限水位开关 S2 为 ON，水泵开始工作，向水塔供水，当 S2 为 OFF 时，表示水塔水位高于水塔下限水位。当水塔水面高于水塔上限水位时，则水塔上限水位开关 S1 为 OFF，水泵停止。

当水塔水位低于下限水位，同时水池水位也低于下限水位时，水泵不能启动。

7.4.2 控制系统硬件和软件设计

(1) I/O 分配 列出水塔水位控制系统 PLC 的输入/输出接口分配表，见表 7-5。

表 7-5 水塔水位控制系统 PLC 的输入/输出接口分配表

输入信号	输入变量名	输出信号	输出变量名
X001	水塔上限位	Y000	电磁阀
X002	水塔下限位	Y001	水泵电动机
X003	水池上限位	Y002	蜂鸣器
X004	水池下限位		

(2) I/O 接线图 水塔水位 PLC 控制系统是一个单体控制小系统，没有特殊的控制要求，它有 4 个开关输入量，2 个开关输出量，输入/输出触点数共有 6 个，只需选用小型控制器 FX2N-16M 即可。据此，可以对输入、输出点作出地址分配，水塔水位控制系统的 I/O 接线图如图 7-12 所示。控制流程图见图 7-13。

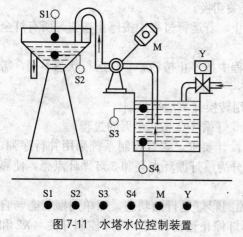

图 7-11 水塔水位控制装置

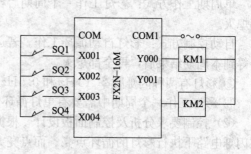

图 7-12 水塔水位 PLC 控制系统的 I/O 接线图

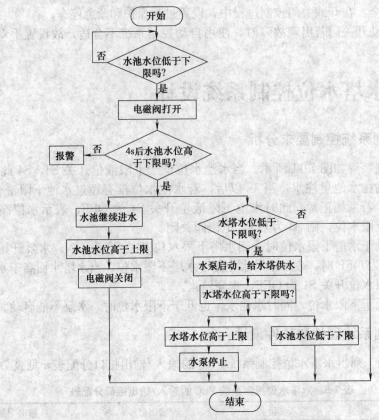

图 7-13　水塔水位 PLC 控制系统的控制流程图

（3）梯形图　见图 7-14。

7.5　彩灯闪烁控制系统设计

◀◀◀ 7.5.1　控制系统控制要求分析

（1）控制要求　设计一个 9 灯循环的 PLC 控制系统，要求：

① 实现单周期和自动控制工作方式，用转换开关切换。

单周期工作方式：彩灯工作一个周期后自动停止，若运行过程中按停止按钮，所有灯全部熄灭。

自动控制方式：彩灯自动循环工作。若运行过程中按停止按钮，彩灯运行状态不变，需要等到本周期结束后，再全部熄灭。

② 彩灯有两种闪烁频率（1Hz 和 0.5Hz），可用转换开关切换控制。

③ 彩灯工作一个周期中需要有单灯循环点亮、3 灯循环点亮、全灭的过程。

（2）控制要求分析及控制面板设计　根据系统设计要求，彩灯控制系统采用并行序列，在闪烁电路下执行彩灯的循环点亮。而点亮方式又分为单灯循环点亮和 3 灯循环点亮，使彩灯按照不同的频率闪烁。

系统操作面板如图 7-15 所示，X4 和 X5 分别控制彩灯运行的状态，即单周期状态与自动状态。彩灯开启用 X0 按钮控制，X1 按钮控制彩灯停止运行。两个闪烁控制开关（X2 和

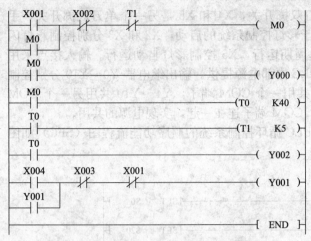

图 7-14 水塔水位 PLC 控制系统的梯形图

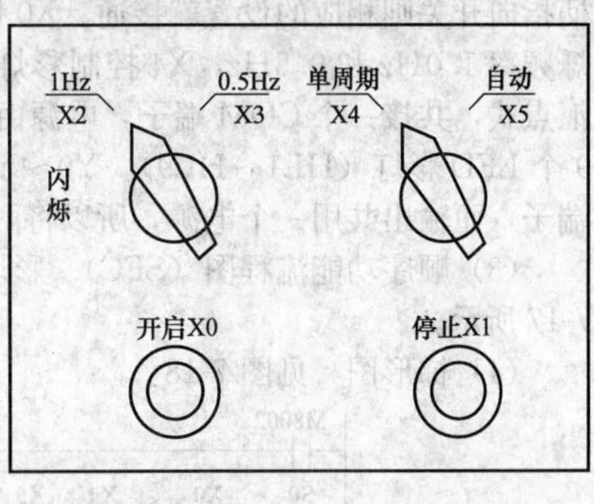

图 7-15 彩灯循环 PLC 控制系统
的操作面板示意图

X3）分别对应 1Hz 和 0.5Hz，用于控制彩灯循环工作。

◀◀◀ 7.5.2 控制系统硬件和软件设计

（1）I/O 分配 本控制系统中，共有六个输入开关，9 个 LED 输出，设计 I/O 分配表如表 7-6 所示。

表 7-6 彩灯 PLC 控制系统 I/O 分配表

输 入		输 出		输 入		输 出	
启动按钮	X0	LED1	Y0	自动开关	X5	LED6	Y5
停止按钮	X1	LED2	Y1			LED7	Y6
闪烁 1.0Hz 开关	X2	LED3	Y2			LED8	Y7
闪烁 0.5Hz 开关	X3	LED4	Y3			LED9	Y10
单周期开关	X4	LED5	Y4				

（2）I/O 接线图 设计彩灯 PLC 循环控制系统的外部 I/O 接线图如图 7-16 所示。

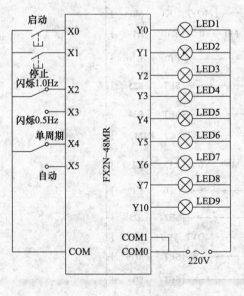

图 7-16 I/O 接线图

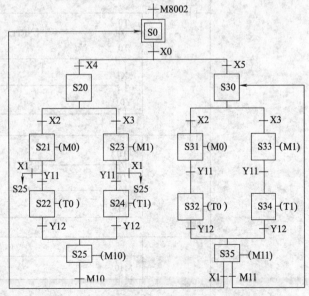

图 7-17 SFC 图

X0 是点动按钮，X2、X3 是一个单刀双掷开关，X4 和 X5 是另一个单刀双掷开关，手柄指向开关则相应的设置就接通。X0 用于彩灯控制系统的启动，X2 和 X3 分别控制彩灯闪烁频率 1.0Hz 和 0.5Hz，X4 控制彩灯单周期运行，X5 控制彩灯自动运行。输入接点采用汇点式，共接一个 COM 端子，电源由 PLC 内部电源提供。输出继电器 Y0～Y10 分别控制 9 个 LED 彩灯（HL1～HL9）。Y0～Y3 共用一个 COM 端子，Y4～Y10 共用另一个 COM 端子，而输出共用一个电源，所以将两个 COM 端子连在一起，实现电源的共用。

（3）顺序功能流程图（SFC） 彩灯 PLC 循环控制系统的顺序功能流程图（SFC）如图 7-17 所示。

（4）梯形图 见图 7-18。

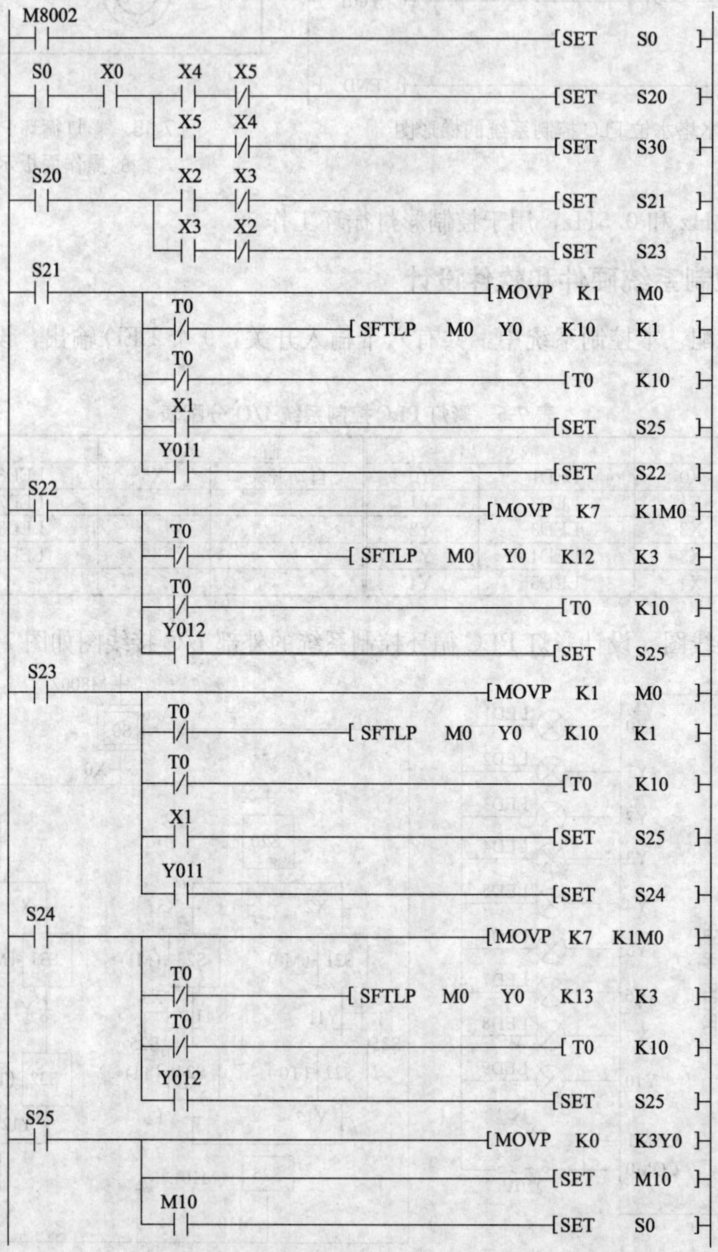

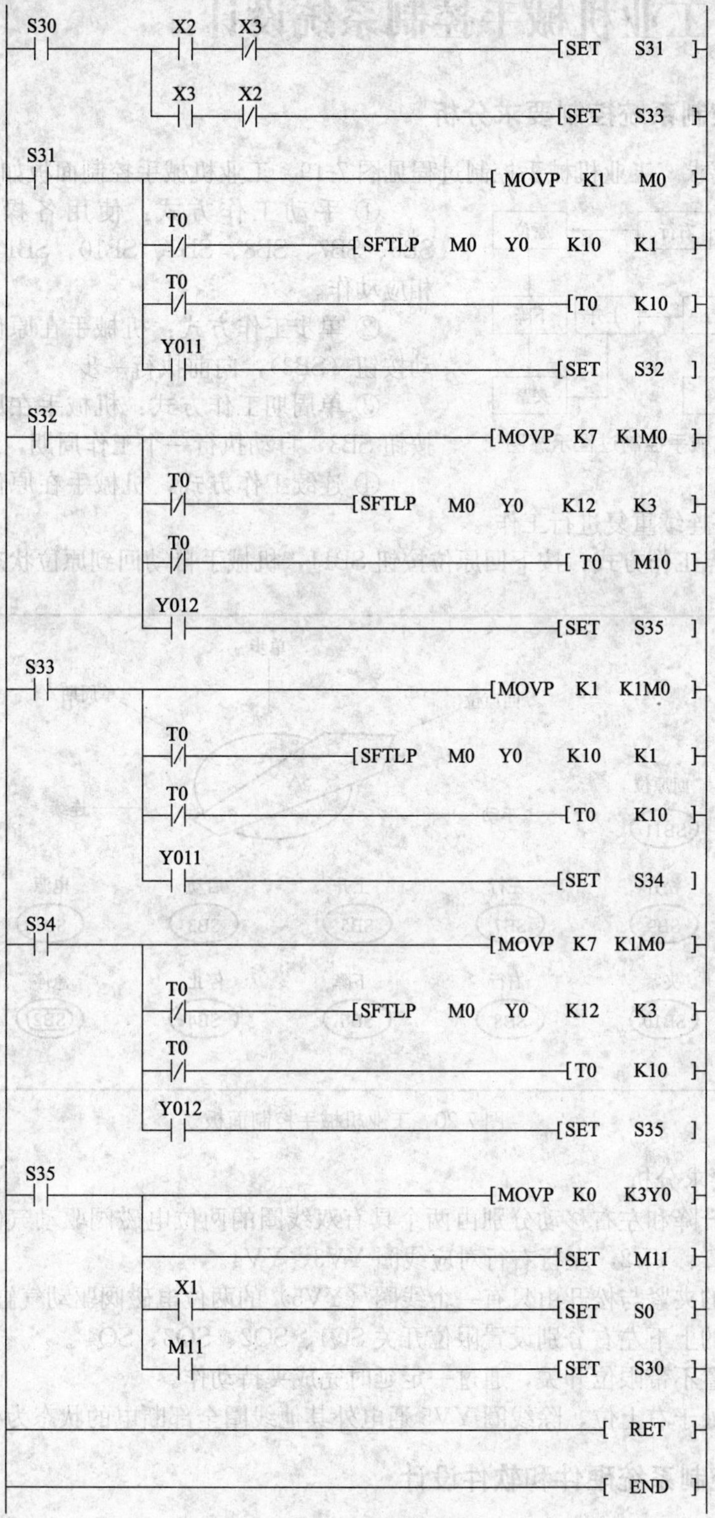

图 7-18 彩灯 PLC 循环控制系统的梯形图

➤ 7.6　工业机械手控制系统设计

◀◀◀ 7.6.1　控制系统控制要求分析

（1）控制要求　工业机械手控制过程见图7-19。工业机械手控制面板如图7-20。

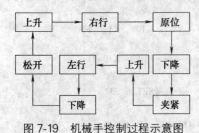

图 7-19　机械手控制过程示意图

① 手动工作方式：使用各操作按钮（SB5、SB6、SB7、SB8、SB9、SB10、SB11）来点动执行相应动作。

② 单步工作方式：机械手在原位，每按一次启动按钮（SB3），向前执行一步 。

③ 单周期工作方式：机械手在原位，按下启动按钮 SB3，自动执行一个工作周期，最后返回原位。

④ 连续工作方式：机械手在原位，按下启动按钮 SB3，机械手连续重复进行工作 。

⑤ 返回原点工作方式：按下回原位按钮 SB11，机械手自动回到原位状态。

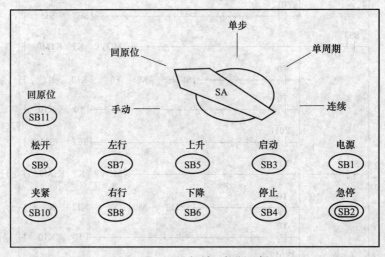

图 7-20　工业机械手控制面板

（2）控制要求分析

① 机械手升降和左右移动分别由两个具有双线圈的两位电磁阀驱动气缸完成，上升下降对应线圈 YV1、YV2，左行右行对应线圈 YV3、YV4。

② 机械手的夹紧与松开由只有一个线圈（YV5）的两位电磁阀驱动气缸完成。

③ 机械手的上下左右分别设置限位开关 SQ1、SQ2、SQ3、SQ4 。

④ 夹持装置不带限位开关，通过一定延时完成夹持动作。

⑤ 机械手处于右上位，除线圈 YV5 通电外其他线圈全部断电的状态为机械手原位。

◀◀◀ 7.6.2　控制系统硬件和软件设计

7.6.2.1　I/O 分配

I/O 分配见表 7-7——工业机械手控制系统 I/O 分配表。

表 7-7　工业机械手控制系统 I/O 分配表

元件符号	功能	I/O口	元件符号	功能	I/O口
SA	手动方式	X0	SB5	上升	X14
	回原点方式	X1	SB6	下降	X15
	单步方式	X2	SB7	左行	X16
	单周期方式	X3	SB8	右行	X17
	连续方式	X4	SB9	松开	X20
SB3	启动	X5	SB10	夹紧	X21
SB4	停止	X6	输　出　部　分		
SB11	回原位	X7	YV1	上升线圈	Y0
SQ1	上限位	X10	YV2	下降线圈	Y1
SQ2	下限位	X11	YV3	左行线圈	Y2
SQ3	左限位	X12	YV4	右行线圈	Y3
SQ4	右限位	X13	YV5	松紧线圈	Y4

7.6.2.2　I/O 接线图

工业机械手控制系统的 I/O 接线图如图 7-21 所示。

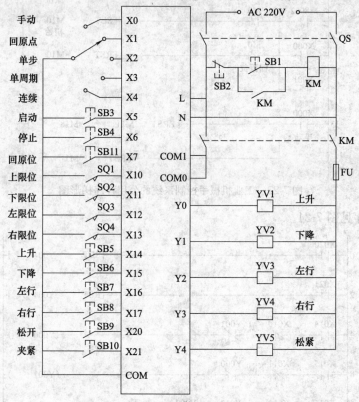

图 7-21　工业机械手控制系统 I/O 接线图

7.6.2.3　软件设计

（1）确定程序的总体结构　按工作方式和功能将系统程序分成公用程序、自动程序、手动程序和回原位程序四部分。用工作方式、功能的选择信号作为跳转条件。确定系统程序的结构形式，然后分别对各部分程序进行设计。

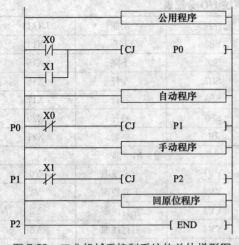

图 7-22　工业机械手控制系统的总体梯形图

工业机械手控制系统的总体梯形图如图 7-22 所示。

（2）设计局部程序　公共程序和手动程序较简单，采用经验设计法进行设计；自动程序相对比较复杂，采用顺序控制设计法，先画出其自动工作过程的功能表图，再选择某种编程方式设计梯形图。

自动程序包括单步、单周期和连续工作。

采用跳转指令或子程序调用指令保证自动程序、手动程序和回原位程序不会同时执行。

为了保证紧急情况下能可靠切断负载电源，设置由按钮 SB1、SB2 控制的交流接触器 KM 通断电磁阀的电源。

① 公用程序见图 7-23。

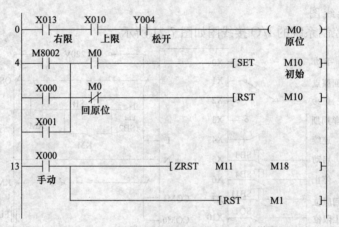

图 7-23　工业机械手控制系统的公用程序梯形图

② 手动程序见图 7-24。

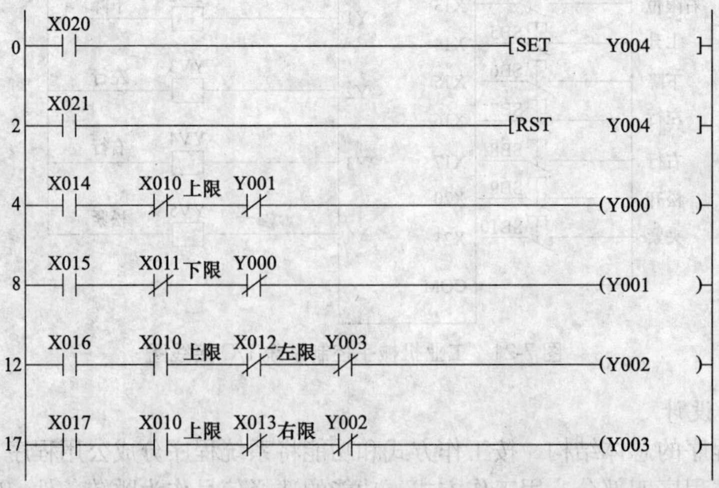

图 7-24　工业机械手控制系统的手动程序梯形图

③ 回原位程序见图 7-25。

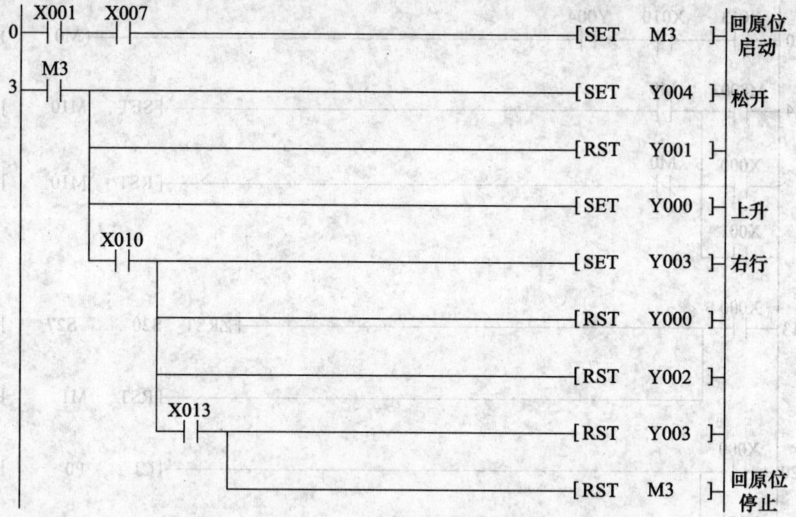

X001
X007
0
SET M3
回原位启动
M3
3
SET Y004
松开
RST Y001
SET Y000
上升
X010
SET Y003
右行
RST Y000
RST Y002
X013
RST Y003
RST M3
回原位停止

图 7-25　工业机械手控制系统的回原位程序梯形图

④ 自动程序见图 7-26～图 7-28。

M0·(M8002+X0+X1)
S0
初始
X5 启动
下降
S20
Y1
X11 下限
夹紧
S21
RST Y4
T0
T0 K20
上升
S22
Y0
X10 上限
左行
S23
Y2
X12 左限
下降
S24
Y1
C0 K1
X11下限
C0
松开
S25
SET Y4
T1 K20
T1
上升
S26
Y0
C1 K1
X10 上限
C1
右行
S27
Y3
$\overline{M1}$·X13
单周期·右限
M1·X13
连续·右限

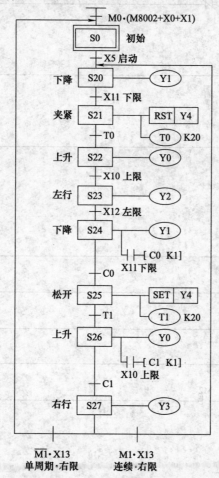

图 7-26　工业机械手控制系统的自动程序 SFC 图

```
      X013   X010   Y004
 0 ───┤├─────┤├─────┤├──────────────────────────────────( M0  )

      M8002  M0
 4 ───┤├─────┤├──────────────────────────[ SET    M10  ]

      X000   M0
   ───┤├─────┤/├──────────────────────────[ RST    M10  ]

      X001
   ───┤├────┘

      X000
13 ───┤├───────────────────────────[ ZRST   S20    S27 ]

   └──────────────────────────────────[ RST    M1   ]

      X000
20 ───┤├──────────────────────────────────[ CJ     P0   ]

      X001
   ───┤├────┘

      X005   X004   X006
25 ───┤├─────┤├─────┤/├────────────────────────────( M1  )

      M1
   ───┤├────┘

      X005
30 ───┤├──────────────────────────────────────────( M2  )

      X002
   ───┤/├───┘

      M8002  M0
33 ───┤├─────┤├──────────────────────────[ SET    S0   ]

      X000
   ───┤├────┘

      X001
   ───┤├────┘

39 ─────────────────────────────────────────[ STL    S0   ]

      M2     X005
40 ───┤├─────┤├──────────────────────────[ SET    S20  ]

44 ─────────────────────────────────────────[ STL    S20  ]

45 ────────────────────────────────────────────────( Y001 )

      X011   M2
   ───┤├─────┤├──────────────────────────[ SET    S21  ]
```

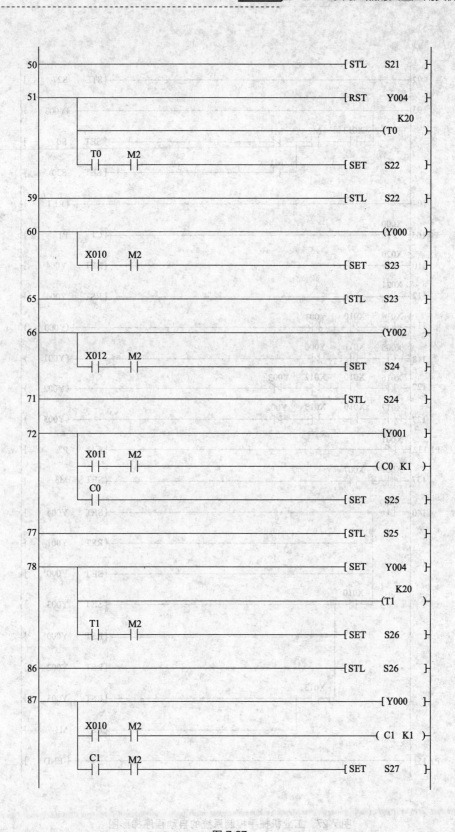

图 7-27

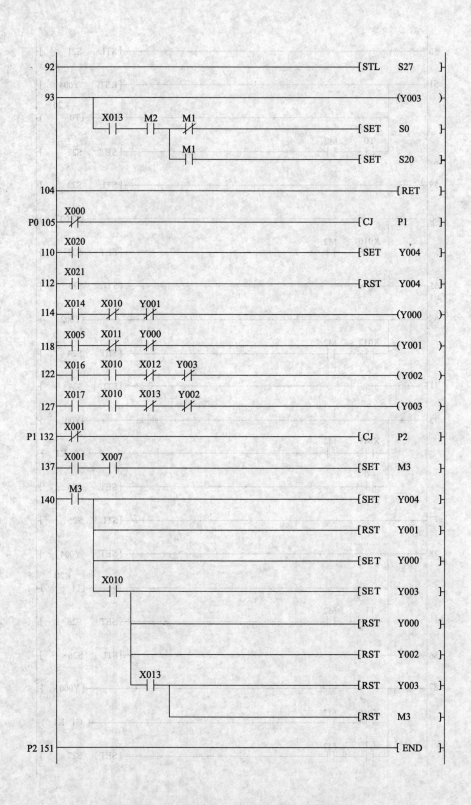

图 7-27　工业机械手控制系统的自动程序梯形图

自动程序中巧妙利用M1实现连续与单周期的转换

```
X005   X004   X006
─┤├────┤├────┤/├──────────────────( M1 )─
M1
─┤├─
```

自动程序中用M2实现单步的转换

```
X005
─┤├──────────────────────────────( M2 )─
X002
─┤/├─
```

图 7-28 工业机械手控制系统的自动程序连续与单周期及单步的转换

 特别提醒

在上述自动程序中，上升与下降运动各有2次，如果前后两次的转换条件相同（如下限位 X11、上限位 X10），则程序完全不是按要求工作。怎么办？请仔细阅读程序，看编者是怎样巧妙处理的吧！

7.7 交通指示灯控制系统设计

7.7.1 控制系统控制要求分析

过去对十字路口交通灯的控制要求几乎都是直行，没有像实际工程中考虑左转弯。本书将考虑直行加左转弯控制。

考虑左转弯的十字路口交通灯开启系统后，依次进行下列控制。

① 东西主干道：直行绿灯亮 25s→直行绿灯闪烁 3s→直行黄灯亮 2s→左转弯绿灯亮 10s（同时直行红灯开始亮 60s）→左转弯绿灯闪烁 3s→左转弯黄灯亮 2s→左转弯红灯亮 75s。

② 东西人行道：绿灯亮 25s→绿灯闪烁 3s→黄灯亮 2s→红灯亮 60s。

③ 南北主干道：直行红灯第 1 次亮 45s→直行绿灯亮 25s→直行绿灯闪烁 3s→直行黄灯亮 2s→左转弯绿灯亮 10s（同时直行红灯开始亮 60s）→左转弯绿灯闪烁 3s→左转弯黄灯亮 2s→左转弯红灯亮 75s。

④ 南北人行道：红灯第 1 次亮 45s→绿灯亮 25s→绿灯闪烁 3s→黄灯亮 2s→红灯亮 60s。

⑤ 采用循环控制方式。

⑥ 人行道灯光控制。东西向人行道和南北向人行道均设有通行绿灯和禁行红灯。东西向人行道通行绿灯于东西向主干道直行绿灯点亮时同时点亮，当东西向主干道直行绿灯闪烁时东西向行人道绿灯也要对应闪亮，然后黄灯亮 2s，其它时间红灯亮。南北向人行道与东西向人行道的规律一样。

7.7.2 控制系统硬件和软件设计

（1）I/O 分配 见表 7-8、表 7-9。

表 7-8   十字路口交通灯控制系统输入点分配表

输 入 元 件		输 入 元 件	
名 称	X 端口	名 称	X 端口
启动按钮	X000	南北向绿灯延迟控制按钮	X003
停止按钮	X001	东西向盲人脉冲按钮	X004
东西向绿灯延迟控制按钮	X002	南北向盲人脉冲按钮	X005

表 7-9   十字路口交通灯控制系统输出点分配表

输 出 元 件		输 出 元 件	
名 称	Y 端口	名 称	Y 端口
东西向主干道直通绿灯	Y000	南北向主干道左转弯绿灯	Y011
东西向主干道直通黄灯	Y001	南北向主干道左转弯黄灯	Y012
东西向主干道直通红灯	Y002	南北向主干道左转弯红灯	Y013
东西向主干道左转弯绿灯	Y003	东西向行人道绿灯	Y014
东西向主干道左转弯黄灯	Y004	东西向行人道黄灯	Y015
东西向主干道左转弯红灯	Y005	东西向行人道红灯	Y016
南北向主干道直通绿灯	Y006	南北向行人道绿灯	Y017
南北向主干道直通黄灯	Y007	南北向行人道黄灯	Y020
南北向主干道直通红灯	Y010	南北向行人道红灯	Y021

(2) I/O 接线图   如图 7-29 所示。

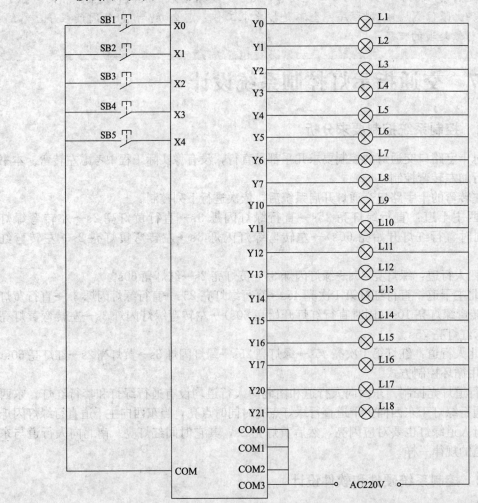

图 7-29   十字路口交通灯 PLC 控制系统 I/O 接线图

（3）流程图　如图 7-30 所示。

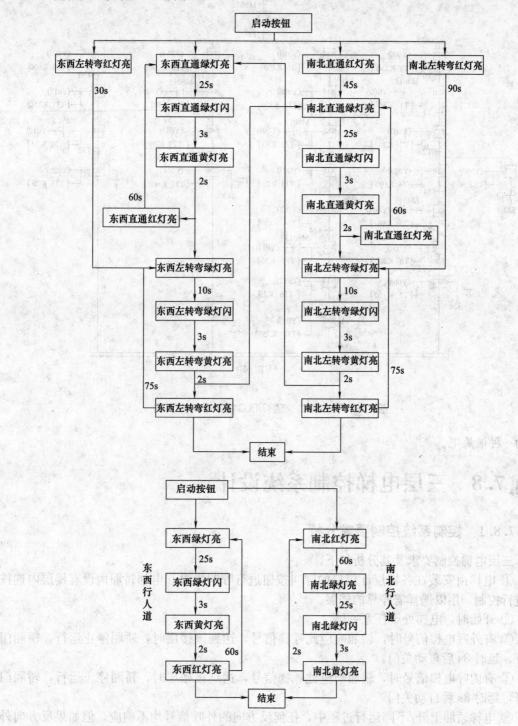

图 7-30　十字路口交通灯 PLC 控制系统流程图

（4）SFC 图　如图 7-31 所示。

（5）梯形图　限于篇幅，请读者自己根据编者已经设计的 SFC 图翻译成梯形图，也是

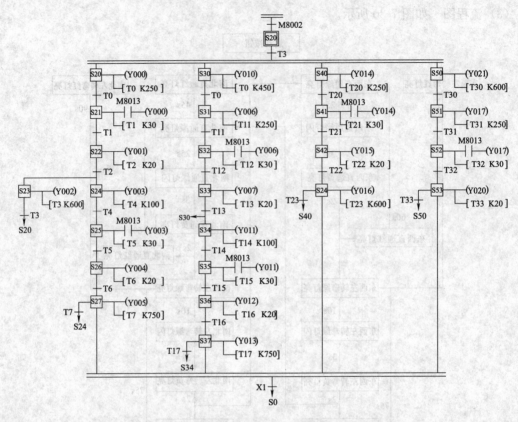

图 7-31　十字路口交通灯 PLC 控制系统 SFC 图

作为一种锻炼吧。

7.8　三层电梯控制系统设计

◀◀◀ 7.8.1　控制系统控制要求分析

三层电梯控制要求及其分析如下。

① 电梯由安装在各楼层厅门口的呼叫按钮进行呼叫操纵和电梯轿厢内设有楼层内选按钮进行控制，用以选择需停靠的楼层。

② 开始时，电梯处于任意一层。

③ 有外呼电梯信号时，轿厢响应此呼梯信号，达到该楼层时，轿厢停止运行，轿厢门打开，延时 8s 后自动关门。

④ 有内呼电梯信号时，轿厢响应此呼梯信号，达到该楼层时，轿厢停止运行，轿厢门打开，延时 8s 后自动关门。

⑤ 电梯轿厢上升/下降运行过程中，任何反方向的外呼信号均不响应，但如果反方向外呼信号前方再无其他内、外呼梯信号时，则电梯响应此外呼梯信号。例如，电梯轿厢在一楼，将要运行到三楼，在此过程中可以响应二层向上的外呼梯信号，但不响应二层向下的外呼信号。当到达二层，如果三层没有任何呼梯信号，则电梯可以响应二层向下外呼梯信号。否则，电梯将继续运行至三楼，然后向下运行响应二层向下外呼梯信号。

⑥ 电梯具有最远反向外呼梯功能。例如，电梯轿厢在一楼，而同时有二层向下呼梯，三层向下呼梯则电梯轿厢先去三楼响应三层向下外呼梯信号。

⑦ 电梯运行时，开门按钮和关门按钮均不起作用。平层且电梯轿厢停止运行后，按开门按钮轿厢开门，按关门按钮轿厢关门。

⑧ 楼层指示灯有三个，分别指示电梯当前位置、两个运行状态（上升/下降）指示灯。

⑨ 电梯每次运行只响应单一呼叫。例如电梯停在一层，在三层轿厢外呼叫时，电梯响应呼叫（从一层运行到三层），在电梯停止运行前按其他层呼叫按钮均无效，依此类推。

◀◀◀ 7.8.2 控制系统硬件和软件设计

（1）I/O分配 见表7-10。
（2）I/O接线图 见图7-32。

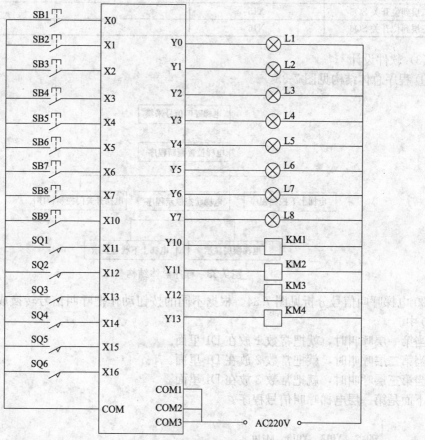

图7-32 I/O接线图

表7-10 输入接口分配表

输　　入		输　　出	
名　称	端口	名　称	端口
梯内开门按钮 SB1	X0	上升显示 L1	Y0
梯内关门按钮 SB2	X1	下降显示 L2	Y1

续表

输　　入		输　　出	
名　称	端口	名　称	端口
一层内呼 SB3	X2	一层到位显示 L3	Y2
二层内呼 SB4	X3	二层到位显示 L4	Y3
三层内呼 SB5	X4	三层到位显示 L5	Y4
一层外上呼 SB6	X5	一层内选指示灯 L6	Y5
二层外上呼 SB7	X6	二层内选指示灯 L7	Y6
二层外下呼 SB8	X7	三层内选指示灯 L8	Y7
三层外下呼 SB9	X10	轿箱门打开 KM1	Y10
轿箱门打开到位 SQ1	X11	轿箱门关闭 KM2	Y11
轿箱门关闭到位 SQ2	X12	电梯上升输出 KM3	Y12
防夹 SQ3	X13	电梯下降输出 KM4	Y13
一层到位开关 SQ4	X14		
二层到位开关 SQ5	X15		
三层到位开关 SQ6	X16		

（3）软件设计

① 程序总体结构见图 7-33。

图 7-33　程序总体结构

② 电梯呼叫信号分析见图 7-34。根据不同的按钮动作把呼叫信号转换成数值存入寄存器 D0 中。

当第一层呼叫时，就把常数 1 放在 D1 里面。

当第二层呼叫时，就把常数 2 放在 D1 里面。

当第三层呼叫时，就把常数 3 放在 D1 里面。

下面是第一层电梯呼叫信号程序。

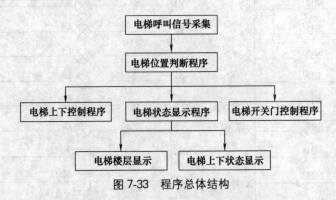

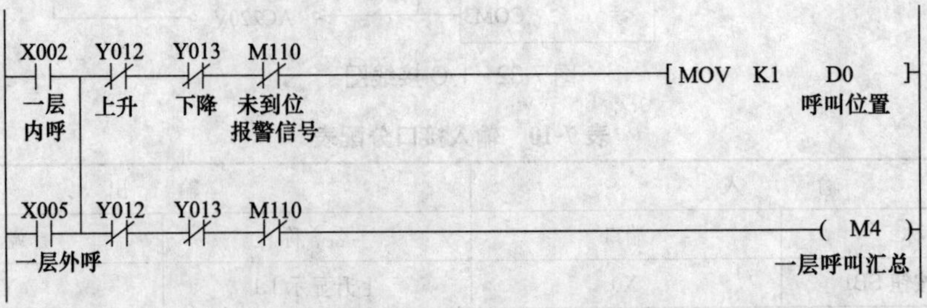

图 7-34　电梯呼叫信号程序分析图

③ 电梯位置判断程序分析见图 7-35。通过传感器把电梯位置信号转换成相应的信号送到寄存器 D1 中。

若电梯在第一层，把常数 1 赋给 D2。

若电梯在第二层，把常数 2 赋给 D2。

若电梯在第三层，把常数 3 赋给 D2。

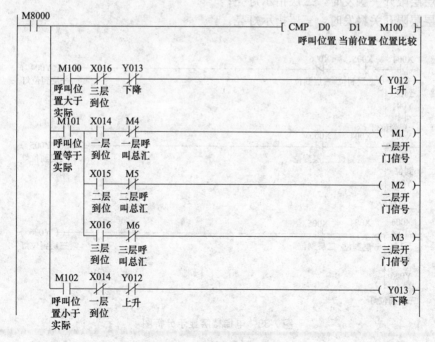

图 7-35 电梯位置判断分析图

④ 电梯上下控制程序分析见图 7-36。比较呼叫信号 D1 与楼层位置信号 D2 里面的数值，以比较结果指挥电梯动作。

当 D1＜D2 时，电梯在上，呼叫在下，电梯此时应该下降。

当 D1＞D2 时，电梯在下，呼叫在上，电梯此时应该上升。

当 D1＝D2 时，电梯与呼叫在同一位置，可根据不同的楼层位置驱动自动门进行开关。

图 7-36 电梯控制程序分析图

⑤ 内选电梯楼层显示程序分析见图 7-37。

利用三个内选按钮启动，三个层限开关控制停止。

当按下一层内选按钮时，一层内选指示灯亮；当到达一层时由一层层限开关控制熄灭。

当按下二层内选按钮时，二层内选指示灯亮；当到达二层时由二层层限开关控制熄灭。

当按下三层内选按钮时，三层内选指示灯亮；当到达三层时由三层层限开关控制熄灭。

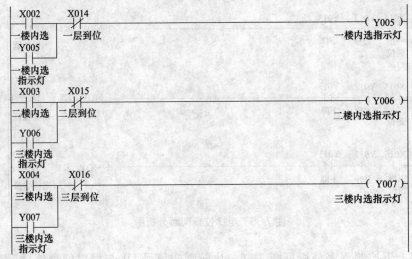

图 7-37　楼层内选显示分析图

⑥ 电梯楼层显示程序分析

a. 电梯楼层显示程序分析见图 7-38，利用三个层限开关进行判断。

当一层层限开关触发时，一层指示灯亮；

当二层层限开关触发时，二层指示灯亮；

当三层层限开关触发时，三层指示灯亮。

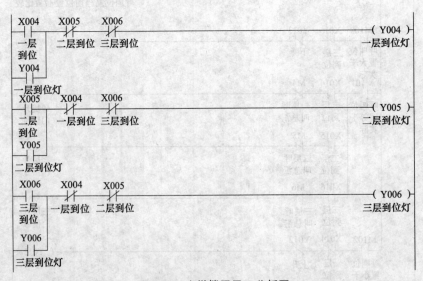

图 7-38　电梯楼层显示分析图

b. 电梯上下显示程序分析见图 7-39，上下显示完全按照电机当前状态来确定。

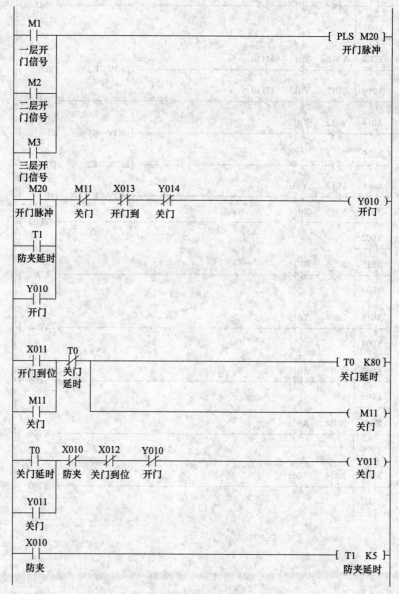

当电机正转时显示上升状态；当电机反转时显示下降状态。

图7-39　电梯上下分析图

⑦ 电梯开关门程序分析见图7-40。电梯到达楼层后，自动门进行开门动作。开门到位后再延时 8s 进行关门。若关门过程中检测到有障碍，立即停止关门动作，重新开门。

图7-40　电梯开关门程序图

⑧ 电梯总梯形图见图 7-41。

```
 X002  Y012  Y013  M110
 ─┤├──┤/├──┤/├──┤/├─────────────────────[MOV K1    D0 ]

 X005  Y012  Y013  M110
 ─┤├──┤/├──┤/├──┤/├──────────────────────────( M4 )

 X003  Y012  Y013  M110
 ─┤├──┤/├──┤/├──┤/├─────────────────────[MOV K2    D0 ]

 X006  Y012  Y013  M110
 ─┤├──┤/├──┤/├──┤/├──────────────────────────( M5 )

 X007
 ─┤├─│                                        ( )

 X004  Y012  Y013  M110
 ─┤├──┤/├──┤/├──┤/├─────────────────────[MOV K3    D0 ]

 X010  Y012  Y013  M110
 ─┤├──┤/├──┤/├──┤/├──────────────────────────( M6 )

 X014  Y012  Y013
 ─┤├──┤/├──┤/├─────────────────────────[MOV K1    D1 ]

 X015  Y012  Y013
 ─┤├──┤/├──┤/├─────────────────────────[MOV K2    D1 ]

 X016  Y012  Y013
 ─┤├──┤/├──┤/├─────────────────────────[MOV K3    D1 ]

 X014  X015  X016
 ─┤├──┤/├──┤/├────────────────────────────────( Y002 )
 Y002
 ─┤├─│

 X015  X014  X016
 ─┤├──┤/├──┤/├────────────────────────────────( Y003 )
 Y003
 ─┤├─│

 X016  X014  X015
 ─┤├──┤/├──┤/├────────────────────────────────( Y004 )
 Y004
 ─┤├─│

 X002  X015  X016
 ─┤├──┤/├──┤/├────────────────────────────────( Y005 )
 Y005
 ─┤├─│

 X003  X014  X016
 ─┤├──┤/├──┤/├────────────────────────────────( Y006 )
 Y006
 ─┤├─│

 X004  X014  X015
 ─┤├──┤/├──┤/├────────────────────────────────( Y007 )
 Y007
 ─┤├─│
```

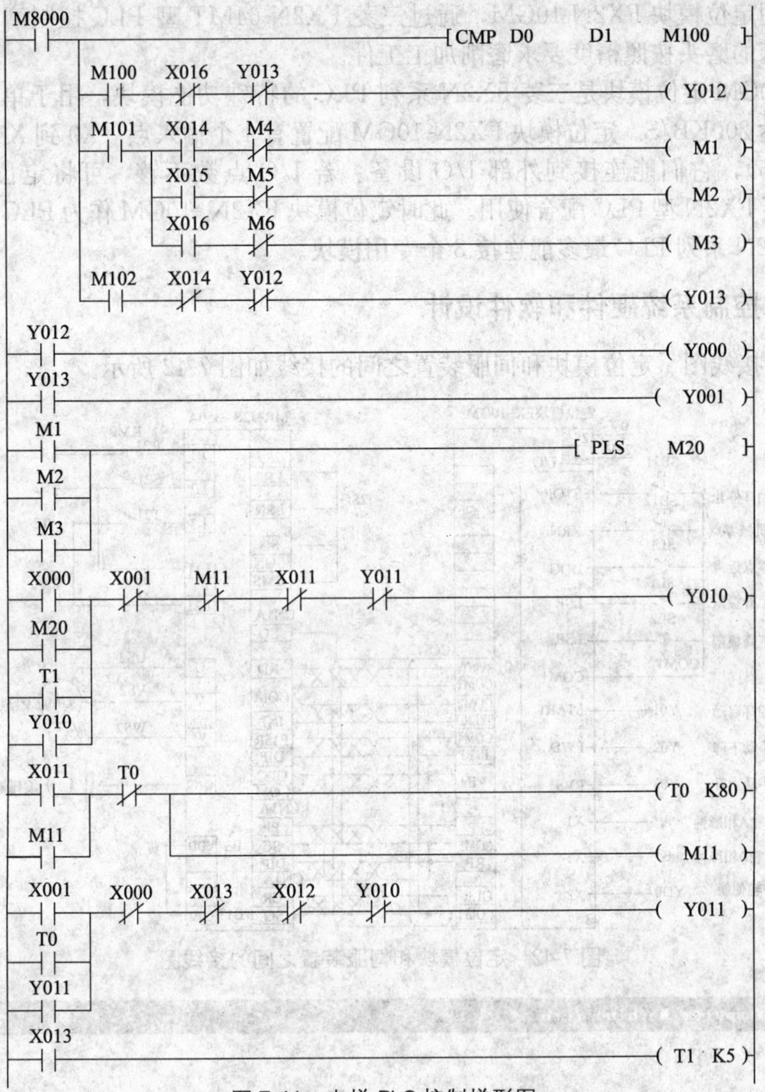

图 7-41 电梯 PLC 控制梯形图

7.9 应用定位模块的圆台磨床数控系统设计

◀◀◀ 7.9.1 控制系统控制要求分析

（1）控制要求 圆台磨床的主要功能是磨削工件到指定厚度，立轴圆台平面磨床采用手动进刀，加工前需测量工件原始厚度，再根据要求算出需磨削的厚度，然后将工件加工。实际工件厚度不均，因而每次加工至少需对工件进行两次测量。

现在我们利用三菱 PLC 的定位模块 FX2N-10GM 进行 PLC 控制，就可对立轴圆台平面磨床进行数控自动化控制改造，实现磨头自动进刀与自动返回。这样改造后加工过程只需一次设定工件成品厚度就可加工一大批工件，消除对工件的反复测量，减轻操作者劳动强度，也就提高了生产效率，还能进行批量生产。

（2）控制要求分析 为更好地满足控制要求，我们采用触摸屏（F940GOT）输入、显示数据，利用定位模块 FX2N-10GM，通过三菱 FX2N-64MT 型 PLC 控制磨床的伺服电动机，以使磨床的磨头按照精度要求磨削加工工件。

FX2N-10GM 定位模块是三菱 FX2N 系列 PLC 的特殊功能模块，用于单轴数控，脉冲输出最大可达 200KB/S。定位模块 FX2N-10GM 配置有 4 个输入点（X0 到 X3）和 6 个输出点（Y0 到 Y5），它们能连接到外部 I/O 设备。若 I/O 点数不够，可将定位模块 FX2N-10GM 与三菱 FX2N 型 PLC 配合使用。此时定位模块 FX2N-10GM 作为 PLC 的一种专用模块，三菱 FX2N 系列 PLC 最多能连接 8 个专用模块。

◀◀◀ 7.9.2 控制系统硬件和软件设计

（1）I/O 接线图　定位模块和伺服装置之间的接线如图 7-42 所示。

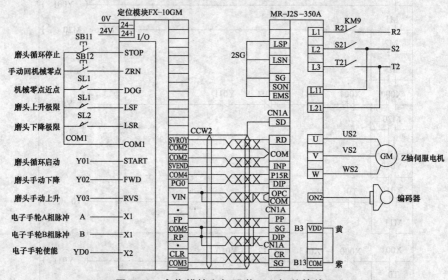

图 7-42　定位模块和伺服装置之间的接线图

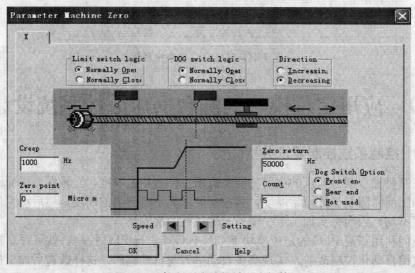

图 7-43　控制系统的机械和电机体系

（2）软件设计

① 单位体系。根据工艺要求，零点是所有其它位点的参考点，必须确保其精度。零点位置是通过行程开关来确定的，当磨头碰到行程开关（近点信号）前端时，为了精确定位，磨头立刻减至爬行速度，当零点信号计数达到 5 时，磨头停止移动，零点定位完成（图7-43）。

控制系统采用的单位体系是机械与电机体系，速度参数以脉冲为基本单位，在定位软件中设定电机回零速度为 50000Hz，爬行速度为 1000Hz。设定速度单位为 1000 脉冲/转，相应的回零速度为 50rad/s，爬行速度为 1rad/s。通过上述参数设定可使电机在低速（爬行速度）时检测零位脉冲来完成定位，提高准确度。

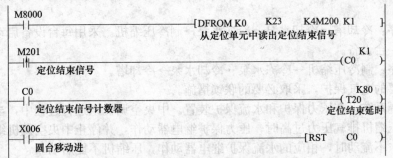

图 7-44　圆台自动退程序框图

② 圆台自动退的程序。为了实现圆台在磨削完成后自动退出的工艺要求，选用三菱定位模块 FX2N-10GM 中的定位结束信号（此信号在定位结束后的当前位置始终为 1）。当计数器 C0 检测到第一个定位结束信号上升沿时位置，定时器 T20 开始计时而设定时间（精磨抛光时间，可根据实际需要调整，本程序设定为 8s）到时发出圆台退的信号。完成换工件后，按下圆台进按钮时计数器 C0 复位，重新进行计数，如图 7-44、图 7-45 所示。

③ 互锁程序。磨床在实际工作中许多动作需要采用互锁来保证正常运转。譬如圆台旋转前须先上磁，圆台进和圆台退不能同时进行而应互锁，磨头在工作时不能碰到圆台等。在程序中通过设定磨头返回高度（工件原始厚度加上 12mm）来保证磨头在工件之上安全返回，以避免操作不当而使磨头碰到圆台面。各种限位的互锁在此不再赘述。互锁程序如图 7-46 所示。

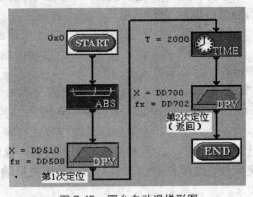

图 7-45　圆台自动退梯形图

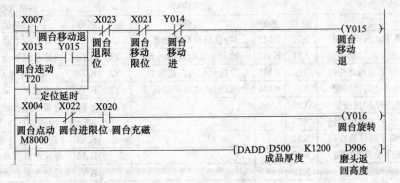

图 7-46　互锁梯形图

7.10　中央空调控制系统设计

7.10.1　控制系统控制要求分析

中央空调系统的启动/停止均设有自动、手动两种方式。自动方式用于联锁集中控制，手动用于调试或检修。各台设备按工艺要求有一定的启停顺序，满足顺起逆停规律。

启动顺序：冷却塔→冷却水泵→冷冻水泵→制冷压缩机。采用每台设备启动后经15s延时再启动下一台设备。

停止顺序：制冷压缩机→冷冻水泵→冷却水泵→冷却塔。

设置必要的电气保护，采取必要的联锁措施。

中央空调系统设有压力保护和水流保护装置。中央空调机组运行过程中，当压缩机吸气压力过低或压缩机排气压力过高时，压力保护继电器动作，并停止中央空调机组运行；当冷却水或冷冻水不流动时，相应的水流保护继电器动作，压缩机不能启动。

7.10.2　控制系统硬件和软件设计

7.10.2.1　硬件设计

（1）输入/输出设备。

① 手动方式。输入设备：4个启动按钮、4个停机按钮、2个水流开关、2个压力继电器触点，共12个输入点。

输出设备：4个交流接触器，共4个输出点。

② 自动方式。输入设备：1个启动按钮、1个停机按钮、2个水流开关、2个压力继电器触点，共6个输入点。

输出设备：4个交流接触器线圈（共4个输出点）

（2）PLC的选型　考虑中央空调PLC控制系统手动操作方式有输入信号12个、输出信号为4个，均为开关量；自动操作方式有输入信号6个，输出信号为4个，也均为开关量。且考虑到维护、改造和经济等诸多因素，选用FX2N-48MR主机，继电器型输出口，可用于交流及直流两种电源，共有24个开关量输入点和24个开关量输出点，完全能满足控制要求。

（3）I/O分配

输入信号			输出信号			辅助继电器		
名称	功能	编号	名称	功能	编号	名称	功能	编号
SB1	冷却塔手动启动按钮	X10	KM1	冷却塔风机接触器	Y0	KT1	冷却水泵手动启动延时	T0
SB2	冷却水泵手动启动按钮	X11	KM2	冷却水泵电机接触器	Y1	KT2	冷冻水泵手动启动延时	T1
SB3	冷冻水泵手动启动按钮	X12	KM3	冷冻水泵电机接触器	Y2	KT3	压缩机手动启动延时	T2
SB4	压缩机手动启动按钮	X17	KM4	压缩机电机接触器	Y3	KT4	冷冻水泵自动停机延时	T3
SB5	冷却塔手动停机按钮	X22				KT5	冷却水泵自动停机延时	T4
SB6	冷却水泵手动停机按钮	X23				KT6	冷却塔自动停机延时	T5
SB7	冷冻水泵手动停机按钮	X24				KA5	压缩机自动停机信号	M0
SB8	压缩机手动停机按钮	X25				KA6	冷冻水泵自动停机信号	M1
KA1	冷却水流开关	X13				KA7	冷却水泵自动停机信号	M2
KA2	冷冻水流开关	X14				KA8	冷却塔自动停机信号	M3

续表

输入信号			输出信号			辅助继电器		
名称	功能	编号	名称	功能	编号	名称	功能	编号
KA3	低压保护继电器	X15						
KA4	高压保护继电器	X16						
SB9	自动启动按钮	X20	KM1	冷却塔风机接触器	Y0	KT1	冷却水泵自动启动延时	T10
SB10	自动停机按钮	X21	KM2	冷却水泵电机接触器	Y1	KT2	冷冻水泵自动启动延时	T11
KA1	冷却水流开关	X13	KM3	冷冻水泵电机接触器	Y2	KT3	压缩机自动启动延时	T12
KA2	冷冻水流开关	X14	KM4	压缩机电机接触器	Y3	KT4	冷冻水泵自动停机延时	T13
KA3	低压保护继电器	X15				KT5	冷却水泵自动停机延时	T14
KA4	高压保护继电器	X16				KT6	冷却塔自动停机延时	T15
						KA5	压缩机自动停机信号	M10
						KA6	冷冻水泵自动停机信号	M11
						KA7	冷却水泵自动停机信号	M12
						KA8	冷却塔自动停机信号	M13

（4）I/O 接线图

① 手动启动/停机

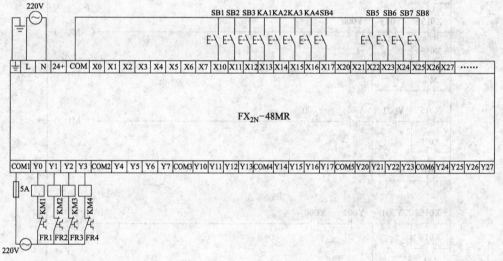

② 自动启动/停机

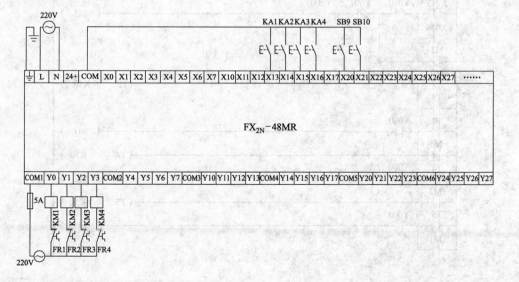

7.10.2.2　软件设计

(1) 手动启动/停机程序

```
X010   X022   M3
 ├┤├────┤/├────┤/├──────────────────────────────( Y000 )
 │Y000  Y001
 ├┤├────┤├──────────────────────────────────────( T0   K150 )

X011   Y000   T0    X023   M2
 ├┤├────┤├────┤├────┤/├────┤/├────────────────────( Y001 )
 │Y001               Y002
 ├┤├──────────────┤├───────────────────────────( T1   K150 )

X012   Y001   T1    X013   X024   M1
 ├┤├────┤├────┤├────┤├────┤/├────┤/├──────────────( Y002 )
 │Y002                    Y003
 ├┤├────────────────────┤├───────────────────────( T2   K150 )

X017   Y002   T2    X014   X025   M0
 ├┤├────┤├────┤├────┤├────┤/├────┤/├──────────────( Y003 )
 │Y003
 ├┤├

X015   Y003   Y000
 ├┤├────┤├────┤├──────────────────────────────────( M0 )
 │X016
 ├┤├
 │M0
 ├┤├

X015   Y002   Y003   Y000
 ├┤├────┤├────┤/├────┤├─────────────────────────( M1 )
 │X016
 ├┤├
 │M1
 ├┤├

X015   Y001   Y002   Y000
 ├┤├────┤├────┤/├────┤├─────────────────────────( M2 )
 │X016
 ├┤├
 │M2
 ├┤├

X015   Y000   Y001   Y000
 ├┤├────┤├────┤/├────┤├─────────────────────────( M3 )
 │X016
 ├┤├
 │M3
 ├┤├

M0    Y000
 ├┤├───┤├─────────────────────────────────────( T3   K50 )
 │T3
 ├┤├

T3    Y000
 ├┤├───┤├─────────────────────────────────────( M1 )
 │M1
 ├┤├──────────────────────────────────────────( T4   K50 )

T4    Y000
 ├┤├───┤├─────────────────────────────────────( M2 )
 │M2
 ├┤├──────────────────────────────────────────( T5   K50 )

T5    Y000
 ├┤├───┤├─────────────────────────────────────( M3 )
 │M3
 ├┤├
```

（2）手动启动/停机程序说明

① 手动启动过程

a. 按下启动按钮 SB1，输入继电器 X10 线圈接通，X10 常开触点闭合，输出继电器 Y0 线圈接通，Y0 常开触点闭合并自锁，冷却塔启动；同时定时器 T0 线圈接通，开始计时。

b. 按下启动按钮 SB2，输入继电器 X11 线圈接通，X11 常开触点闭合，此时 Y0 常开触点闭合，T0 延时时间到，T0 常开触点闭合，输出继电器 Y1 线圈接通，Y1 常开触点闭合并自锁，冷却水泵启动；同时定时器 T1 线圈接通，开始计时。

c. 按下启动按钮 SB3，输入继电器 X12 线圈接通，X12 常开触点闭合，此时 Y1 常开触点闭合，T1 延时时间到，T1 常开触点闭合，且水流开关 KA1 打开（即 X13 常开触点闭合），输出继电器 Y2 线圈接通，Y2 常开触点闭合并自锁，冷冻水泵启动；同时定时器 T2 线圈接通，开始计时。

d. 按下启动按钮 SB4，输入继电器 X17 线圈接通，X17 常开触点闭合，此时 Y2 常开触点闭合，T2 延时时间到，T2 常开触点闭合，且水流开关 KA2 打开（即 X14 常开触点闭合），输出继电器 Y3 线圈接通，Y3 常开触点闭合并自锁，压缩机启动。至此，启动过程结束。

② 手动停机过程

a. 按下停机按钮 SB8，输入继电器 X25 线圈接通，X25 常闭触点断开，输出继电器 Y3 线圈断电，压缩机停机。

b. 按下停机按钮 SB7，输入继电器 X24 线圈接通，X24 常闭触点断开，此时 Y3 常开触点处于断开状态，输出继电器 Y2 线圈断电，冷冻水泵停机。

c. 按下停机按钮 SB6，输入继电器 X23 线圈接通，X23 常闭触点断开，此时 Y2 常开触点处于断开状态，输出继电器 Y1 线圈断电，冷却水泵停机。

d. 按下停机按钮 SB5，输入继电器 X22 线圈接通，X14 常闭触点断开，此时 Y1 常开触点处于断开状态，输出继电器 Y0 线圈断电，冷却塔停机。停机过程结束。

③ 异常停机过程（四种情况）

a. 当压缩机出现吸气压力过低或排气压力过高时，压力保护继电器 KA3 或 KA4 动作，即输入继电器线圈 X15 或 X16 常开触点闭合，若此时全部设备均已启动，则 Y0、Y3 常开触点闭合，辅助继电器 M0 线圈接通，M0 常开触点闭合并自锁，M0 常闭触点断开，Y3 线圈断电，压缩机停机。

M0、Y0 常开触点闭合，则 T3 线圈接通，当 T3 延时时间到，T3 常开触点闭合，Y0 常开触点保持闭合状态，辅助继电器 M1 线圈接通，M1 常开触点闭合并自锁，M1 常闭触点断开，Y2 线圈断电，冷冻水泵停机；同时，T4 线圈接通。

当 T4 延时时间到，T4 常开触点闭合，Y0 常开触点保持闭合状态，辅助继电器 M12 线圈接通，M2 常开触点闭合并自锁，M2 常闭触点断开，Y1 线圈断电，冷却水泵停机；同时，T5 线圈接通；

当 T5 延时时间到，T5 常开触点闭合，Y0 常开触点保持闭合状态，辅助继电器 M3 线圈接通，M3 常开触点闭合并自锁，M3 常闭触点断开，Y0 线圈断电，冷却塔停机。

b. 当压缩机出现吸气压力过低或排气压力过高时，压力保护继电器 KA3 或 KA4 动作，即输入继电器线圈 X15 或 X16 常开触点闭合，若此时只有压缩机未启动，其他设备均已启动，则 Y0、Y2 常开触点闭合，辅助继电器 M1 线圈接通，M1 常开触点闭合并自锁，M1 常闭触点断开，Y2 线圈断电，冷冻水泵停机。

M1、Y0 常开触点闭合，则 T4 线圈接通，当 T4 延时时间到，T4 常开触点闭合，Y0 常开触点保持闭合状态，辅助继电器 M2 线圈接通，M2 常开触点闭合并自锁，M2 常闭触点断开，Y1 线圈断电，冷却水泵停机；同时，T5 线圈接通。

当 T5 延时时间到，T5 常开触点闭合，Y0 常开触点保持闭合状态，辅助继电器 M3 线圈接通，M3 常开触点闭合并自锁，M3 常闭触点断开，Y0 线圈断电，冷却塔停机。

c. 当压缩机出现吸气压力过低或排气压力过高时，压力保护继电器 KA3 或 KA4 动作，即输入继电器线圈 X15 或 X16 常开触点闭合，若此时只有冷冻水泵、压缩机未启动，其他设备均已启动，则 Y0、Y1 常开触点闭合，辅助继电器 M2 线圈接通，M2 常开触点闭合并自锁，M2 常闭触点断开，Y1 线圈断电，冷却水泵停机。

M2、Y0 常开触点闭合，则 T5 线圈接通，当 T5 延时时间到，T5 常开触点闭合，Y0 常开触点保持闭合状态，辅助继电器 M3 线圈接通，M3 常开触点闭合并自锁，M3 常闭触点断开，Y0 线圈断电，冷却塔停机。

d. 当压缩机出现吸气压力过低或排气压力过高时，压力保护继电器 KA3 或 KA4 动作，即输入继电器线圈 X15 或 X16 常开触点闭合，若此时只有冷却塔启动，其他设备均未启动，则 Y0 常开触点闭合，辅助继电器 M3 线圈接通，M3 常开触点闭合并自锁，M3 常闭触点断开，Y0 线圈断电，冷却塔停机。

（3）自动启动/停机程序

```
  X021   Y002   Y000   Y003
 ──┤├────┤├─────┤├─────┤/├─────────────────────────( M11 )
  X015
 ──┤├─
  X016
 ──┤├─
  M11
 ──┤├─

  X021   Y001   Y000   Y002
 ──┤├────┤├─────┤├─────┤/├─────────────────────────( M12 )
  X015
 ──┤├─
  X016
 ──┤├─
  M12
 ──┤├─

  X021   Y000   Y001   Y000
 ──┤├────┤├─────┤/├─────┤├─────────────────────────( M13 )
  X015
 ──┤├─
  X016
 ──┤├─
  M13
 ──┤├─

  M10    Y000
 ──┤├─────┤├──────────────────────────────( T13    K150 )
  T13
 ──┤├─

  T13    Y000
 ──┤├─────┤├──────────────────────────────────( M11 )
  M11
 ──┤├────────────────────────────────────( T14    K150 )

  T14    Y000
 ──┤├─────┤├──────────────────────────────────( M12 )
  M12
 ──┤├────────────────────────────────────( T15    K150 )

  T15    Y000
 ──┤├─────┤├──────────────────────────────────( M13 )
  M13
 ──┤├─
```

（4）自动启动/停机程序说明

① 自动启动过程

a. 按下自动启动按钮 SB9，输入继电器 X20 线圈接通，X20 常开触点闭合，输出继电器 Y0 线圈接通，Y0 常开触点闭合并自锁，冷却塔启动；同时定时器 T10 线圈接通，开始计时。

b. 当 T10 延时时间到，T10 常开触点闭合，此时 Y0 常开触点闭合，输出继电器 Y1 线圈接通，Y1 常开触点闭合并自锁，冷却水泵启动；同时定时器 T11 线圈接通，开始计时。

c. 当 T11 延时时间到，T11 常开触点闭合，此时 Y1 常开触点闭合，且水流开关 KA1 打开（即 X13 常开触点闭合），输出继电器 Y2 线圈接通，Y2 常开触点闭合并自锁，冷冻水泵启动；同时定时器 T12 线圈接通，开始计时。

d. 当 T12 延时时间到，T12 常开触点闭合，此时 Y2 常开触点闭合，且水流开关 KA2 打开（即 X14 常开触点闭合），输出继电器 Y3 线圈接通，Y3 常开触点闭合并自锁，压缩机启动。启动过程即结束。

② 自动停机过程（四种情况）

a. 按下自动停机按钮 SB10，输入继电器 X21 线圈接通，X21 常开触点闭合，若此时全部设备均已启动，则 Y0、Y3 常开触点闭合，辅助继电器 M10 线圈接通，M10 常开触点闭合并自锁，M10 常闭触点断开，Y3 线圈断电，压缩机停机。

M10、Y0 常开触点闭合，则 T13 线圈接通，当 T3 延时时间到，T13 常开触点闭合，Y0 常开触点保持闭合状态，辅助继电器 M11 线圈接通，M11 常开触点闭合并自锁，M11 常闭触点断开，Y2 线圈断电，冷冻水泵停机；同时，T14 线圈接通。

当 T4 延时时间到，T14 常开触点闭合，Y0 常开触点保持闭合状态，辅助继电器 M12 线圈接通，M12 常开触点闭合并自锁，M12 常闭触点断开，Y1 线圈断电，冷却水泵停机；同时，T15 线圈接通。

当 T15 延时时间到，T15 常开触点闭合，Y0 常开触点保持闭合状态，辅助继电器 M13 线圈接通，M13 常开触点闭合并自锁，M13 常闭触点断开，Y0 线圈断电，冷却塔停机。

b. 按下自动停机按钮 SB10，输入继电器 X21 线圈接通，X21 常开触点闭合，若此时只有压缩机未启动，其他设备均已启动，则 Y0、Y2 常开触点闭合，辅助继电器 M11 线圈接通，M11 常开触点闭合并自锁，M11 常闭触点断开，Y2 线圈断电，冷冻水泵停机。

M11、Y0 常开触点闭合，则 T14 线圈接通，当 T14 延时时间到，T14 常开触点闭合，Y0 常开触点保持闭合状态，辅助继电器 M12 线圈接通，M12 常开触点闭合并自锁，M12 常闭触点断开，Y1 线圈断电，冷却水泵停机；同时，T15 线圈接通。

当 T15 延时时间到，T15 常开触点闭合，Y0 常开触点保持闭合状态，辅助继电器 M13 线圈接通，M13 常开触点闭合并自锁，M13 常闭触点断开，Y0 线圈断电，冷却塔停机。

c. 按下自动停机按钮 SB10，输入继电器 X21 线圈接通，X21 常开触点闭合，若此时只有冷冻水泵、压缩机未启动，其他设备均已启动，则 Y0、Y1 常开触点闭合，辅助继电器 M12 线圈接通，M12 常开触点闭合并自锁，M12 常闭触点断开，Y1 线圈断电，冷却水泵停机。

M12、Y0 常开触点闭合，则 T15 线圈接通，当 T15 延时时间到，T15 常开触点闭合，Y0 常开触点保持闭合状态，辅助继电器 M13 线圈接通，M13 常开触点闭合并自锁，M13 常闭触点断开，Y0 线圈断电，冷却塔停机。

d. 按下自动停机按钮 SB10，输入继电器 X21 线圈接通，X21 常开触点闭合，若此时只有冷却塔启动，其他设备均未启动，则 Y0 常开触点闭合，辅助继电器 M13 线圈接通，M13 常开触点闭合并自锁，M13 常闭触点断开，Y0 线圈断电，冷却塔停机。

③ 异常停机过程（四种情况）

a. 当压缩机出现吸气压力过低或排气压力过高时，压力保护继电器 KA3 或 KA4 动作，即输入继电器线圈 X15 或 X16 常开触点闭合，若此时全部设备均已启动，则 Y0、Y3 常开触点闭合，辅助继电器 M10 线圈接通，M10 常开触点闭合并自锁，M10 常闭触点断开，Y3 线圈断电，压缩机停机。

M10、Y0 常开触点闭合，则 T13 线圈接通，当 T3 延时时间到，T13 常开触点闭合，Y0 常开触点保持闭合状态，辅助继电器 M11 线圈接通，M11 常开触点闭合并自锁，M11 常闭触点断开，Y2 线圈断电，冷冻水泵停机；同时，T14 线圈接通。

当 T4 延时时间到，T14 常开触点闭合，Y0 常开触点保持闭合状态，辅助继电器 M12 线圈接通，M12 常开触点闭合并自锁，M12 常闭触点断开，Y1 线圈断电，冷却水泵停机；同时，T15 线圈接通。

当 T15 延时时间到，T15 常开触点闭合，Y0 常开触点保持闭合状态，辅助继电器 M13 线圈接通，M13 常开触点闭合并自锁，M13 常闭触点断开，Y0 线圈断电，冷却塔停机。

b. 当压缩机出现吸气压力过低或排气压力过高时，压力保护继电器 KA3 或 KA4 动作，即输入继电器线圈 X15 或 X16 常开触点闭合，若此时只有压缩机未启动，其他设备均已启动，则 Y0、Y2 常开触点闭合，辅助继电器 M11 线圈接通，M11 常开触点闭合并自锁，M11 常闭触点断开，Y2 线圈断电，冷冻水泵停机。

M11、Y0 常开触点闭合，则 T14 线圈接通，当 T14 延时时间到，T14 常开触点闭合，Y0 常开触点保持闭合状态，辅助继电器 M12 线圈接通，M12 常开触点闭合并自锁，M12 常闭触点断开，Y1 线圈断电，冷却水泵停机；同时，T15 线圈接通。

当 T15 延时时间到，T15 常开触点闭合，Y0 常开触点保持闭合状态，辅助继电器 M13 线圈接通，M13 常开触点闭合并自锁，M13 常闭触点断开，Y0 线圈断电，冷却塔停机。

c. 当压缩机出现吸气压力过低或排气压力过高时，压力保护继电器 KA3 或 KA4 动作，即输入继电器线圈 X15 或 X16 常开触点闭合，若此时只有冷冻水泵、压缩机未启动，其他设备均已启动，则 Y0、Y1 常开触点闭合，辅助继电器 M12 线圈接通，M12 常开触点闭合并自锁，M12 常闭触点断开，Y1 线圈断电，冷却水泵停机。

M12、Y0 常开触点闭合，则 T15 线圈接通，当 T15 延时时间到，T15 常开触点闭合，Y0 常开触点保持闭合状态，辅助继电器 M13 线圈接通，M13 常开触点闭合并自锁，M13 常闭触点断开，Y0 线圈断电，冷却塔停机。

d. 当压缩机出现吸气压力过低或排气压力过高时，压力保护继电器 KA3 或 KA4 动作，即输入继电器线圈 X15 或 X16 常开触点闭合，若此时只有冷却塔启动，其他设备均未启动，则 Y0 常开触点闭合，辅助继电器 M13 线圈接通，M13 常开触点闭合并自锁，M13 常闭触点断开，Y0 线圈断电，冷却塔停机。

参 考 文 献

[1] 祖国建. 电气控制与 PLC [M] 武汉：华中科技大学出版社，2010.
[2] 王辉. 三菱电机通信网络应用指南 [M] 北京：机械工业出版社，2010.
[3] 周斐等. 电气控制与 PLC 原理 [M] 南京：南京大学出版社，2011.
[4] 冉莉莉. PLC 功能模块的应用技巧 [M] 机床电器，2007. 4.
[5] 王建等. 维修电工（高级）国家职业资格证书取证问答 [M] 北京：机械工业出版社，2009.
[6] 祖国建. 简明维修电工手册 [M] 北京：化学工业出版社，2013.